항공정비사 실기 구술시험

박재홍 편저

일진사

　오늘날 우리나라의 항공 분야 기술 산업은 크게 성장하였다. 그중에서도 특히, 항공기 정비 기술은 세계적으로도 그 실력을 인정받기 시작했다. 더 나아가 미래의 고급 기술이 집약된 항공기를 우리 손으로 직접 만들어 세계를 놀라게 하기도 하였다. 이처럼 크게 성장하고 있는 항공 분야 산업에 취준생들이 몰려들고, 항공정비사 자격증 취득을 위해 공부하는 젊은이들이 많아지고 있다. 이러한 추세에 발맞추어 자격증 취득을 위한 『항공정비사 문제해설』을 출간하여 수십 년간 꾸준히 Best book으로 사랑받아 왔다.

　오래 전부터 항공정비사 실기시험을 준비하는 독자들로부터 구술시험 출간 요구가 있었지만, 바쁘다는 이유로 차일피일 미루다 **일진사**의 도움으로 『항공정비사 실기 구술시험』 책자를 출간하게 되었다. 수검자 여러분들에게 많은 도움이 되리라 믿어본다.

　본 교재는 "항공종사자 자격증명 실기시험 표준서"를 기준으로, 항공정비사의 시험과목인 정비 일반, 항공 기체, 항공 발동기, 전자 · 전기 · 계기 및 항공 법규 내용을 다음과 같이 요약 정리하였다.

- 수년간 출제되었던 기출문제를 분석하여 과목별로 분류하고 정리하였다.
- 문제마다 자세한 해설을 달아 이론적 바탕이 부족한 사람이라 하더라도 이해하는 데 무리가 없도록 하였다.
- 현장에서 많이 사용하는 항공 정비 이론을 이해하기 쉽도록 그림과 사진을 곁들여 컬러로 편집하였다.
- 비슷한 유형의 문제를 반복적으로 수록하여 시험장에서 시험위원의 질문에 망설임 없이 자신감 있는 태도와 답변으로 신뢰감을 줄 수 있도록 하였다.

아무쪼록 새로운 항공 기술 지식을 얻고자 하는 실무자와 자격시험을 준비하는 수험생에게 손색이 없는 참고서가 되도록 심혈을 기울였음을 밝혀둔다.

　끝으로, 이 책이 항공 분야에 종사하고자 하는 모든 이들에게 도움이 되기를 소망하며, 내용 중 잘못되었거나 미비한 부분은 계속 수정 · 보완해 나갈 것을 약속드린다.

저자 씀

차례

항공정비사 구술시험

제1장

정비 일반

제1장 정비 일반

Q 1

warning, caution, note의 정의는 무엇인가?

해답 ▶ ❶ warning : 인명 피해 또는 사망을 방지하기 위하여 반드시 지켜야 할 방법과 절차를 제시할 때 사용한다.

❷ caution : 장비나 항공기가 손상되는 것을 방지하기 위하여 반드시 지켜야 할 방법과 절차를 제시할 때 사용한다.

❸ note : 작업을 보다 용이하게 처리할 수 있는 방법을 제시할 때 사용한다.

Q 2

중간 점검(transit check), 비행 전후 점검(pre/post flight check)이란 무엇인가?

해답 ▶ ❶ 중간 점검(transit check) : 항공기의 연료 보급, 오일 점검, 항공기의 출발 태세를 확인하는 점검으로 필요시 기체 및 액체를 보급한다.

❷ 비행 전후 점검(pre/post flight check) : 그날의 최종 비행을 마치고 다음 비행 전까지 항공기의 출발 사항을 확인하는 점검, 항공기 내부 및 외부의 청결 상태 점검, 액체나 기체를 보급, 비행 중 발생한 결함을 수정한다.

Q 3

주기 점검의 정의 및 종류는?

해답 ▶ ❶ 주기 점검이란 일정 주기마다 항공기를 점검하는 방식으로 주기의 기준은 비행시간, 캘린더 주기, 비행 횟수 등을 사용하며, 방식으로는 A, B, C, D check와 내부 구조 검사(ISI : Internal Structure Inspection)로 구성된다.

❷ A check : 운항에 직접 관련해서 빈도가 높은 정비 단계로서 항공기 내외부 육안 검사, 액체 및 기체류의 보충, 결함 수정, 기내 청소, 외부 세척 등을 실시한다.

❸ B check : A check의 점검 사항을 포함하며 항공기 내외부의 육안 검사, 특정 구성품의 상태 점검, 액체 및 기체류의 보충을 행하는 점검이다.

❹ C check : A check, B check의 점검 사항을 포함하며 제한된 범위 내에서 모든 계통의 배관과 배선, 기관, 착륙 장치 등에 대한 점검 항목, 기체 구조의 외부 점검

및 윤활 작업과 시한성 부품의 교환, 계통 및 구성품의 작동 점검 등이 행해지는 점검이다.

❺ **D check** : 항공기의 오버홀(overhaul) 정비 단계라고도 하며 A, B, C check를 포함 감항성 유지를 위한 기체 점검의 최고 단계로 기체 구조 점검을 주로 수행하며, 부분품의 기능 점검 및 계획된 부품의 교환, 잠재적 결함 교정 등을 수행한다.

❻ **내부 구조 검사(ISI : Internal Structure Inspection)** : 감항성에 일차적인 영향을 미칠 수 있는 기체 내부 구조를 검사하여 항공기의 감항성을 유지하기 위한 검사를 말한다.

Q4
calendar 주기와 flight time 주기의 차이점은?

해답▶ calender 주기 점검이란 항공기의 비행시간과는 관계없이 일정 주기가 되면 항공기를 점검하는 방식이다. flight time은 항공기가 비행을 목적으로 이륙(바퀴가 땅에서 떨어지는 순간)부터 착륙(바퀴가 땅에 닿는 순간)할 때까지 경과 시간을 말하며, flight time 주기 점검이란 항공기의 flight time이 설정된 제한 시간에 도달하면 항공기를 점검하는 방식이다.

Q5
time in service(air time)란 무엇인가?

해답▶ 항공기가 비행을 목적으로 이륙(바퀴가 땅에서 떨어지는 순간)으로부터 착륙(바퀴가 땅에 닿는 순간)할 때까지의 경과 시간을 말하며, 모든 정비 작업 관련 점검 요목에서 말하는 시간 간격 및 시기, 즉 A, B, C, D check는 time in service를 기준으로 한다.

Q6
block time이란 무엇인가?

해답▶ 항공기가 비행을 목적으로 램프에서 자력으로 움직이기 시작한 순간부터 착륙하여 정지할 때까지 경과 시간을 말한다.

Q7
하드 타임(hard time) 정비 방식이란?

해답▶ HT(Hard Time)는 장비품을 일정한 주기로 항공기에서 장탈하여 정비하거나 폐기하는 정비 방식이다.

Q 8
온 컨디션(on condition) 정비 방식이란?

해답 ▶ OC(On Condition)는 기체, 원동기 및 장비품을 일정한 주기로 점검하여 다음 주기까지 감항성을 유지할 수 있다고 판단되면 계속 사용하고 발견된 결함에 대하여 수리 또는 교환하는 정비 방식이다.

Q 9
컨디션 모니터링(condition monitoring) 정비 방식이란?

해답 ▶ CM(Condition Monitoring)은 항공기 계통이나 장비품의 고장을 분석하여 그 원인을 제거하기 위한 적절한 조치를 취함으로써 항공기의 감항성을 유지하도록 하는 정비 방식이다.

Q 10
TRP(Time Regurated Part)란 무엇인가?

해답 ▶ 일정한 작동 시간에 도달하면 항공기에서 장탈하여 오버홀(overhaul)을 수행하는 항공기 부분품을 말한다.

Q 11
operation check(작동 점검)와 function check(기능 점검)에 대하여 설명하시오.

해답 ▶ ❶ operation check : 시스템이나 장비품이 정상으로 작동하는가를 확인하는 점검으로써 항공기에 장착된 상태에서 수행하며 점검 사항에는 control system의 원활한 운동 여부, 각종 장비품에 대한 이상한 잡음이나 진동 여부, 압력이나 유체의 누설 여부 등이다.

❷ function check : 시스템 또는 장비품에 대하여 운동, 흐름률, 온도, 압력 및 각도 등이 허용 한계치 내에 있는가를 확인하여 정상 기능 여부를 결정하는 정비 행위를 말한다.

Q 12
hot section의 정비 방식은?

해답▶ ❶ 엔진의 hot section은 연소실(combustion chamber), 터빈 부분(turbine section), 배기 부분(exhaust section)으로 구성되어 있으며 열을 가장 많이 받고 금속 피로도가 가장 심한 곳으로 과열 시동(hot start), 과도한 EGT(Exhaust Gas Temperature), FOD(Foreign Object Damage)의 경우에 보어스코프(borescope) 장비를 이용해 육안 검사를 한다.

❷ 연소실(combustion chamber)의 경우 연소실 케이스를 분해하기 전 외부 케이스에 대하여 열점, 배기가스 누설 흔적, 변형 등에 관해 육안 검사를 하고 보어스코프 장비를 이용해 연소실 내부에 균열, 과열, 비틀림 등에 대하여 검사를 한다. 연소 노즐 분사 상태, 점화 플러그의 점화 상태를 점검하여 불량 시 교환한다. 연소실을 재조립 시 주의해야 할 점은 연소 라이너의 조립은 잘 되었는지 확인하여야 하는데, 이는 연소 효율과 엔진 성능에 중대한 영향을 주기 때문이다.

❸ 터빈 부분(turbine section)의 경우 디스크와 블레이드에 대한 검사는 보어스코프 장비로 한다. 균열이나 비틀림, 열점 등이 있는지 검사를 하며 정도에 따라 엔진을 장탈하여 정비를 하는 경우도 있다. 터빈 블레이드의 균열은 허용되지 않으므로 교환해주어야 하며, 교환 시 터빈 휠의 균형과 부식 방지를 위하어 같은 재질과 같은 무게의 것으로 교환해 주어야 한다. 터빈 블레이드의 끝에 변색이나 잔물결(rippling)이 발견될 시 과열 상태에 있는 것이므로 제작사 지침에 따라 특별 점검이 요구되며, 크리프(creep) 현상으로 슈라우드(shroud)와 접촉되어 손상되는 부분이 없는지도 검사한다.

❹ 배기 부분(exhaust section)은 고온고압의 가스가 흐르는 통로이기 때문에 균열, 비틀림, 열점 등의 철저한 검사가 요구되며 후기 연소기(after burner)가 있는 배기부는 배기 노즐이 불량하면 제작사 지침에 따라 리그 작업(rigging)을 해주어야 하며, 배기가스온도(EGT)를 감지하는 서모커플(thermocouple)은 jetcal tester로 점검하여 불량 시 교환한다.

❺ HSI에서 가장 많이 발견되는 결함은 여러 형태의 균열이며 이들 균열에 대한 허용 한계는 정비 지침서를 참고한다.

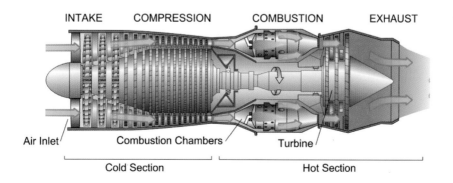

Q 13

cold section의 정비 방식은?

해답 ▶ ❶ CSI(Cold Section Inspection)는 흡입구 부분(intake section), 압축기 부분(compressor section), 디퓨저(diffuser)를 말하며 비교적 열을 적게 받는 부분을 cold section이라고 부른다. 압축기 실속(compressor stall), 결핍 시동(hung start), FOD(Foreign Object Damage)의 경우에 보어스코프(borescope) 장비를 이용해 육안 검사를 한다.

❷ 흡입구 부분(intake section)은 손전등을 사용하여 inlet guide vane의 침식, 느슨함, 벗겨짐, 깨짐 등을 검사하고 압축기 전방 부분에 윤활유 누출 흔적이 없는지 검사한다.

❸ 압축기 부분(compressor section)은 보어스코프 장비를 이용하여 스톨 방지를 위해 설치한 bleed air valve, variable stator vane의 상태를 점검하고 결함이 발견되면 정비 지침서의 절차에 의해 리그 작업(rigging)을 실시한다.

❹ 디퓨저(diffuser)는 공기의 누설이나 균열 부분은 없는지 점검하여 결함이 발견되면 항공기에서 엔진을 장탈하여 정비 지침서 절차에 의해 정비한다.

Q 14

FIM이란 무엇인가?

해답 ▶ Fault Isolation Manual로서 FRM(Fault Reporting Manual)의 fault code에 따라 정비사가 trouble shooting에 필요한 정보 및 절차를 마련한 manual을 말한다.

Q 15

도면에서 3면도란 무엇인가?

해답 ▶ 3면도는 정면도, 평면도, 측면도를 말한다.

❶ **정면도** : 물체를 앞에서 바라본 모양을 나타낸 그림으로 물체의 형상과 기능을 가장 명료하게 나타내는 면을 정면도로 선택한다.

❷ **평면도** : 물체를 위에서 내려다본 모양을 나타낸 그림이다.

❸ **측면도** : 물체를 옆에서 바라본 모양을 나타낸 그림으로, 오른쪽에서 보고 그린 측면도는 우측면도, 왼쪽에서 보고 그린 그림은 좌측면도라고 한다.

Q 16
도면의 종류는?

해답▶ 도면은 물체의 크기와 형태, 사용할 재료의 사양, 재료의 완성 방법, 부품의 조립 방법, 물체를 만들고 조립하는 데 필수적인 모든 정보를 제공해야 한다. 도면은 상세도, 조립도, 설치도(장착도)로 나눌 수 있다.

Q 17
드릴 에지각, 선단각을 설명하시오.

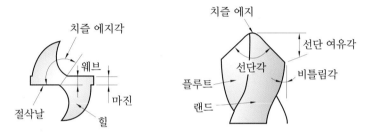

해답▶ ❶ 에지각(edge angle)은 치즐 에지가 절삭날과 이루는 각을 말한다.

❷ 선단각(point angle)이란 드릴의 두 개의 절삭날이 이루는 각으로 날끝각이라도 하고 일반 재질은 118°, 알루미늄은 90°, 스테인리스강은 140°이다.

Q 18
드릴 작업을 할 때 절삭 압력 및 절삭 속도는?

해답▶ 절삭 속도는 절삭할 재료가 경질이거나 얇은 판일 경우 선단각이 큰 드릴을 사용하고, 절삭 압력은 크고 절삭 속도는 느리게 한다. 반대로 재료가 연질이거나 두꺼운 판의 경우 선단 각이 작은 드릴을 선택하며, 절삭 압력은 작고 절삭 속도는 빠르게 한다.

Q 19
리머(reamer)의 사용 용도 및 주의 사항은?

해답▶ 리머(reamer)는 정확한 크기로 구멍을 확장시키고, 부드럽게 가공하는 데 사용한다. 정확한 크기로 리밍되기 위한 구멍은 0.003~0.007인치 작은 크기로 드릴 작업되어야 한다. 0.007인치 이상의 절삭은 리머에 너무 많은 힘을 가하게 되기 때문에 시도하지 말아야 한다. 절삭 방향으로만 회전해야 하며, 반대 방향으로 회전하면서 구멍에서 빼내지 말아야 한다.

Q 20
공구 사용 시의 일반적인 안전 수칙은?

해답 ① 작업에 맞는 공구를 사용해야 한다.
② 공구를 사용하기 전에 기름 등 이물질을 제거하고 반드시 이상 유무를 확인한 후 사용한다.
③ 드릴 작업을 할 때는 장갑을 끼지 않는다.
④ 보안경 등 작업에 알맞은 보호구를 착용하고 작업한다.
⑤ 높은 곳에서 공구를 사용하면, 아래의 항공기나 사람들이 다치지 않게 주의해야 한다.
⑥ 화재의 위험 또는 폭발의 위험이 있는 곳에서는 공구 사용으로 인하여 불꽃(spark)이 발생하지 않도록 각별히 주의한다.
⑦ 공구를 사용하고 있지 않을 때는 선반이나 공구함에 보관한다.
⑧ 작업을 완료하면 주위 정리 정돈과 분실 여부를 확인한 후 공구를 깨끗이 닦아 보관한다.
⑨ 파손되거나 결함이 있는 공구는 교환한다.

Q 21
제빙/방빙액의 종류는?

해답 ❶ type I fluid : type I fluid는 점성이 낮고 묽은 de/anti-icing 용액이다. 이것은 항공기 표면에 얇은 유체 막을 형성하여 우수한 제빙 성능을 가진다. 그러나 낮은 점성으로 인해 방빙의 효과가 떨어진다.

❷ type II fluid : type II fluid는 점성이 높고 진한 de/anti-icing 용액이다. 이 용액은 항공기 표면에 붙어 보호막을 형성한다. 이것은 type I fluid보다 두꺼운 막을 형성하고 보다 나은 방빙 성능을 갖는다.

❸ type IV fluid : type IV fluid는 type II fluid와 유사한 특성이나 좀 더 향상된 de/anti-icing 성능을 가지고 있다. 방빙 효과가 type II 용액보다 월등하며, 지속 시간도 대부분의 상황에서 현저하게 증가한다.

Q 22
holdover time이란 무엇인가?

해답 holdover time은 서리 또는 얼음의 생성과 눈의 축적을 방지할 수 있는 제빙/방빙액의 효능이 지속되는 예상 시간이다.

Q 23

제빙/방빙 작업 시 제빙/방빙액을 뿌리지 말아야 하는 주요 부위는 어디인가?

해답▶ ❶ 기본적으로 공기 역학적 성능, 제어 기능, 감지 기능, 작동 기능 또는 측정 기능을 갖는 모든 표면은 청결해야 한다. 제빙 절차는 항공기 제한 사항에 따라서 다르게 적용되어야 하며 바퀴다리 또는 프로펠러 등을 제빙하기 위해 고온의 공기가 요구될 수 있다.

❷ 전선 다발(wiring harness)과 리셉터클(receptacle), 정크션 박스(junction box)와 같은 전기 부품, 제동 장치, 바퀴, 엔진 배기구(exhaust), 역추력 장치에 직접 분무되지 않아야 한다.

❸ 피토관, 정압공, 받음각 공기 흐름 센서(angle of attack airflow sensor)에 직접 향하지 말아야 한다.

❹ 엔진 및 다른 입·출구, 조종면의 구멍(cavity) 내부로 유입되는 제빙/방빙액을 최소하기 위해 적절한 예방 조치를 취해야 한다.

❺ 제빙/방빙액은 아크릴의 잔금 또는 창문 실(window seal)을 통한 침투의 원인이 될 수 있기 때문에 조종실 또는 객실 창으로 향하지 않게 한다.

❻ 활주 또는 이륙 시에 창문 칸막이(wind screen)로 제빙/방빙액이 바람에 날릴 수 있는 전방 구역은 출발 이전에 잔여 제빙/방빙액을 제거해 준다.

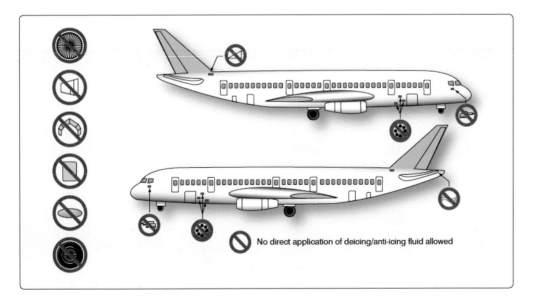

제빙/방빙액 직접 분사 금지 구역

Q 24

holdover time은 언제부터 시작되는가?

해답 ▶ holdover time은 one step 절차나 two step 절차 중 어떤 절차로 수행하든 마지막 fluid를 뿌리기 시작하는 시각부터 적용된다.

Q 25

제빙/방빙 작업은 왜 필요한가?

해답 ▶ 항공기 외부에 얼음, 눈 또는 서리가 쌓인 상태로 있으면 항공기 성능에 심각한 영향을 주게 된다. 날개 앞전과 날개 상부에 형성된 얼음은 거칠기가 중간 정도되는 사포처럼 표면을 거칠게 만들며, 이로 인한 양력은 약 30% 감소, 항력은 약 40%까지 증가한다. 이런 이유로 비행 안전에 심각한 영향을 초래하므로 비행 전에 제빙/방빙 작업을 실시한다.

Q 26

외부 세척(exterior cleaning) 방법의 종류는?

해답 ▶ 항공기 외부 세척 방법은 크게 습식 세척, 건식 세척, 연마 3가지가 있다.

Q 27

블라스트(blast) 세척의 정의와 목적은 무엇인가?

해답 ▶ 건식 및 습식 블라스트 세척은 엔진의 고열 부분이나 치수에 영향을 미치지 않는 부품에 높은 공기 압력의 연마제를 뿌려서 그 충격으로 부품에 붙어 있는 오염된 물질을 떨어내는 기계적인 세척 방법이며, 다른 세척 방법으로는 세척할 수 없는 부품을 세척하는 데 그 목적이 있다.

Q 28

CDL(Configuration Deviation List)이란 무엇인가?

해답 ▶ CDL(Configuration Deviation List)은 외형 변경 목록이며 항공기 표피를 구성하고 있는 구성품 중 일부가 훼손 또는 이탈된 상태로 운항하여도 항공기 안전성에 영향을 주지 않는 목록을 설정한 것으로 항공기의 정시성 확보를 목적으로 하며 자재, 설비, 시간이 확보되는 즉시 원상 조치되어야 한다.

Q 29
만약 항공기를 점검 중 점검 창 하나가 없어졌을 때 조치해야 할 사항은?

해답▶ CDL(Configuration Deviation List)을 참조한다.

Q 30
MEL(Minimum Equipment List)이란 무엇인가?

해답▶ MEL(Minimum Equipment List)은 최소 장비 목록으로 항공기의 계통, 부분품, 계기 통신 전자 장비 등 항공기의 안전한 항행을 보장하기 위하여 다중으로 구성되어, 구성품 중 일부가 작동하지 않는 상태에서도 항공기의 안전성에 영향을 주지 않는 신뢰성 보장 목록으로써 카테고리 A~D로 나뉜다. 따라서 MEL에 포함된 장비와 부품이 작동하지 않을 때는 defer(정비 이월) 조치를 하고 이후에 정식으로 정비 작업을 실시할 수 있다. MEL 제외 항목은 감항성에 중대한 영향을 미치는 부품이나 감항성에 영향이 없는 부품이다.

❶ category A : 차기 time interval 내에 수정 작업이 완료되어야 한다.

❷ category B : 정비 이월시킨 날을 제외하고 3일 이내에 수정 작업이 완료되어야 한다.

❸ category C : 정비 이월시킨 날을 제외하고 10일 이내에 수정 작업이 완료되어야 한다.

❹ category D : 정비 이월시킨 날을 제외하고 120일 이내에 수정 작업이 완료되어야 한다.

Q 31
F.O.D란 무엇인가?

해답▶ Foreign Object Damage로서 엔진 작동 중에 공기 흡입구에 새, 작은 돌멩이, 얼음조각 등의 이물질이 빨려 들어가 압축기를 손상시키는 경우가 있는데, 이를 F.O.D라 한다. F.O.D를 방지하기 위해 초기의 제트 엔진에는 inlet screen이라 불리는 철망을 압축기 전면에 부착했지만 결빙을 일으키기 쉽다는 등의 문제 때문에 최근의 중형, 대형 항공기에는 사용하지 않는다.

Q 32

lightning strike, bird strike, hard landing 시 참조 AMM chapter는?

해답▶ ATA chapter 5 : time limits/maintenance checks를 참조하여 검사한다.

Q 33

power plant란 무엇을 말하는가?

해답▶ 엔진을 교환할 때 한 묶음으로써 교환되는 부품으로 엔진과 이에 장착된 장비품, 배관 및 배선 등을 말한다.

Q 34

component란 무엇을 말하는가?

해답▶ 어느 정도 복잡한 기능이나 구조를 유지하고 있고, 항공기에 대해 장탈과 장착이 용이한 종합적인 부분품 및 accessory, unit을 말한다.

Q 35

part란 무엇을 말하는가?

해답▶ 항공기의 일부분을 구성하고 있는 것으로 특정 형태를 유지하고 있어 단독으로 장탈, 장착이 가능하나 분해하면 제작 시 부여된 본래의 기능이 상실되는 것을 말한다.

Q 36

module 구조라는 것은 무엇인가?

해답▶ 정비성이 좋도록 설계되는 단계에서부터 몇 개의 정비 단위, 다시 말해 모듈로 분해할 수 있도록 해놓고 필요에 따라서 결함이 있는 모듈을 교환하는 것만으로 수리가 가능한 구조이다.

Q 37

1kg은 몇 pound인가?

해답▶ 약 2.2 pound

Q 38

maintenance manual page numbering에 대하여 설명하시오.

해답▶ page 1~99 description & operation

page 101~199 trouble shooting

page 201~299 mintenance practice

page 301~399 servicing

page 401~499 removal & install

page 501~599 adjust/test

page 601~699 inspection/check

page 701~799 cleaning/painting

page 801~899 approved repair

Q 39

GPU(Ground Power Unit) start 방법은?

해답▶ ① ignition on

② start on

③ idle run

④ 전압, 전류, 주파수 이상 여부 확인

⑤ AC load position

⑥ power supply

Q 40

정비는 무엇이라 생각하는가?

해답▶ 정시에 안전하고 쾌적한 운항을 위하여 항공기의 품질을 향상 또는 유지시키는 점검 및 수리 등의 작업을 총칭하여 말한다.

Q 41

수리와 개조의 차이점은 무엇인가?

해답▶ 수리는 항공기 또는 부품의 원래 강도 및 성능을 유지하는 것이고, 개조는 성능을 향상시키기 위한 작업이다.

Q 42

오버홀(overhaul)이란 무엇인가?

해답▶ 관련 매뉴얼에서 명시하는 고유 기능 수준으로 복원하는 정비 작업을 말한다.

Q 43

정비 기술 지시(maintenance engineering order)란 무엇인가?

해답▶ 항공기의 개조, 계획적인 대수리, 일시 검사, 부품의 제작, 기타 특별한 작업을 지시하기 위한 기술 자료이다.

Q 44

AD(Airworthiness Directive)란 무엇인가?

해답▶ 감항성 개선 명령으로서 항공기 감항성에 영향을 미치는 결함에 대해서 제작 회사가 FAA에 보고를 하면 FAA는 해당 항공기를 보유하고 있는 운용 회사에 감항성 개선을 하도록 명령을 하며 주어지는 시간에 반드시 수행을 해야 한다. 해당 감항성 개선 지시서에서 정한 방법 이외의 방법으로 수행하고자 할 경우 국토교통부장관에게 대체 수행 방법에 대하여 승인을 요청하여야 한다. 다만, 감항성 개선 지시 발행 국가가 승인한 대체 수행 방법을 적용하고자 하는 경우 사전에 보고(관련 SB의 개정 등 경미한 변경 사항은 보고 불필요) 후 시행할 수 있다.

Q 45

감항성 개선 지시(AD) 수행 결과 보고는 어떻게 하는가?

해답▶ 정비 기술 담당은 AD의 이행 결과가 보고 대상인 경우에는 국토교통부장관에게 보고한다.

Q 46

SB(Service Bulletin)란 무엇인가?

해답▶ 항공기, 엔진 또는 부품 제작 회사에서 항공기 감항성 유지 및 안정성 확보, 신뢰도 개선 등을 위해 발행하는 개조 및 점검사항을 말하며 SB의 중요도에 따라 optional, recommended, alert, mandatory, informational로 분류한다.

Q 47
AD와 SB의 차이점은 무엇인가?

해답▶ AD(Airworthiness Directive)는 항공기에 불완전한 상태 존재 시 FAA에서 발행하는 감항성 개선 명령으로 반드시 이행을 하여야 하며, SB(Service Bulletin)는 항공기의 성능이나 신뢰성 등을 향상시키기 위해 제작사에서 발행하며 강제성은 없다.

Q 48
항공기를 계류 중에 강풍이 예상되면 어떤 조치를 해야 하는가?

해답▶ ① 항공기 기수를 풍향과 정면으로 위치시킨다.
② 연료 탱크에 정비 지침서에서 제시한 연료를 보급한다.
③ parking brake set를 한다.
④ 수평 안정판을 항공기 nose down 쪽으로 위치시킨다.
⑤ 항공기 고임목(chock)은 전후방 서로 묶어 놓는다.

Q 49
sealant의 사용 목적은 무엇인가?

해답▶ ① 먼지 및 수분의 침투를 방지한다.
② 연료의 누설이나 가스의 유입을 막는다.
③ 여압을 위하여 내부 공기 누설을 방지한다.
④ 기체 표면의 홈을 메워 공기 저항을 감소시킨다.

Q 50
tack free time이란 무엇인가?

해답▶ sealing을 한 후 손으로 만져 보았을 때 손에 묻어나지 않을 때까지의 시간을 말한다.

Q 51
sealing의 절차에 대하여 설명하시오.

해답▶ alodine → primer → cleaning → pre-coating → sealing → top coating

Q 52
sealing의 종류를 설명하시오.

해답▶ ❶ fillet sealing : assembly를 연결한 후 edge나 fastener head 위에 발라서 smooth하게 해주는 sealing이다.

❷ faying sealing : assembly 등이 접촉되는 면 사이에 sealant를 발라서 접착되도록 하는 sealing이다.

❸ injection sealing : 비어 있는 공간으로 압력을 가해서 sealant를 채우는 sealing이다.

❹ precoat sealing : 맨 처음 fillet의 접착성을 증가시키기 위해서 surface에 붓 등으로 얇게 칠한 sealing이다.

❺ prepack sealing : part를 장착하기 전에 비어 있는 공간이나 hole을 메꾸는 sealing이다.

Q 53
sealant 사용 시 주의 사항은 무엇인가?

해답▶ ① 사용하기 전에 shelf life를 확인한 후 사용한다.
② 충분히 섞이도록 혼합한다.
③ working life 이내에 사용한다.
④ sealing할 표면은 솔벤트나 기타 이물질이 없어야 하고, 그렇지 않은 경우에는 깨끗이 닦아낸다.
⑤ sealant의 curing은 온도를 높이면 빨리 될 수 있으나 130°F(54°C)를 초과해서는 안 된다.

Q 54
shear pin이란 무엇인가?

해답▶ shaft나 pin에 오목한 홈을 주어서 과도한 torque가 걸렸을 때 끊어져 내부 작동부를 보호하는 역할을 한다.

Q 55
항공기에서 위치 표시 방법은 무엇이 있는가?

해답▶ ❶ **동체 스테이션(body station)** : 기준선을 "0"으로 동체 전후방을 따라 위치한다. 이 기준선은 동체 전방 또는 동체 전방 근처의 면으로부터 모든 수평 거리가 측정이 가능한 상상의 수직면이다.

❷ **버턱 라인(buttock line)** : 동체 중심선의 오른쪽이나 왼쪽으로 평행한 거리를 측정한 폭을 말한다.

❸ **워터 라인(water line)** : 워터 라인의 기준이 되는 수평면으로부터 상부의 수직 거리를 측정한 높이를 말한다.

Q 56
station number의 단위는 무엇인가?

해답▶ 인치

Q 57
zoner number를 설명하시오.

해답▶ ① 100 : lower half of fuselage
② 200 : upper half of fuselage
③ 300 : empennage
④ 400 : powerplant & nacelle
⑤ 500 : left wing
⑥ 600 : right wing
⑦ 700 : landing gear & landing gear doors
⑧ 800 : doors

Q 58
항공기 견인(towing)을 할 때 필요 인원과 최대 속도는 얼마인가?

해답▶ ① 견인 시 필요 인원은 최소 5명, 견인 최대 속도는 5mph(8km/h)
② 견인 감독자 1명
③ 조종실 감시자 1명
④ 날개 감시자 2명(각각의 날개 끝에 배치, 후방 감시자는 급회전이 요구되거나 항공기가 후방으로 진행할 경우에 배치)
⑤ 견인차 운전자 1명

Q 59

항공기 견인(towing)을 할 때 사용 중인 활주로 횡단 시 관제탑에 알려야 할 사항은 무엇인가?

해답▶ 활주로(runway) 또는 유도로(taxiway)를 횡단하여 항공기를 이동시킬 때에는 공항관제탑(airport control tower)과 교신하여 자신의 콜사인(call sign), 출발지와 목적지를 통보하고, 승인을 받은 후 이동한다.

Q 60

항공기 견인(towing)을 할 때 주의 사항은?

해답▶ ① 운전자를 제외하고 견인차에 탑승해서는 안 된다.
② 항공기의 앞바퀴와 견인차 사이에서 걷거나 타고 가는 행위는 안 된다.
③ 항공기의 견인 속도는 5mph(8km/h)를 초과하지 않도록 한다.
④ 항공기 제동 장치는 긴급한 경우를 제외하고 견인하는 동안에 절대로 작동시키지 말아야 하고, 위급 신호는 견인 팀원 중 단 한 사람만이 하도록 하여야 한다.

Q 61

taxing과 towing의 차이점은 무엇인가?

해답▶ taxing은 항공기에 장착된 엔진에 의하여 자력으로 이동하는 것이고, towing은 항공기 엔진의 작동 없이 towing car에 의하여 이동하는 것을 말한다.

Q 62

towing을 할 때 steering bypass pin을 장착하는 이유는?

해답▶ steering system의 hydraulic pressure를 차단시켜 tow bar에 의하여 steering이 가능하도록 하기 위하여 tow bar를 장착하기 전에 steering bypass pin을 먼저 장착한다.

Q 63

항공기 jacking의 순서를 설명하시오.

해답▶ ① 옥내, 무풍의 평평한 바닥 또는 옥외에서는 풍속 35mph 이상에서는 금지
② 항공기에 알맞은 jack capacity load vector가 2.5배 이상 되는 jack 준비

③ jack pad, leveling을 확인하기 위해 추를 준비

④ L/G safety pin 장착 상태 확인

⑤ parking brake release

⑥ 항공기 수평을 맞추면서 사주 경계

⑦ jacking하는 동안 lock nut는 1/2인치 간격을 유지하고, 완료 후에는 lock nut tight

⑧ jack down을 할 때 landing gear lever down 상태 및 L/G safety pin 확인

Q 64
항공기 jacking을 할 때 주의 사항은 무엇인가?

해답▶ ① 항공기가 허용된 gross weight 범위 내에 있는지 확인한다.

② L/G safety pin 장착한다.

③ 바람의 영향을 받지 않는 곳이나 격납고에서 jack-up을 실시한다.

④ jack을 사용할 때 작동유가 누설되지 않는지 확인한다.

⑤ jack point를 정확히 맞춘 후 각각의 jack에는 동일한 하중이 걸리도록 수평을 유지하며 항공기를 서서히 들어 올린다.

⑥ jack-up 완료 후에는 jack의 처짐을 방지하기 위해 고정 장치를 하여야 한다.

Q 65
항공기 jacking을 할 때 항공기 내부에서 해야 할 조치 사항은?

해답▶ ① all door close

② parking brake release

③ air mode 시 작동되는 계통 circuit breaker open

Q 66
weight & balance의 목적은 무엇인가?

해답▶ 근본 목적은 안전에 있으며, 이차적인 목적은 가장 효율적이며 경제적인 비행을 수행하는 데 있다. 부적절한 하중은 상승 한도, 기동성, 상승률, 속도, 연료 소비율의 관점에서 효율을 저하시킨다.

Q 67
weighing에서 표준 중량은 어떻게 결정하는가?

해답▶ ❶ AV-gas : 갤런당 6파운드(6lb/gal)

❷ turbine fuel : 갤런당 6.7파운드(6.7lb/gal)

❸ lubricating oil : 갤런당 7.5파운드(7.5lb/gal)

❹ water : 갤런당 8.35파운드(8.35lb/gal)

❺ crew and passengers : 1인당 170파운드

Q 68
weighing 절차를 설명하시오.

해답▶ ① 바람의 영향을 받지 않는 격납고 안에서 수행되어야 한다.
② 항공기를 깨끗하게 완전히 세척한다.
③ 수화물실은 비우고 필요 없는 물품은 제거 후 연료 탱크는 연료를 배출하고, 형식증명서 항공기 자중에 엔진 오일이 포함되었다면 가득 보급하고, 그렇지 않다면 엔진 오일을 배출한다.
④ 작동유, IDG 오일은 가득 채우며 water tank와 waste tank는 배출한다.
⑤ 스포일러, 플랩, 슬랫과 조종면의 올바른 위치는 제작사의 지침을 따른다.
⑥ 자중에 포함되는 장비나 물품이 해당 장소에 장착되어 있는지 항공기 상태를 검사한다.
⑦ 항공기의 위치 결정을 하고 저울에 올린 후 parking brake는 풀어준다.
⑧ 항공기 무게는 3번 측정하여 평균값을 사용한다.

Q 69
weighing은 언제 실시하는가?

해답▶ ① 항공기 중량에 영향을 미치는 수리 개조 작업 후
② 오버홀(overhaul) 후
③ 매 3년마다
④ 국토교통부에서 필요하다고 정한 경우

Q 70
최대 무연료 중량(maximum zero fuel weight)이란 무엇인가?

해답 최대 무연료 중량은 연료를 탑재하지 않은 상태로 승객, 화물을 최대로 실을 수 있는 중량이다.

Q 71
자기 무게(empty weight)란 무엇인가?

해답 항공기 중량 계산에 기준이 되는 무게로서 항공기 기체 구조, 동력 장치, 필요 장비의 무게에 사용 불가능한 연료, 배출 불가능한 윤활유, 기관 내의 냉각액의 전부, 유압계통 작동유의 무게가 포함되며 승객, 화물 등의 유상하중, 사용 가능한 연료, 배출 가능한 윤활유의 무게를 포함하지 않은 상태에서의 무게이다.

Q 72
tare weight란 무엇인가?

해답 tare weight는 weighting을 할 때 항공기 안전을 위하여 사용된 버팀목(wheel chock), 착륙 장치 고정 핀(ground lock pin) 등의 무게를 말하며, 항공기 측정 무게에서 tare weight를 뺀 값이 순수 항공기 무게이다.

Q 73
유상하중(payload)이란 무엇인가?

해답 유상하중(payload)은 승객, 화물 등 유상으로 운반할 수 있는 하중을 말한다.

Q 74
무게 중심 범위(C.G range)에 대하여 설명하시오.

해답 항공기 무게 중심 범위는 수평 비행 상태에서 무게 중심이 이 범위 안에 유지되어야 하는 한계로 전방 한계와 후방 한계로 구별된다. 안전한 비행을 위한 항공기의 무게 중심은 무게 중심 범위 내에 있어야 하고 벗어날 경우 연료량 증가 및 안정성이 감소한다.

Q 75
ballast는 무엇인가?

해답 ballast는 요구되는 무게 중심의 평형을 얻기 위해 또는 장착 장비의 제거 또는 장착에서 오는 무게의 보상을 위해 설치하는 모래주머니, 납판, 납봉을 말한다.

Q 76
항공기 무게 중심 계산 공식

해답 ▶ 자중 무게 중심(empty weight CG)은 다음 공식을 사용하여 신속하게 계산할 수 있다. CG의 위치와 기준점과 연관시키는 네 가지 가능한 조건과 공식들이 있다.

(1) nose wheel landing gear 항공기로 기준선이 항공기 nose에 있을 때

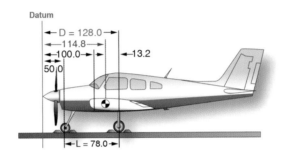

① 기준선(D) : main wheel 전방 128인치(wing root의 L/E 전방 100인치)
② nose wheel 무게(F) : 340파운드
③ 항공기 자중(W) : 2,006파운드
④ main wheel과 nose wheel 사이 거리(L) : 78인치
⑤ $CG = D - \left(\dfrac{F \times L}{W}\right) = 128 - \left(\dfrac{340 \times 78}{2006}\right) = 114.8$
⑥ 기준선의 114.8인치 후방, main wheel의 13.2인치 앞에 무게 중심이 있다.

(2) nose wheel landing gear 항공기로 기준선이 main wheel 후방에 있을 때

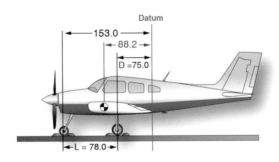

① 기준선(D) : main wheel 후방 75인치
② nose wheel 무게(F) : 340파운드
③ 항공기 자중(W) : 2,006파운드
④ main wheel과 nose wheel 사이 거리(L) : 78인치
⑤ $CG = -\left(D + \dfrac{F \times L}{W}\right) = -\left(75 + \dfrac{340 \times 78}{2006}\right) = -88.2$
⑥ 기준선의 88.2인치 전방, main wheel의 13.2인치 앞에 무게 중심이 있다.

(3) tail wheel landing gear 항공기로 기준선이 main wheel 앞에 있을 때

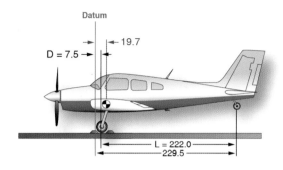

① 기준선(D) : main wheel 전방 7.5인치
② tail wheel 무게(R) : 67파운드
③ 항공기 자중(W) : 1,218파운드
④ main wheel과 tail wheel 사이 거리(L) : 222인치
⑤ $CG = D + \left(\dfrac{R \times L}{W} \right) = 7.5 + \left(\dfrac{67 \times 222}{1218} \right) = 19.7$
⑥ 기준선 뒤 19.7인치, main wheel 12.2인치 뒤에 무게 중심이 있다.

(4) tail wheel landing gear 항공기로 기준선이 main wheel 뒤에 있을 때

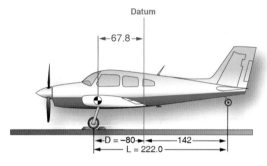

① 기준선(D) : main wheel 후방 80인치
② tail wheel 무게(R) : 67파운드
③ 항공기 자중(W) : 1,218파운드
④ main wheel과 tail wheel 사이 거리(L) : 222인치
⑤ $CG = -D + \left(\dfrac{R \times L}{W} \right) = -80 + \left(\dfrac{67 \times 222}{1218} \right) = -67.8$
⑥ 기준선 앞 67.8인치, main wheel의 12.2인치 뒤에 무게 중심이 있다.

Q 77

datum line은 누가 결정하는가?

해답 ▶ 항공기 제작사

Q 78

measuring stick을 이용하여 fueling을 할 때 참고해야 할 AMM chapter는?

해답 ▶ AMM chapter 12 : servicing

Q 79

연료 보급을 할 때 주의 사항은 무엇인가?

해답 ▶ ① 격납고 내에서 연료 보급을 금지한다.
② 급유차는 기체의 전방에 날개와 나란히 접근시키고 적절한 곳에 위치시킨다.
③ 3점 접지를 한다.
④ 다른 작업자에게 알려줄 수 있는 주의 표시를 한다.
⑤ 연료 주입을 할 때 주입 압력을 규정치 이상 초과하여서는 안 된다.
⑥ 연료 탱크 내에는 2% 이상의 공간을 남겨야 한다.

Q 80

일체형 탱크(integral tank) 연료 누설 시 수리 방법은?

해답 ▶ 일반적으로 integral tank는 access panel에서 누설이 발생한다. 이때는 access panel을 장탈하여 seal을 교체할 수 있도록 access panel이 장착된 연료 탱크의 연료를 다른 탱크로 이송시켜야 한다. access panel을 장착할 때는 적절한 장착 볼트에 적정 토크가 필요하다. integral tank에서 다른 형태의 누설은 탱크 이음매를 밀봉하기 위해 사용된 sealant가 기능을 상실할 때 발생하며 이러한 누설은 누설의 위치를 찾는 데 어려움이 있고 더 많은 시간이 걸리기도 한다. 누설의 위치가 확인되면, 탱크 내의 sealant를 제거하고 새로운 sealant를 발라야 한다. sealant를 제거할 때는 비금속 scraper를 사용하고, 알루미늄 모직물(wool)을 사용하여 남아 있는 sealant를 완전히 제거한다. 권장된 solvent로 구역을 청소 후, 제작사가 인가한 새로운 sealant를 바른다. 탱크에 연료를 보급하기 전에 sealant의 경화 시간(cure time)과 누설 점검(leak check)을 준수해야 한다.

Q 81

연료 누설의 분류(fuel leak classification)

해답 ▶ 항공기 연료 누설에는 기본적으로 네 가지로 분류되는데, 얼룩이 진 누설
(stain), 스며나오는 누설(seep), 다량의 스며나오는 누설(heavy seep), 흐르는 누설
(running leak)이 있다. 분류 기준은 30분간 누출된 연료의 표면적이 사용된다. 면적
이 직경으로 3/4인치 이하의 누설을 stain이라고 하고, 면적이 직경으로 3/4~1½인
치인 누설을 seep으로 분류한다. heavy seep은 직경으로 1½~4인치 면적을 형성할
때이고, running leak은 실제로 항공기로부터 연료가 떨어지는 상태를 말한다.

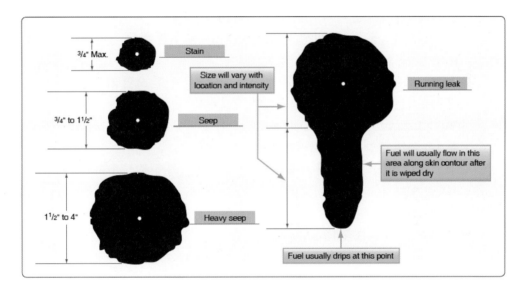

Q 82

emergency equipment 종류 및 위치를 설명하시오.

해답 ▶ (1) flight compartment
① crash axe : 비상탈출 경로를 마련하기 위하여 사용할 수 있도록 손도끼를 비치
하는데, 국내 항공법에 의거 조종실에만 1개를 비치한다.
② smoke coggle : 화재로 인한 연기가 발생할 때 조종사의 시야를 확보하기 위한
목적으로 사용한다.
③ fire glove
④ life vest
⑤ flashlight
⑥ PBE(Protective Breathing Equipment)

⑦ portable fire extinguisher : 조종실 화재에 대비하여 휴대용 소화기를 하나 비치한다.

⑧ signal device : 불꽃 등으로 조난 중에 위치를 알려준다.

⑨ escape rope : 조종실에서 객실을 통하여 비상탈출을 할 수 없는 경우 사용하며 descent device와 동일한 기능을 제공한다.

(2) passenger compartment

① escape slide : 90초 이내에 전 승객과 승무원이 탈출할 수 있도록 비상구를 열면 저절로 팽창하여 탈출로를 제공한다.

② first aid kit : 외상 및 질병 발생 승객의 응급처치를 위해 사용하는 구급 의료 용품으로 탑재 수량은 좌석 수에 따라 정해진다.

③ medical kit : 응급환자 발생 시 전문적인 치료를 위한 비상 의료 용구로 주로 의료진이 사용한다.

④ UPK(Universal Precaution Kit) : 환자의 체액으로 인한 오염 가능성을 줄이기 위해 사용하는 감염 예방 의료 용구이다.

⑤ AED(Automated External Defibrillator) : 심장 박동이 정지된 승객 발생 시 전기충격을 가해 생명을 소생시키기 위한 기구이다.

⑥ life vest : 비상시 승객이 착용할 수 있도록 모든 좌석에서 꺼내기 쉬운 곳에 비치되어 있다.

⑦ flashlight

⑧ PBE(Protective Breathing Equipment) : 호흡 보호 장비는 스모크 후드(smoke hood)라고 불리기도 하며, 기내 화재를 진압할 때 또는 연기 발생을 탐지하였을 때 승무원이 안전하게 활동하기 위한 목적으로 사용한다.

⑨ portable oxygen cylinder and mask : 응급환자가 발생하였을 때 사용한다.

⑩ portable fire extinguisher : 객실 화재에 대비하여 좌석 수에 따라 적절한 수량의 휴대용 소화기를 곳곳에 비치한다.

⑪ ELT(Emergency Locator Transmitter) : 비상 위치 송신기로 물에 들어가면 자동으로 배터리 전원이 작동하여 위치를 비상 주파수(121.5MHz, 243MHz, 406MHz)로 송신한다.

⑫ life raft : 바다에 착수했을 때 전 승객을 태울 수 있는 충분한 수량이 장착되어 있다.

⑬ megaphone : 항공기 전원이 없을 경우 승객 탈출 안내를 하기 위하여 휴대용 메가폰이 승객 좌석 수에 따라 비치되어 있다.

⑭ emergency light : 비상시 항공기 내부와 외부의 조명을 제공하여 비상 탈출구를 알려주며, 항공기 전원이 없어도 자체 배터리에 의해 작동이 가능하다.

Q 83

마이크로미터(micrometer)의 측정값을 구하시오.

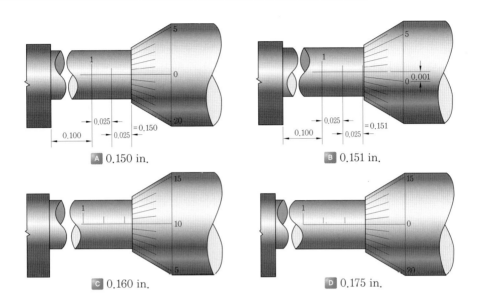

해답 ▶ ① 딤블이 딤블 위에 새겨진 "0"에서 시작해서 같은 "0"으로 돌아오게 완전하게 한 바퀴 회전시키면 딤블은 배럴을 따라서 0.025인치로 분할된 1칸을 이동한다. 딤블의 경사면(bevel edge)은 25개의 같은 크기의 눈금으로 나뉘어져 있으며, 딤블이 한 바퀴 회전하면 배럴 하나의 0.025인치 눈금에서 다음 0.025인치로 배럴을 따라 딤블이 한 칸 이동한다. 이것은 딤블 위의 각각의 눈금이 0.001인치로 나뉘어 있음을 설명한다. 딤블의 눈금은 읽기에 편리하도록 0, 5, 10, 15, 20 등 매 5칸 간격으로 표시되어 있다. 딤블이 한 바퀴 돌아서 딤블의 치수가 25가 될 때 스핀들이 0.025인치 이동하고 딤블의 왼쪽 끝 경사면 부분이 배럴 위의 수평선을 지나간다.

② 첫째, 1/10인치로 나눠진 수평선에 마지막으로 보이는 숫자를 읽는다.

③ 둘째, 읽은 숫자와 딤블 사이 배럴의 길이를 추가한다(눈금의 개수에 0.025인치를 곱함으로 확인 가능).

④ 셋째, 딤블 경사면의 치수와 배럴의 수치선이 일치하는 부분의 값을 추가한다.

⑤ 세 개의 값을 더해주면 측정값이 된다.

Q 84

버니어 캘리퍼스(vernier calipers)의 사용 용도는?

해답 ▶ 버니어 캘리퍼스는 측정하고자 하는 측정물의 안지름, 바깥지름, 깊이를 측정한다.

Q 85

마이크로미터(micrometer) 사용 방법 및 취급 요령을 설명하시오.

해답 ▶ ① 사용 전에 스핀들 바깥 둘레와 측정 면의 먼지나 절단 가루 등은 잘 닦는다.

② 영점의 어긋남이나 오차 발생 방지를 위해 측정 면을 흰 종이로 잘 닦는다.

③ 슬리브의 기준선과 딤블의 "0" 눈금선이 일치하지 않을 때에는 영점을 조정한다.

④ 정압 장치를 바르게 사용하여 알맞은 측정력을 가한다.

⑤ 눈금은 정면에서 읽는다.

⑥ 시차가 발생하는 방향에서 읽을 경우는 디지털 타입으로 표시 홀드 기능이나 외부 출력을 이용한다.

⑦ 사용 후에는 각부의 먼지나 지문을 마른 천을 이용하여 닦아낸다.

⑧ 장기 보관 전이나 유분이 없는 경우 방청유를 묻힌 천으로 얇게 바른다.

Q 86

마이크로미터(micrometer)의 종류는?

해답 ▶ 외측 마이크로미터, 내측 마이크로미터, 깊이 측정 마이크로미터, 나사산 마이크로미터 등 네 가지 종류의 마이크로미터가 있다. 마이크로미터는 0~1/2인치, 0~1인치, 1~2인치, 2~3인치, 3~4인치, 4~5인치 또는 5~6인치 등 다양한 크기 중에서 선택하여 사용한다.

Q 87

버니어 캘리퍼스(vernier calipers) 사용 방법 및 취급 요령을 설명하시오.

해답 ▶ ① 측정 종류, 측정 길이 등을 고려하여 적합한 캘리퍼스를 선정한다.

② 사용 전에 캘리퍼스의 슬라이더와 측정 면을 잘 닦는다.

③ 턱(jaw)을 닫은 상태에서 밝은 배경에서 수평으로 보면서 턱에 틈새가 없는지를 확인한다.

④ 어미자와 아들자가 정면으로 보이도록 잡고 엄지손가락을 슬라이더의 손가락 걸이 부분을 누르고, 캘리퍼스 턱(jaw)에 측정하고자 하는 것을 가볍게 끼워서 측정한다. 이때, 어미자와 아들자는 눈에 정면으로 놓여야 하며, 너무 세게 누르면 오차가 발생할 수 있다.

⑤ 측정 대상과 버니어 캘리퍼스는 수평하게 놓고 직각을 이루어 측정해야 한다.

⑥ 내측을 측정할 때 좁고 긴 홈은 지시 값이 최소일 때, 원형일 때는 지시 값이 최대일 때 읽는다.

⑦ 사용 후에는 수분을 잘 닦고 방청유를 얇게 바른 후 보관한다.

Q 88
버니어 캘리퍼스(vernier calipers)의 측정값을 구하시오.

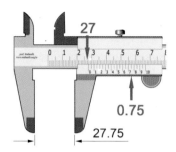

해답▶ ① 첫째, 어미자와 아들자의 "0"이 만나는 위치를 파악한다. 아들자의 "0"이 위치하고 있는 어미자의 눈금이 27mm이다.

② 둘째, 어미자와 아들자의 눈금이 정확히 일직선이 되는 위치를 파악한다. 어미자와 아들자의 눈금이 일치하는 곳이 반드시 존재하므로 그곳을 읽어주면 된다. 아들자는 어미자의 한 눈금을 20등분 하였으므로 아들자 한 눈금은 0.05mm이다. 그림에서는 15번째 눈금이 어미자와 일치하므로 0.75mm가 된다.

③ 두 개의 값을 더해주면 측정값은 27+0.75=27.75mm이다.

Q 89
다이얼 인디케이터(dial indicator)의 사용 용도는?

해답▶ 다이얼 인디케이터는 축의 변형이나 편심, 휨, 축단 이동 등을 측정하는 데 사용된다.

Q 90
표준 대기란 어떤 상태를 말하는가?

해답▶ ① 기압 : 1013mbar, 29.92inHg, 14.7psi

② 기온 : 15℃

③ 지구 중력 가속도 : 9.8m/s^2

④ 공기 밀도 : 0.125kgs^2/m^4

⑤ 기온 감소율 : -0.0065℃/m이며 11000m 이상에서는 -56.5℃로 일정

Q 91

고도 11km가 항공기의 운항에 적합한 이유는?

해답 ▶ 고도가 증가하면 기온은 감소하다가 약 36000ft 이상에서는 −56.5℃ 정도로 일정하다. 그러나 압력은 계속 감소하는데, 항공기 추력은 압력과 비례하여 그 이상 의 고도에서는 추력이 감소하므로 36000ft 이내에서 비행을 한다.

Q 92

기체의 일반적인 성질에 대해서 말하시오.

해답 ▶ 외부 힘에 의해 체적이나 밀도가 변화하며, 공기가 물체에 달라붙으려고 하는 성질, 즉 점성이 있다.

Q 93

기체의 법칙 두 가지는 무엇인가?

해답 ▶ ① **연속의 법칙** : 단면적 A_1을 통하여 속도 V_1으로 유입되는 단위 시간당 유체 의 질량과 단면적 A_2를 통하여 속도 V_2로 유출되는 단위 시간당 질량은 같다.

② **베르누이의 정리** : 유체의 운동 상태에 관계없이 항상 모든 방향으로 작용하는 압 력을 정압이라 하고 유체가 가진 속도에 의하여 생기는 압력, 즉 유체의 흐름을 직 각되게 막았을 때 판에 작용하는 압력을 동압이라고 하며, 이때 동압과 정압의 합 은 전압이며 일정하다.

Q 94

레이놀즈수란 무엇인가?

해답 ▶ 물체가 공기 속을 움직일 때 작용하는 공기력은 동압과 점성에 의한 마찰력이고 이와 유체에 흐름에 미치는 영향을 무차원 수인 레이놀즈수로 정한다. 레이놀즈수가 작은 흐름은 층류이고 레이놀즈수가 점차 커져 어떤 값에 도달하면 난류로 바뀌게 된다. 이 값을 천이라 하고 천이가 시작되는 점을 천이점이라 하며 천이가 일어나는 레이놀즈수를 임계 레이놀즈수라 한다.

Q 95

마하수란 무엇인가?

해답▶ 공기의 압축성 효과를 나타내는 데 가장 중요하게 사용되는 무차원의 양으로서 음속과 비행체의 속도의 비로 정의된다.

Q 96

MAC와 CG에 대하여 설명하시오.

해답▶ ❶ MAC(Mean Aerodynamic Center) : 날개의 항공 역학적 특성을 대표하는 시위로 이것은 날개를 가상적 직사각형 날개라 가정했을 때의 시위이다.

❷ CG(Center of Gravity) : 항공기의 무게 중심이다. 앞부분의 중량에 의한 모멘트와 뒷부분의 중량에 의한 모멘트가 일치하는 점으로 어떤 방향으로도 피치하려는 경향이 없으며 CG는 보통 MAC의 앞전에서부터 25% 뒷전에 위치한다.

Q 97

압력 중심과 공기력 중심이란 무엇인가?

해답▶ 날개 윗면에 작용하는 부압과 아랫면에 발생하는 정압의 차이에 의하여 날개를 뜨게 하는 양력이 발생하는데, 이 압력이 작용하는 합력점을 압력 중심이라 하고 날개골의 받음각이 변하더라도 모멘트 값이 변하지 않는 점을 공기력 중심이라 한다.

Q 98

고속 비행기에 사용되는 날개골에 대하여 설명하시오.

해답▶ 음속에 가까운 속도로 비행하는 비행기에는 양력 계수가 크지 않아도 항력 계수가 작은 날개골을 사용하며, 이러한 목적으로 개발된 날개골을 층류 날개골이라 한다. 층류 날개골 중에서 충격파에 의한 항력 증가를 억제하기 위해 만든 날개골을 피키 날개골이라 한다. 이외에도 종래의 날개골보다 날개 주위의 초음속 영역을 넓혀 비행 속도를 음속에 가깝게 한 날개골을 초임계 날개골이라 한다.

Q 99

NACA 23015란 무슨 뜻인가?

해답▶ • 2 : 최대 캠버의 크기가 시위의 2%
• 3 : 최대 캠버의 위치가 시위의 15%
• 0 : 평균 캠버선의 뒤쪽 반이 직선 (1이면 곡선)
• 15 : 최대 두께가 시위의 15%

Q 100
취부각과 받음각의 차이점은 무엇인가?

해답 ▶ ❶ **취부각** : 동체의 중심축과 날개의 시위선이 이루는 각

❷ **받음각** : 날개의 시위선과 상대풍이 이루는 각

Q 101
날개에 상반각(처든각)을 주는 이유는 무엇인가?

해답 ▶ side slip 방지와 가로축이 길어지므로 안정성이 좋다.

Q 102
붙임각이란 무엇인가?

해답 ▶ 기체의 세로축과 날개의 시위선이 이루는 각으로, 취부각이라고도 한다.

Q 103
날개의 모양에는 어떠한 것들이 있는가?

해답 ▶ ❶ **직사각형 날개** : 제작이 쉽기 때문에 소형의 항공기에 주로 사용하며 날개 뿌리에서 먼저 실속이 생기고 날개 끝 실속의 경향은 없기 때문에 안정성이 있다.

❷ **테이퍼형 날개** : 날개 끝과 뿌리의 시위 길이가 다른 날개이며 날개 끝과 뿌리의 시위 길이의 비를 테이퍼 비라 한다. 날개 끝보다 뿌리의 단면적이 크므로 두께도 뿌리에서 커서 붙임 강도가 높다. 현재 제작되는 비행기의 대부분은 이 테이퍼 날개를 사용한다.

❸ **타원 날개** : 타원 날개는 날개 전체가 타원을 이룬다. 날개의 길이 방향의 유도 속도가 일정하고 유도 항력이 최소인 것이 타원 날개의 특징이다. 타원 날개는 제작이 어렵고 속도가 빠른 비행기에는 적합하지 않은 날개여서 현재는 거의 사용하지 않는다.

❹ **앞젖힘 날개** : 날개 전체가 뿌리에서부터 날개 끝에 걸쳐서 앞으로 젖혀진 날개이다. 앞젖힘 날개는 흐름이 날개 뿌리 쪽으로 흐르는 특성이 있기 때문에 날개 끝 실속이 생기지 않는 장점을 가지고 있다.

❺ **뒤젖힘 날개** : 날개 전체가 뿌리에서부터 날개 끝에 걸쳐서 뒤로 젖혀진 날개이다. 뒤젖힘 날개는 충격파의 발생을 지연시키고 고속기의 저항을 감소시킬 수 있

으므로 음속 근처의 속도로 비행하는 제트 여객기 등에 널리 사용되고 있다.

❻ **삼각 날개** : 삼각 날개는 모양이 삼각형을 이루고 뒤젖힘 날개를 더 발전시킨 것이다. 뒤젖힘 날개에서 뒤젖힘각을 지나치게 크게 하면 구조면에서 불리하다. 이것을 해결한 것이 삼각 날개이다. 삼각 날개는 뒤젖힘 날개 비행기보다 더욱 빠른 속도로 비행하는 초음속기에 적합한 날개 모양이다.

Q 104
taper wing의 사용 이유는 무엇인가?

해답 ▶ ① 천음속에서 초음속 영역까지 항력의 발생이 적다.
② 충격파 발생이 적다. 즉, 임계 마하수가 크다.
③ 방향 안정성 및 가로 안정성이 좋다.
④ 풍압 중심의 이동이 적다.
⑤ 상반각 효과가 있다.

Q 105
항력 발산 마하수를 높이기 위한 방법은 무엇이 있는가?

해답 ▶ ① 얇은 날개를 사용하여 날개 표면에서의 속도 증가를 줄인다.
② 날개에 뒤젖힘각을 준다.
③ 가로세로 비가 작은 날개를 사용한다.
④ 경계층을 제어한다.

Q 106
날개 끝 실속 방지법은 무엇인가?

해답 ▶ ① 날개의 테이퍼 비를 크게 하지 않는다.
② 날개 끝으로 감에 따라 받음각이 작아지도록 날개에 앞 내림(wash out)을 줌으로써 실속이 날개 뿌리에서부터 시작하게 한다(기하학적 비틀림).
③ 날개 끝부분에 두께비, 앞전 반지름, 캠버 등이 큰 날개골을 사용함으로써 날개 뿌리보다 실속각을 크게 한다(공력적 비틀림).
④ 날개 뿌리에 실속 판인 스트립(strip)을 붙여 받음각이 클 때 흐름을 강제로 떨어지게 하여 날개 끝보다 먼저 실속이 생기도록 한다.
⑤ 날개 앞전에 slot을 설치하여 날개 밑면을 통과하는 흐름을 강제로 윗면으로 흐르도록 유도하여 흐름의 떨어짐을 방지한다.

Q 107
플랩(flap)의 목적은 무엇인가?

해답▶ 항공기가 이륙하거나 착륙 시에 날개 캠버와 날개 면적을 증가시킴으로써 고양력을 발생시켜 항공기의 이착륙 거리를 단축시킨다.

Q 108
플랩(flap)을 내리면 어떤 현상이 일어나는가?

해답▶ 날개골의 휘어진 정도를 캠버라 하고, 플랩을 내리면 캠버를 크게 해주는 역할을 하며, 캠버가 커지면 양력과 항력은 증가하고, 실속각은 작아진다.

Q 109
플랩(flap)의 종류를 설명하시오.

해답▶ ❶ 앞전 플랩(leading edge flap) : 슬랫(slat), 크루거 플랩(kruger flap), 드루프 앞전(drooped leading edge)

❷ 뒷전 플랩(trailing edge flap) : 단순 플랩(plain flap), 분할 플랩(split flap), 파울러 플랩(fowler flap), 슬롯 플랩(slot flap)

Q 110
경계층 제어 장치란 무엇인가?

해답▶ ① 최대 양력 계수를 증가시키는 방법으로 기본 날개골을 변형시킬 뿐 아니라 받음각이 클 때 흐름의 떨어짐을 직접 방지하는 방법이다.

② 경계층 제어 장치에는 날개 윗면에서 흐름을 강제적으로 빨아들이는 방식(suction)과 고압 공기를 날개면 뒤쪽으로 분사하여 경계층을 불어 날리는 불어 날림 방식(blowing)이 있다.

③ 일반적으로 불어 날림 방식이 제트 엔진의 압축기에서 빠져 나온 공기(bleed air)를 이용할 수 있어 실용적이다. 특히 플랩을 내렸을 때 플랩 윗면에 이 고속 공기를 불어 주면 효과는 현저하게 커진다.

Q 111
고양력 장치란 무엇이며 종류는 무엇이 있는가?

해답▶ 이착륙 시 활주 거리를 단축시키기 위해 날개에 최대 양력 계수를 증가시키는 장치를 말하며 종류에는 앞전 플랩, 뒷전 플랩, 경계층 제어 장치가 있다.

Q 112
양력을 증가시키기 위한 방법에는 어떠한 것들이 있는가?

해답▶ ① 캠버를 증가시킨다.
② 날개 면적을 증가시킨다.
③ 일정각까지 받음각을 증가시킨다.
④ 속도를 증가시킨다.

Q 113
고항력 장치의 종류는 무엇이 있는가?

해답▶ ❶ 에어 브레이크 : 날개 중앙 부분에 부착하는 일종의 평판이고 이것을 날개 윗면 또는 밑면에 펼침으로써 흐름을 강제로 떨어지게 하여 양력을 감소시키고 항력을 증가시키는 장치이다.

❷ 역추력 장치 : 제트기에서는 기관의 배기가스를 막는 판, 또는 편류시키는 판을 이용해서 배기가스 흐름을 역류시켜 추력의 방향을 반대로 바꾸는 방법이 있는데, 이것을 역추력 장치라 한다.

❸ 드래그 슈트 : 고속의 항공기가 착륙할 때 활주거리를 줄이기 위해 기체 뒤에 다는 낙하산으로 착륙 직전이나 직후에 꼬리 쪽에서 나와 펼쳐지면서 공기의 저항을 크게 하여 빨리 감속되도록 한다.

Q 114
버핏(buffet)이란 무엇인가?

해답▶ 공기 흐름이 날개에서 떨어지면서 발생되는 후류가 날개나 꼬리 날개를 진동시켜 발생되는 현상으로, 흐름이 떨어지는 점에서부터 최대 양력 계수 값에 가까워질수록 버핏은 강하게 된다.

Q 115
비행기가 비행 중에 작용하는 항력에는 어떠한 것들이 있는가?

해답▶ 압력 항력, 점성 항력 또는 마찰 항력, 유도 항력, 조파 항력, 간섭 항력

Q 116
필요 마력이란 무엇인가?

해답▶ 비행기가 항력을 이기고 계속 비행하기 위한 마력

Q 117
이용 마력이란 무엇인가?

해답▶ 비행기를 가속시키거나 상승하기 위해 엔진으로부터 발생시킬 수 있는 출력

Q 118
여유 마력이란 무엇인가?

해답▶ 이용 마력과 필요 마력과의 차를 말하며 상승 성능과 밀접한 관계가 있다.

Q 119
상승 한계에 대하여 설명하시오.

해답▶ ❶ **절대 상승 한계** : 어느 고도까지 상승하면 이용 마력과 필요 마력이 같아지는 고도에 이르게 되면 비행기는 더 이상 상승하지 못하며 상승률은 "0"이 된다. 이때의 고도를 절대 상승 한계라 한다.

❷ **실용 상승 한계** : 절대 상승 한계까지 상승하는 데는 많은 시간이 걸리며 실측하기 위해 많은 시험 비행이 이루어져야 한다. 따라서 비행기에서는 상승률이 0.5m/s가 되는 고도를 실용 상승 한계라 한다.

❸ **운용 상승 한계** : 비행기가 실제로 운용할 수 있는 고도로 상승률이 2.5m/s가 되는 고도이다.

Q 120
종극 속도(terminal velocity)란 무엇인가?

해답▶ 비행기가 수평 상태로부터 급강하로 들어갈 때의 급강하 속도는 차차 증가하여 끝에 가서는 일정한 속도에 가까워지며 이 속도 이상 증가하지 않는다. 이때의 속도를 종극 속도라 한다.

Q 121

이륙 거리를 짧게 하기 위한 방법은 어떠한 것들이 있는가?

해답 ① 비행기의 무게가 가벼워야 한다.

② 엔진의 추력이 크면 이륙 활주 중 가속도가 크게 되어 이륙 성능이 좋아진다.

③ 항력은 속도의 제곱에 비례하므로 항력이 작은 활주 자세로 이륙해야 한다.

④ 맞바람을 받으면서 이륙하면 바람의 속도만큼 비행기의 속도가 증가하는 효과를 나타낸다.

⑤ 플랩과 같은 고양력 장치를 사용한다.

Q 122

착륙 거리를 짧게 하기 위한 방법은 어떠한 것들이 있는가?

해답 ① 이륙할 때와 같이 착륙 무게가 가벼워야 한다.

② 접지 속도가 작을수록 짧아진다.

③ 고항력 장치를 사용한다.

Q 123

항공기가 착륙할 때의 속도는 얼마인가?

해답 비행기가 착륙하려면 실속 속도의 1.3배로 강하하는데, 이것은 지면 부근의 돌풍이 착륙 중에 있는 비행기의 자세를 교란시킬 우려가 있기 때문이며, 이를 방지하기 위해서 30%의 여유를 주는 것이다.

Q 124

경제속도란 무엇인가?

해답 필요 마력이 최소인 상태로 비행하는 경우에 연료 소비가 적게 되는 속도

Q 125

순항속도란 무엇인가?

해답 경제속도로 비행하는 경우 연료의 소모는 적으나 이 속도는 실용상 너무 느려서 좀 더 속도가 빠른 비행을 하게 되는 속도

Q 126
항속 거리란 무엇인가?

해답 ▶ 비행기가 출발할 때부터 탑재한 연료를 다 사용할 때까지 비행한 거리

Q 127
스핀이란 무엇인가?

해답 ▶ 자동 회전(auto rotation)과 수직 강하가 조합된 비행을 말한다.

Q 128
vortex generator란 무엇인가?

해답 ▶ 항공기의 날개 표면에 공기 흐름의 박리 현상이 일어나는데, 이것을 방지하기 위하여 날개 표면에 깃 같은 형상으로 만들어 놓아 난류 경계층을 형성시켜 박리 현상을 방지한다.

Q 129
wing root와 tip의 각도가 다른데 그것을 무엇이라 하는가?

해답 ▶ 날개 끝으로 감에 따라 받음각이 작도록 비틀림을 주어 실속이 날개 뿌리에서부터 시작하게 하여 날개 끝 실속을 방지하는데, 이를 wash out이라 한다.

Q 130
실속 받음각이란 무엇인가?

해답 ▶ 양력 계수가 최대일 때의 받음각

Q 131
실속의 종류는 무엇이 있는가?

해답 ▶ ❶ **정상 실속** : 확실한 실속의 징조가 있은 다음 기수가 강하게 내려간 후에 회복하는 경우

❷ **부분 실속** : 실속의 징조를 느끼거나 실속 경보 장치가 울리면 바로 회복하기 위하여 승강키를 풀어서 기수를 내려서 회복하는 경우

❸ **완전 실속** : 실속 경보가 울린 후에도 계속 조종간을 당긴 상태에서 기수가 완전히 내려가 거의 수직 하강 상태가 된 상태에서 조종간을 풀어서 회복하는 경우

Q 132
항공기에 실속이 일어나면 어떤 현상이 발생하는가?

해답▶ 버핏 현상, 승강키의 효율 감소, 항공기 nose down

Q 133
탭(tab)의 종류를 들고 각각을 설명하시오.

해답▶ ❶ **트림 탭(trim tab)** : 항공기의 정적 균형을 얻는 조절 장치로서 조종석의 트림 장치에 의해서 조작되며 조종력을 "0"으로 환원시킨다.

❷ **밸런스 탭(balance tab)** : 조종면의 움직임과 반대 방향으로 움직여 조종력을 경감시키는 장치이다.

❸ **서보 탭(servo tab)** : 조종면을 직접 조작하지 않고 탭을 조작하여 탭에 작용하는 공기력으로 조종면을 움직이는 장치로 주로 대형 항공기에 사용한다.

❹ **스프링 탭(spring tab)** : 조종면과 탭 사이에 스프링을 설치하여 탭의 작용을 배가하도록 한 장치로 스프링의 장력으로서 조종력을 조절할 수 있다.

Q 134
도살 핀(dorsal fin) 효과라는 것은 무엇인가?

해답▶ 큰 옆 미끄럼 각에서 항공기의 방향 안정성을 증가시키며 수직 꼬리 날개의 유효 가로세로 비를 감소시켜 실속각을 증가시킨다.

Q 135
dutch roll이란 무엇인가?

해답▶ 제트 항공기는 큰 후퇴각을 가지고 있으므로 횡 방향 및 기수 방향의 안정성이 저하되어 여기에 돌풍이라도 불면 좌우 번갈아 흔들림이 계속되는데, 이러한 현상을 더치 롤(dutch roll)이라 한다.

Q 136
턱 언더(tuck under) 현상이란 무엇인가?

해답▶ 속도가 느린 저속 비행기에서는 수평 비행이나 하강 비행에서 속도를 증가시킬수록 비행기의 기수가 올라가려는 경향이 커져서 조종간을 점점 세게 밀어야 한다. 그러나 음속에 가까운 속도로 비행을 하게 되면 속도를 증가시킬수록 기수가 오히려 내려가려는 경향이 생겨 조종간을 당겨야 하는 현상이 생기는데, 위와 같이 기수가 내려가려는 경향과 조종력의 역작용 현상을 턱 언더(turck under)라고 하며, 제트 항공기에서는 조종 계통에 마하 트림(mach trim) 또는 피치 트림(pitch trim) 보상기를 설치하여 자동적으로 턱 언더를 수정할 수 있게 한다.

Q 137
피치 업(pitch up)이란 무엇인가?

해답▶ 비행기가 하강 비행을 하는 동안 조종간을 당겨 기수를 올리려 할 때 받음각과 각속도가 특정 값을 넘게 되면 예상한 정도 이상으로 기수가 올라가고 이를 회복할 수 없는 현상을 말한다. 피치 업을 일으키는 원인으로는 뒤젖힘 날개의 날개 끝 실속, 뒤젖힘 날개의 비틀림, 날개의 풍압 중심이 앞으로 이동, 승강키 효율의 감소 등이 있다.

Q 138
딥 스톨(deep stall)이란 무엇인가?

해답▶ 수평 꼬리 날개가 높은 위치에 있거나 또는 T형 꼬리 날개를 가지는 비행기가 실속할 때에 생기는 문제로, T형 꼬리 날개를 가지는 비행기에서는 딥 스톨에 들어가는 것을 방지하기 위하여 날개 윗면에 펜스(fence)를 붙이거나 날개 밑에 보틸론(vortilon)이라 부르는 일종의 판을 붙이는 것이 좋다.

Q 139
날개 드롭(wing drop)이란 무엇인가?

해답▶ 두꺼운 날개를 사용한 비행기가 수평 비행이나 급강하로 속도를 증가시켜 천음속 영역에 도달하게 되면 한쪽 날개가 충격 실속을 일으켜서 갑자기 양력을 상실하여 급격한 옆놀이를 일으키는 현상이다. 날개 드롭의 원인은 비행기가 좌우 완전 대칭이 아니고, 또 날개의 표면이나 흐름의 조건이 조금 다르기 때문에 한쪽 날개에만 충격 실속이 생기기 때문이다.

항공정비사 구술시험

제2장

항공 기체

제2장 항공 기체

Q1
항공기의 power source는 어떤 것들이 있는가?

해답▶ ① electric power
② hydraulic power
③ pneumatic power

Q2
항공기 기체 구조는 무엇으로 구성되어 있는가?

해답▶ 항공기 기체 구조는 동체(fuselage), 날개(wing), 꼬리 날개(tail wing, empennage), 착륙 장치(landing gear), 엔진 마운트 및 나셀(engine mount & nacelle)로 구성되어 있다.

Q3
페일 세이프 구조(fail safe structure)란 무엇인가?

해답▶ 페일 세이프 구조는 한 구조물이 여러 개의 구조 요소로 결합되어 있어 어느 부분이 피로 파괴가 일어나 일부분이 파괴되어도 나머지 구조가 작용하는 하중을 견딜 수 있게 하여 치명적인 파괴나 과도한 변형을 가져오지 않게 함으로써 항공기 구조상 위험이나 파손을 보완할 수 있는 구조를 말한다.

Q4
페일 세이프 구조(fail safe structure)의 종류에 대하여 설명하시오.

해답▶ ❶ 다경로 하중 구조(redundant structure) : 여러 개의 부재를 통하여 하중이 전달되도록 하는 구조로서 어느 하나의 부재의 손상이 다른 부재에 영향을 끼치지 않고 비록 한 부재가 파손되더라도 요구하는 하중을 다른 부재가 담당할 수 있도록 되어 있다.

❷ 이중 구조(double structure) : 하나의 큰 부재 대신 2개의 작은 부재를 결합하여

하나의 부재와 같은 강도를 가지게 함으로써 어느 부분의 손상이 부재 전체의 파손
에 이르는 것을 예방할 수 있는 구조를 말한다.

❸ **대치 구조(back up structure)** : 하나의 부재가 전체의 하중을 지탱하고 있을 경
우 이 부재가 파손될 것을 대비하여 준비된 예비적인 부재를 가지고 있는 구조를
말한다.

❹ **하중 경감 구조(load dropping structure)** : 하중의 전달을 두 개의 부재를 통하여
전달하다가 하나의 부재가 파손되기 시작하면 변형이 크게 일어나므로 주변의 다
른 부재에 하중을 전달시켜 파괴가 시작된 부재의 완전한 파괴를 방지할 수 있는
구조를 말한다.

Q 5
항공기 구조 형식의 종류는 무엇이 있는가?

해답▶ 항공기 구조 형식을 하중 담당 형태에 따라 트러스(truss) 구조와 모노코크
(monocoque), 세미모노코크(semimonocoque) 구조로 나눈다.

Q 6
트러스(truss) 구조에 대하여 설명하시오.

해답▶ 트러스 구조는 목재 또는 강관으로 트러스(truss)를 이루고 그 위에 천 또는 얇
은 합판이나 금속판으로 외피를 씌운 구조를 말한다. 트러스 구조에서는 항공기에
작용하는 모든 하중을 이 구조의 뼈대를 이루고 있는 트러스가 담당하며 외피는 항
공 역학적 외형을 유지하여 양력 및 항력 등의 공기력을 발생시킨다. 트러스 구조는
구조가 간단하고 설계와 제작이 용이하여 초기의 항공기 구조에 많이 이용되었으며,
현대에도 간단한 경항공기에는 쓰이고 있다. 그러나 트러스 구조는 항공기의 원래
목적인 승객 및 화물을 수송할 수 있는 공간 마련이 어렵고 외부를 유선형으로 만들
기가 어려운 단점이 있다.

Q 7
세미모노코크(semimonocoque) 구조에 대하여 설명하시오.

해답▶ 모노코크 구조의 단점을 보완하기 위하여 모노코크 구조에 뼈대를 이용한 세미
모노코크 구조가 고안되었다. 세미모노코크 구조는 모노코크 구조와 달리 하중의 일
부만 외피가 담당하게 하고 나머지 하중은 뼈대가 담당하게 하여 기체의 무게를 모
노코크에 비해 줄일 수 있어 현대 항공기의 대부분이 채택하고 있는 구조 형식이다.

Q 8
모노코크(monocoque) 구조에 대하여 설명하시오.

해답▶ 트러스 구조의 단점을 해소할 수 있는 구조 형식은 원통 형태로 만들어진 구조 인데, 이를 채택하면 항공기 동체에서 공간 마련이 매우 용이하고 넓은 공간을 확보 할 수 있다. 이 원통형 구조에 작용하는 모든 하중은 외피가 받아야 하는데, 이러한 구조를 모노코크(monocoque) 구조라 한다. 그러나 모노코크 구조는 하중을 담당하 는 골격이 없으므로 작은 손상에도 구조 전체에 영향을 줄 수 있다. 따라서 작용하는 하중 전체를 외피가 담당하기 위해서는 두꺼운 외피를 사용해야 하지만 무게가 너무 무거워져 항공기 기체 구조로는 적합하지 못하다.

Q 9
primary structure와 secondary structure의 구별 기준은?

해답▶ primary structure는 항공기 기체의 중요한 하중을 담당하는 구조 부분으로 날개의 spar, rib, skin, 그리고 동체의 bulkhead, frame, longeron, stringer 등 이 이에 속한다. 비행 중 이 부분의 파손은 심각한 결과를 가져오게 하는 부분이다. secondary structure는 비교적 적은 하중을 담당하는 구조 부분으로 이 부분의 파 손은 즉시 사고가 일어나기보다는 적절한 조치와 뒤처리 여하에 따라 사고를 방지할 수 있는 구조 부분이다.

Q 10
bulkhead란 무엇인가?

해답▶ 벌크헤드(bulkhead)는 동체 앞뒤에 하나씩 있는데, 이것은 여압실 동체에서 객 실 내의 압력을 유지하기 위하여 밀폐하는 격벽판(pressure bulkhead)으로 이용되 기도 하고 동체 중간의 필요한 부분에 링(ring)과 같은 형식으로 배치하여 날개, 착 륙 장치 등의 장착부를 마련해주는 역할도 한다. 또 동체가 비틀림에 의해 변형되는 것을 막아 주며 프레임, 링 등과 함께 집중 하중을 받는 부분으로부터 동체의 외피로 확산시키는 일도 한다.

Q 11
동체에 작용하는 전단 하중을 담당하는 구성 부재는?

해답▶ skin은 동체에 작용하는 전단 응력을 담당하고 때로는 stringer와 함께 인장 및 압축 응력을 담당한다.

Q 12

keel beam이란 무엇인가?

해답 ▶ nose landing gear wheel well과 wing center section에 걸쳐 동체 하부 중앙에 위치한 주요 세로 부재로 굽힘 강도를 유지하기 위한 보강대이다. 배의 용골과 비슷하여 keel beam이라고 한다.

Q 13

tail skid란 무엇인가?

해답 ▶ 테일 스키드는 전륜식 착륙 장치를 장비한 항공기의 동체 꼬리 하부에 설치한 작은 스키드로 항공기 이륙 시 너무 높은 각도로 회전할 경우 충격을 흡수하며 구조부의 손상을 방지한다.

Q 14

날개 구성품의 종류 및 기능을 설명하시오.

해답 ▶ ❶ spar는 날개에 걸리는 굽힘 하중을 담당하며 날개의 주 구조 부재이다.

❷ rib은 날개의 단면이 공기역학적인 형태를 유지할 수 있도록 날개의 모양을 형성해 주며 날개 외피에 작용하는 하중을 날개보(spar)에 전달하는 역할을 한다.

❸ stringer는 날개의 굽힘 강도를 증가시키고 날개의 비틀림에 의한 좌굴(buckling)을 방지하기 위하여 날개의 길이 방향에 대해 적당한 간격으로 배치한다. 최근의 항공기에는 두꺼운 판을 깎아내어 stringer와 skin을 일체로 만든 것을 사용하는데, 최소의 무게로 높은 강도와 강성을 얻을 수 있다.

❹ skin은 날개의 외형을 형성하는데, 앞 날개보(front spar)와 뒷 날개보(rear spar) 사이의 외피는 날개 구조상 응력이 발생하기 때문에 응력 외피라 하며 높은 강도가 요구된다. 비틀림이나 축력의 증가분을 전단 흐름 형태로 변환하여 담당한다.

Q 15

리브(rib)가 사용되는 곳에는 어떤 곳들이 있는가?

해답 ▶ wing, stabilizer, aileron, elevator, rudder, flap

Q 16

연료 탱크(fuel tank)의 종류를 설명하시오.

해답 ▶ ❶ **인티그럴 연료 탱크(integral fuel tank)** : 날개의 내부 공간을 연료 탱크로 사용하는 것으로 앞 날개보(front spar)와 뒷 날개보(rear spar) 및 외피로 이루어진 공간을 밀폐제를 이용하여 완전히 밀폐시켜 사용하며 여러 개의 탱크로 제작되었다. 장점으로는 무게가 가볍고 구조가 간단하다.

❷ **셀형 연료 탱크(cell fuel tank)** : 합성 고무 제품의 연료 탱크를 날개보 사이의 공간에 장착하여 사용하며 군용기 연료 탱크로 사용한다.

❸ **금속제 연료 탱크(bladder fuel tank)** : 금속 제품의 연료 탱크를 날개보 사이의 공간에 내장하여 사용하는 것이다.

Q 17

integral fuel tank란 무엇인가?

해답 ▶ 날개의 내부 공간을 연료 탱크로 사용하는 것으로 앞 날개보(front spar)와 뒷 날개보(rear spar) 및 외피로 이루어진 공간을 밀폐제를 이용하여 완전히 밀폐시켜 사용하며 여러 개의 탱크로 제작되었다. 장점으로는 무게가 가볍고 구조가 간단하다.

Q 18

연료 탱크의 벤트 계통(vent system)의 목적은 무엇인가?

해답 ▶ vent system은 연료 탱크의 상부 여유 부분을 외기와 통하게 하여 탱크 내외의 압력 차가 생기지 않도록 하여 탱크 팽창이나 찌그러짐을 막음과 동시에 구조 부분에 불필요한 응력의 발생을 막고, 연료가 탱크로 유입되는 것과 탱크로부터 유출되는 것을 쉽게 하여 연료 펌프의 기능을 확보하고, 엔진으로의 연료 공급을 확실히 한다.

Q 19

연료 계통에서 vent가 막히게 된다면 어떤 현상이 발생하는가?

해답 ▶ vent system은 계통 내 압력 유지와 계통 보호에 있는데, vent가 막히게 되면 베이퍼 로크(vapor lock) 현상이 일어나 연료의 흐름을 차단시키거나 부분적으로 연료의 흐름을 멈추게 하며, 계통 라인의 파열을 일으킬 수도 있다.

Q 20
wing fuel tank의 경우 보급 한계치는 어떻게 정하여지는가?

해답▶ 연료의 열팽창에 의한 체적의 증가로 탱크가 손상되는 것을 막기 위해 연료 탱크의 용량은 사용 가능 체적보다 2% 크게 설계한다. 가득 채워지면 자동으로 2% 여유분이 남게 된다.

Q 21
dump system의 목적은 무엇인가?

해답▶ 비상시 항공기 중량을 최대 착륙 중량 이내로 감소시키기 위해 연료의 일부를 대기 중으로 방출시키는 계통으로 규정상 10,000피트 상공에서 45분간 비행 및 1회의 이착륙을 수행할 수 있는 연료량을 남기게 된다.

Q 22
sump drain valve란 무엇인가?

해답▶ 연료 탱크 내의 수분이나 찌꺼기 또는 잔류 연료를 배출하기 위하여 탱크의 제일 낮은 부분에 장착되는 것이다.

Q 23
dry wing과 wet wing의 차이점은?

해답▶ wing 내부에 연료가 들어가면 wet wing이고, 연료가 들어가지 않으면 dry wing이다.

Q 24
항공기에 연료 보급을 할 때 압력은 얼마 이내로 하는가?

해답▶ 50±5psi(경항공기는 중력을 이용)

Q 25
ram air scoop란 무엇인가?

해답▶ 비행 중 탱크 내의 공기압을 유지시켜 주기 위하여 탱크 내로 ram air를 공급하는 역할을 한다.

Q 26

항공기 연료 탱크 중에서 surge tank가 있는데 이는 무엇을 말하는가?

해답▶ 날개 끝에 위치하며 main tank에서 넘치는 연료를 보관하고 surge tank가 가득 차게 되면 ram air scoop를 통하여 밖으로 배출되고 surge tank 용량 내에서는 main tank의 양이 줄어들면 자중에 의하여 main tank로 흘러 들어간다.

Q 27

연료 탱크의 용접 수리 절차는?

해답▶ ① 최소 30분 이상 공기로 환기시킨다.
② 뜨거운 물(150~165℉)로 1시간 정도 탱크 내부를 순환시킨다.
③ 용접 후 뜨거운 물로 세척 후 질소 또는 이산화탄소를 채워 1시간 정도 경과시킨다.
④ 다시 뜨거운 물로 세척하고 나서 용접 융합제를 제거한다.

Q 28

연료탱크 작업을 할 때 주의 사항은?

해답▶ ① 수리하기 위해서는 연료를 다른 탱크로 이송(transfer)시키거나, 연료 트럭으로 연료를 빼내야(defueling) 한다.
② 수리를 위해 항공기의 탱크에 들어갈 수도 있다. 제작사 지침서에 따라 출입이 안전하도록 준비해야 한다.
③ 탱크를 건조시켜야 하며 위험한 연료 증기를 배출하고 탱크 안이 안전한지를 가연성 가스 표시기(combustible gas indicator)로 점검해야 한다.
④ 정전기(static electricity)를 일으키지 않는 피복과 방독면을 착용한다.
⑤ 탱크 내부에 있는 정비사를 보조하기 위해 탱크의 외부에 감시자가 배치되어야 한다.
⑥ 탱크 내부는 항상 통풍이 되도록 연속적인 공기 흐름을 만들어준다.
⑦ 수리나 점검을 위해 탱크 내부로 들어갈 때 지켜야 할 세부적인 절차는 정비 매뉴얼에 따른다.

Q 29

연료량 지시 방식의 종류는?

해답 ➊ 직독식 지시기(direct-reading indicator)는 연료 탱크가 조종석에 가까이 있는 경항공기 등에서 사용된다.

➋ 다른 경항공기와 대형 항공기는 전기식 지시기(electric indicator) 또는 전자 용량식 지시기(electronic capacitance type indicator)가 사용된다.

Q 30
windshield와 window의 차이점은 무엇인가?

해답 ▶ windshield는 조종실 전면의 바람막이며, window는 항공기의 측면 바람막이를 말한다.

Q 31
엔진을 기체에 장착할 때 flexible하게 장착하는 이유는 무엇인가?

해답 ▶ 엔진 마운트(engine mount)는 엔진에서 발생하는 모든 힘을 기체에 전달하는 역할을 한다. 엔진 마운트는 모두 어느 정도의 가소성(flexibility)을 가지고 있다. 엔진 마운트는 생각할 수 있는 모든 비행 조건에서 전해지는 하중에 대항하여 동력 장치와 기체 구조의 기하학적 관계를 유지할 필요가 있는데, 그러기 위해서는 충분한 강도를 유지해야 하지만 피로나 소음을 발생시키는 힘을 기체에 전할 정도로 강해서는 안 된다. 이 가소성의 정도를 정하는 것은 어려우며 일반적 방법으로는 마운트의 구조를 충분히 강하게 하고 동력 장치의 지지점에는 특별 설계한 가소성 부싱(bushing)을 장착하여 마운트에 가소성을 주어 엔진의 열팽창과 충격으로 인한 진동을 흡수한다.

Q 32
차동 조종 장치(differential control system)란 무엇인가?

해답 ▶ 도움 날개는 왼쪽 도움 날개와 오른쪽 도움 날개가 작동 시 서로 반대 방향으로 작동되는데, 위로 올라가는 범위와 아래로 내려가는 범위가 서로 다른 구조를 차동 조종 장치라 한다.

Q 33
aileron lockout이란 무엇인가?

해답 ▶ high speed 상태에서 outboard aileron이 작동하지 않게 하는 것이다.

Q 34
항공기의 3축 운동에 대하여 설명하시오.

해답 ▶ ❶ 비행 중에 항공기의 자세가 변화될 때마다 항공기는 3축 중의 하나 또는 그 이상 축에 대해서 선회한다. 이 3축은 항공기의 무게 중심을 통과하는 상상적인 직선으로 생각할 수 있다.

❷ 세로축(longitudinal axis)은 항공기 동체의 앞에서 꼬리 부분까지 세로로 연장된 축으로 항공기 세로축에 대하여 옆놀이 운동(rolling motion)을 하며, 옆놀이 운동은 날개 끝전에 장착된 aileron으로 조종한다. aileron은 control wheel을 좌우로 돌려서 작동한다.

❸ 가로축(lateral axis)은 한쪽 날개 끝에서 다른 한쪽 날개 끝까지 가로로 연장한 축으로 가로축에 관한 운동을 키놀이 운동(pitching motion)이라 하며, 키놀이 운동은 horizontal stabilizer에 장착된 elevator로 조종한다. elevator는 control column을 앞뒤로 움직여서 작동한다.

❹ 수직축(vertical axis)은 항공기 무게 중심의 상부에서 하부로 통과하는 축으로 항공기 수직축에 관한 운동을 빗놀이 운동(yawing motion)이라 하며, 빗놀이 운동은 vertical stabilizer에 장착된 rudder로 조종한다. rudder는 좌측과 우측 rudder pedal을 밀어서 작동한다.

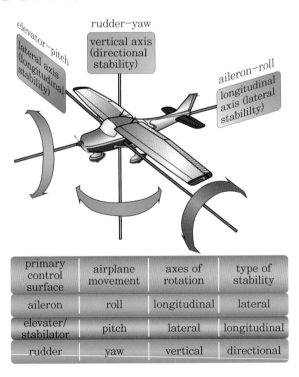

primary control surface	airplane movement	axes of rotation	type of stability
aileron	roll	longitudinal	lateral
elevater/ stabilator	pitch	lateral	longitudinal
rudder	yaw	vertical	directional

Q 35
aileron을 날개의 끝에 장착되는데 그 이유는 무엇인가?

해답▶ aileron은 좌우가 서로 반대로 작동하고 aileron의 hinge moment가 조타력이 되어서 비행 중의 기체에 옆놀이 모멘트(rolling moment)를 일으킨다. aileron은 날개에 장착될 때 길이를 길게 할 수 없다. spar의 높이도 충분하지 않아 경량, 소형 및 강성이 높은 것을 필요로 하므로 같은 조종력으로 큰 rolling moment를 얻기 위해서는 날개 끝에 설치하는 것이 유리하다.

Q 36
2차 조종면(보조 조종면)의 종류 및 기능을 설명하시오.

해답▶ 항공기마다 몇 가지의 2차 조종면(보조 조종면)을 가지고 있다. 다음은 대부분의 대형 항공기에서 찾아볼 수 있는 2차 조종면(보조 조종면)의 명칭, 위치, 기능의 목록이다.

명칭	위치	기능
플랩	날개의 내측 뒷전	• 양력 증가를 위해 날개 캠버 증가, 저속 비행 가능 • 단거리 이착륙 위해 저속에서 조작 허용
트림 탭	1차 조종면의 뒷전	• 1차 조종면 작동에 필요한 힘 감소
밸런스 탭	1차 조종면의 뒷전	• 1차 조종면 작동에 필요한 힘 감소
안티 밸런스 탭	1차 조종면의 뒷전	• 1차 조종면의 효과와 조종력 증가
서보 탭	1차 조종면의 뒷전	• 1차 조종면을 움직이는 힘 제공 또는 보조
스포일러	날개 뒷전/날개 상부	• 양력 감소, 에어론 기능 증대
슬랫	날개 앞전 중간 외측	• 양력 증가를 위해 날개 캠버 증가, 저속 비행 가능 • 단거리 이착륙을 위해 저속에서 조작 허용
슬롯	날개 앞전의 외부 도움 날개의 전방	• 고받음각일 때 공기가 날개 상부 표면 흐르게 함 • 낮은 실속 속도와 저속에서의 조작을 제공
앞전 플랩	날개 앞전 내측	• 양력 증가를 위해 날개 캠버 증가, 저속 비행 가능 • 단거리 이착륙을 위해 저속에서 조작 허용

Q 37
스포일러(spoiler)와 플랩(flap)의 차이점은 무엇인가?

해답▶ spoiler는 aileron을 보조하거나 항력을 유발시키기 위함이고, flap은 camber를 증가시켜 양력을 증가시키기 위함이다.

Q 38
스포일러(spoiler)의 기능을 설명하시오.

해답 spoiler는 대형 항공기에서는 날개 안쪽과 바깥쪽에 설치되어 있으며 비행 중 aileron 작동 시 양 날개 바깥쪽의 flight spoiler의 일부를 좌우 따로 움직여서 aileron을 보조하거나 같이 움직여서 비행 속도를 감소시킨다. 착륙 활주 중 ground spoiler를 수직에 가깝게 세워 항력을 증가시킴으로써 활주 거리를 짧게 하는 브레이크 작용도 하게 된다.

Q 39
trailing edge flap의 종류는?

해답 trailing edge flap은 항공기의 날개의 뒷전에 부착되어 이착륙 거리를 짧게 하기 위하여 양력 계수를 증가시키기 위한 장치로 사용되며 leading edge flap보다 더 복잡하다.
① plain flap
② split flap
③ slotted flap
④ fowler flap
⑤ slotted fowler flap

Q 40
전륜식의 장점에 대하여 설명하시오.

해답 ① 동체 후방이 들려 있으므로 이륙 시 공기 저항이 적고 착륙 성능이 좋다.
② 이착륙 및 지상 활주 시 항공기의 자세가 수평이므로 조종사의 시계가 넓고 승객이 안락하다.
③ 후륜식은 브레이크를 밟으면 항공기는 주 바퀴를 중심으로 앞으로 기울어져 프로펠러를 손상시킬 위험이 있으나 전륜식은 앞바퀴가 동체 앞부분을 받쳐 주므로 그런 위험이 적다.
④ 터보 제트기의 경우 배기가스의 배출을 용이하게 한다.
⑤ 중심이 주 바퀴의 앞에 있으므로 후륜식에 비하여 지상 전복(ground loop)의 위험이 적다.

Q 41
항공기 완충 장치의 종류와 효율을 설명하시오.

해답▶ ① 탄성식 완충 장치는 완충 효율이 50%이다.
② 공기 압축식 완충 장치는 완충 효율이 47%이다.
③ 올레오식 완충 장치는 완충 효율이 75% 이상이다.

Q 42
착륙 장치 종류를 분류하시오.

해답▶ (1) 사용 목적에 따른 분류
① 타이어 바퀴형 : 육상에서 사용
② 스키형 : 눈 위에서 사용
③ 플로트형 : 물 위에서 사용

(2) 장착 방법에 따른 분류
① 고정형 : 날개나 동체에 장착 고정시킨 형식
② 접개들이형 : 날개나 동체 안에 접어 올릴 수 있는 형식

(3) 착륙 장치 장착 위치에 따른 분류
① 전륜식 : 주바퀴 앞에 방향 전환 기능을 가진 조향 바퀴가 있는 형식
② 후륜식 : 주바퀴 뒤에 방향 전환 기능을 가진 조향 바퀴가 있는 형식

(4) 타이어 수에 따른 분류
① 단일식 : 타이어가 1개인 방식으로 소형기에 사용
② 이중식 : 타이어 2개가 1조인 형식으로 앞바퀴에 적용
③ 보기식 : 타이어 4개가 1조인 형식으로 주바퀴에 적용

Q 43
nose landing gear에 장착된 센터링 캠(centering cam)의 목적은?

해답▶ nose landing gear 내부에 설치된 센터링 캠은 착륙 장치가 지면으로부터 떨어졌을 때, 앞 착륙 장치(nose landing gear)를 중심으로 오게 해 landing gear를 up, down할 때 landing gear wheel well과 부딪쳐 구조의 손상이나 착륙 장치의 손상을 방지하기 위해 마련되어 있다.

Q 44

shock strut의 길이가 정상보다 길 때 토잉하면 centering cam이 손상되는 이유는 무엇인가?

해답 ▶ shock strut의 길이가 규정치보다 길게 extend 되면 centering cam이 정렬되어 토잉 시 방향 전환 때 손상된다.

Q 45

landing gear의 역할은 무엇인가?

해답 ▶ 지상에 있을 때 항공기의 무게를 감당하고 지상 운행을 담당하는 장치이며, 착륙시 발생하는 충격 에너지를 흡수하는 역할을 한다.

Q 46

nose landing gear의 방향 전환 장치는?

해답 ▶ nose wheel steering system이며 hydraulic pressure는 landing gear control valve down pressure를 사용하므로 landing gear가 down되어야 한다. nose gear의 shock strut이 규정치 이상 extend 되었을 때 steering을 작동시키면 shock strut 내부의 centering cam이 손상된다.

Q 47

nose landing gear에서 bypass pin의 역할은 무엇인가?

해답 ▶ 지상에서 towing을 할 때 bypass valve를 작동시켜 steering actuator로 유로를 형성하여 nose gear가 tow bar에 의해 수동으로 steering 할 수 있도록 해준다.

Q 48

body gear steering이란 무엇인가?

해답 ▶ 항공기가 일정 각도 이상 선회를 할 때 nose gear steering과 반대 방향으로 작동하여 타이어의 마멸을 감소시켜 주고 선회 반경을 최소로 해주는 역할을 한다. 이것은 rudder pedal로는 작동하지 않고 steering control wheel로만 작동한다.

Q 49

brake equalizer rod의 기능은 무엇인가?

해답▶ 제동 시에 트럭의 뒷바퀴를 지면으로 당겨주는 역할을 함으로써 트럭의 앞뒤 바퀴가 균일하게 항공기의 하중을 담당할 수 있게 해준다.

Q 50

landing gear 구성품의 특징을 설명하시오.

해답▶ ❶ drag strut : 앞뒤로 작용하는 하중을 지탱한다.

❷ side strut : 좌우 방향으로 작용하는 하중을 지탱한다.

❸ jury strut : side strut이 접히지 않도록 고정하는 역할을 한다. lock actuator에 의해 작동되며 기어에 up lock 혹은 down lock을 걸어준다.

❹ walking beam : gear에 actuator에 의해 landing gear를 up, down 할 때 gear actuator에 의해 기체 구조에 가해지는 반작용력을 감소시키는 역할을 한다.

❺ trunnion link : shock strut과 동체의 연결부로서 항공기를 선회(steering)하거나 landing gear를 올릴 때 strut을 필요한 만큼 앞뒤로 swing 하거나 pivot 할 수 있게 설치한다.

❻ torsion link : A자 모양의 2개의 부품으로 이루어지며 윗부분은 shock strut outer cylinder에, 아랫부분은 inner cylinder와 연결되어 inner cylinder가 과도하게 빠지지 못하게 하고 strut 축을 중심으로 inner cylinder가 회전하지 못하게 한다. 또한, 선회를 할 때 회전력을 전달하는 역할을 한다.

❼ down lock bungee : hydraulic power가 없더라도 내부 스프링에 의해 down lock이 유지되도록 해준다.

❽ truck beam : 전방과 후방에 axle이 장착된 튜브 모양의 I형 steel beam이다.

❾ brake equalizer rod : 항공기를 멈추기 위해 브레이크를 사용할 때 앞쪽의 바퀴와 뒤쪽의 바퀴가 서로 다르게 브레이크 작용이 일어날 때 관성에 의하여 어느 한쪽 바퀴가 들려 일어나지 않도록 붙잡아 주는 역할을 한다. 즉, 앞뒤 바퀴가 받는 하중을 서로 분담한다.

❿ truck positioning actuator : shock strut에 대하여 truck beam을 정해진 각도로 유지되게 하며 정해진 각도를 벗어나면 landing gear control lever가 up position으로 움직이지 않는다.

Q 51

landing gear의 작동 순서를 설명하시오.

해답 ▶ landing gear를 작동시키기 위해 landing gear control lever를 up이나 down에 놓으면 up lock 또는 down lock이 풀린 후 landing gear가 작동되고 up lock 또는 down lock이 걸린 후 landing gear door가 닫힌다. 따라서, 착륙 장치 작동 후 door를 닫기 위해 다시 landing gear control lever를 작동할 필요가 없다.

Q 52

landing gear alternate extension(emergency extension)이란 무엇인가?

해답 ▶ hydraulic system 고장이 발생했을 때 landing gear를 기계적이나 전기적으로 gear up lock을 풀어서 자중으로 landing gear down 시키는 것을 말한다.

Q 53

retractable landing gear system 항공기가 반드시 갖추어야 할 것은?

해답 ▶ alternate extension system(emergency extension system)

Q 54

oleo shock strut의 작동 원리는?

해답 ▶ oleo shock strut은 대부분 항공기에 사용되며 착륙할 때 실린더의 아래로부터 충격 하중이 전달되어 피스톤이 실린더의 위로 움직이게 된다. 이때, 작동유는 움직이는 미터링 핀(metering pin)에 의해서 형성되는 오리피스를 통하여 위 체임버(upper chamber)로 밀려들어가게 된다. 그러므로 orifice에서 유체의 마찰에 의해 에너지가 흡수되고, 또 공기실의 부피를 감소시키게 하는 작동유는 공기를 압축시켜 충격 에너지가 흡수된다.

Q 55

shock strut 작동유 보급 절차에 대하여 설명하시오.

해답 ▶ ❶ 항공기 주위에 작업대나 다른 장비가 shock strut을 압축시켰을 때 접촉되지 않도록 멀리 놓는다. 항공기를 들어 올릴 때는 정비 절차에 의해 항공기를 안전하게 들어 올린다.

❷ strut 상부에 장착된 air charging valve로부터 밸브 마개(yellow cap)를 장탈한다.

❸ swivel nut 반시계 방향으로 1회전(최대 2회전)시켜 strut에 있는 공기를 배출시 킨다. 모든 공기가 배출되면 swivel nut을 최대로 열어놓는다.

❹ 모든 공기가 strut에서 배출되었을 때, 완전히 압축되어야 하며 strut의 완전한 압축을 이루기 위해 잭으로 들어 올린다.

❺ 인가된 작동유로 oil charging valve를 통하여 air charging valve로 작동유가 나올 때까지 채운다.

❻ servicing chart의 servicing curve 안에 pressure와 dimension이 들어가도록 고압 공기 또는 고압 질소에 의해서 strut을 팽창시킨다.

❼ 팽창되었을 경우, swivel nut을 조여주고 명시된 값으로 토크한다.

❽ 보급 호스를 제거하고 밸브 마개(yellow cap)를 손으로 조여준다.

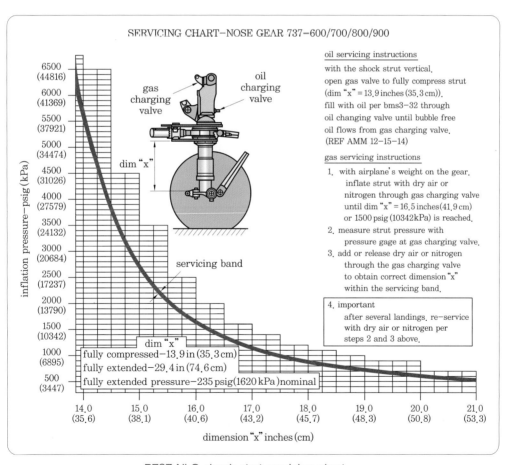

B737 NLG shock strut servicing chart

Q 56

shock strut의 팽창 길이 점검은 어떻게 하는가?

해답▶ shock strut의 팽창 길이를 점검하기 위해서는 shock strut 속의 작동 유체의 압력을 측정하고 규정 압력에 해당되는 최대 및 최소 팽창 길이를 표시해주는 shock strut 팽창 도표를 이용하여 팽창 길이가 규정 범위에 들어가는가 확인한다. 팽창 길이가 규정 값에 들지 않을 때는 압축 공기(질소)를 가감하여 맞춘다.

Q 57

shock strut 작동유 보급 시기는 어떻게 판정하는가?

해답▶ ① shock strut의 pressure를 측정한다.

② shock strut의 노출된 길이를 측정한다(dimension X).

③ servicing chart에서 pressure와 dimension을 비교하여 servicing curve 위에 있으면 shock strut pressure를 배출하여 servicing curve 안에 오도록 조절하고, servicing curve 아래에 있으면 shock strut을 질소로 보충하여 servicing curve 안에 오도록 조절한다.

④ 2번째 shock strut pressure와 dimension을 측정한다.

⑤ servicing chart에서 pressure와 dimension을 비교하여 servicing curve 안에 있으면 fluid level은 정확하고, 만약 servicing curve 안에 있지 않으면 fluid level은 부정확하므로 fluid servicing을 한다.

Q 58

shimmy damper란 무엇인가?

해답▶ 항공기가 지상 활주 중 지면과 타이어 사이의 마찰에 의한 타이어 밑면의 가로축 방향의 변형과 바퀴의 회전축 둘레의 진동과의 합성된 진동이 좌우 방향으로 발생하는데, 이러한 진동을 shimmy라 하고, 이와 같은 shimmy 현상을 감쇠, 방지하기 위한 장치를 shimmy damper라 한다.

Q 59

nose landing gear에서 불안전한 공진 현상을 방지하는 장치는 무엇인가?

해답▶ shimmy damper

Q 60

tire의 구조에 대하여 설명하시오.

해답 ❶ tread : 직접 노면과 접하는 부분으로 미끄럼을 방지하고 주행 중 열을 발산, 절손의 확대 방지의 목적으로 여러 모양의 홈이 만들어져 있다. tread의 홈은 마멸의 측정 및 제동 효과를 증대시킨다.

❷ cord body 또는 carcass : 타이어의 골격 부분으로 고압 공기에 견디고 하중이나 충격에 따라 변형되어야 하므로 강력한 인견이나 나일론 코드를 겹쳐서 강하게 만든 다음 그 위에 내열성이 강한 우수한 양질의 고무를 입힌다.

❸ breaker : cord body와 tread 사이에 있으며 외부 충격을 완화시키고 wire bead 와 연결된 부분에 chafer를 부착하여 제동 장치에서 오는 열을 차단한다.

❹ wire bead : bead wire라 하며 양질의 강선이 wire bead 부분의 늘어남을 방지하고 wheel flange에서 빠지지 않게 한다.

❺ flipper : bead wire로부터 carcass를 둘러싸고 있으며 디이이의 내구성을 증대시킨다.

❻ chafer : wheel의 접촉면 보강재로 wheel로부터 전해지는 열을 차단한다.

❼ side wall : cord가 손상을 받거나 노출되는 것을 방지하기 위하여 cord body의 측면을 덮는 역할을 한다.

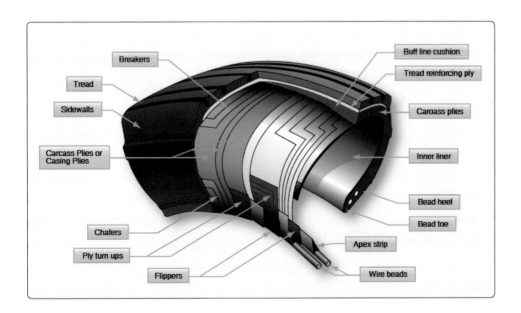

Q 61

항공기 tire의 안전한 운영 방법은 무엇인가?

해답 ▶ 항공기 tire의 가장 심각한 문제는 착륙 시의 강한 충격이 아니고 지상에서 원거리를 운행하는 동안 급격히 tire의 내부 온도가 상승하는 것이다. 항공기 tire는 자동차 tire보다 약 2배 정도 더 잘 구부려지게 설계되어 있다. 이러한 항공기 tire의 과도한 온도 상승을 방지할 수 있는 가장 좋은 방법은 짧은 taxing, 느린 taxing 속도, 최소한의 제동, 적절한 tire inflation이다.

Q 62

tire pressure check를 하는 이유는 무엇인가?

해답 ▶ tread의 고른 마모와 저 팽창과 과 팽창에서 오는 tire의 손상 및 wheel의 손상 방지를 위해 매일 1회 이상 점검해야 한다. 비행 후에는 2~3시간 정도 경과되어 충분히 cooling 후에 점검한다. 적절한 flexing을 보장하고 온도 상승을 최소로 하며 tire의 수명을 연장시키고 과도한 tread 마모를 방지하기 위함이다.

Q 63

toe-in과 toe-out에 대하여 설명하시오.

해답 ▶ toe-in은 좌우의 바퀴가 평형이 아니고 바퀴의 앞쪽이 뒤쪽보다 약간 좁게 되어있는 상태를 말한다. 반대로 뒤쪽보다 앞쪽이 넓은 것을 toe-out이라고 한다. 옆 방향으로의 미끄러짐과 타이어의 마멸을 방지하고 바퀴가 안쪽으로 굴러가려 하므로 바깥쪽으로 굴러가려는 힘과 상대되어 미끄러지지 않고 똑바로 굴러가려 한다.

Q 64

wheel fuse plug란 무엇인가?

해답 ▶ fuse plug는 wheel에 보통 3~4개가 설치되어 있으며 brake를 과도하게 사용했을 때 tire가 과열되어 tire 내의 공기 압력 및 온도가 지나치게 높아지게 되면 fuse plug가 녹아 공기 압력을 빠져나가게 하여 tire가 터지는 것을 방지한다.

Q 65

tire 보급을 할 때 질소를 사용하는 이유는 무엇인가?

해답▶ 폭발 및 산화를 방지하고자 불활성 가스인 질소를 사용하여 보급한다. 공기를 사용하게 되면 공기 중의 산소가 tire의 inner liner 부분과 화학 반응하여 wheel이 과열되어 폭발 가스를 유발할 수 있고, 철 성분과 만나게 되면 산화가 발생하기 때문이다.

Q 66

tire 표면에 46×18-20, 32PR R2로 표시되어 있다면 이것의 의미는?

해답▶ · 46 : 외경(46인치)
· 18 : 폭(18인치)
· 20 : 내경(20인치)
· 32PR : ply rating의 약어로서 측정할 상태에서 최대 하중을 지시한다. ply등급은 타이어 강도의 지표와 같은 것이며 ply의 실질적인 수를 나타내지는 않는다.
· R2 : 재생 횟수(2회 재생)

Q 67

tire의 역할은 무엇인가?

해답▶ 이륙이나 착륙을 할 때 발생하는 충격을 흡수하고, 지상에서 항공기의 하중을 지지하며 착륙 제동 및 정지를 위해 필요한 마찰 작용을 한다.

Q 68

tire tread의 목적은 무엇인가?

해답▶ tread는 직접 노면과 접하는 부분으로 미끄럼을 방지하고 주행 중 열을 발산, 절손의 확대 방지의 목적으로 여러 모양의 홈이 만들어져 있다.

Q 69

tire groove의 목적은 무엇인가?

해답▶ 주행을 할 때 직진 안정성을 유지하고 열과 물을 배출시켜주며 마모 정도를 알 수 있는 indicator 역할도 한다.

Q 70

tire carcass ply가 보일 때 조치 사항은 무엇인가?

해답 ▶ tire를 교환하여야 한다.

Q 71

tire tread 중앙 부분의 지나친 마모의 원인은 무엇인가?

해답 ▶ 적절한 인플레이션은 적절한 플렉싱(flexing)을 보장하고 온도 상승을 최소로 하며 타이어 수명을 연장시키고 과도한 tread 마모를 방지한다. shoulder 부분의 과도한 마모는 under inflation을 나타내고 tire 중심 tread의 과도한 마모는 over inflation을 나타낸다.

Q 72

bias tire와 radial tire의 차이점을 설명하시오.

해답 ▶ ❶ bias tire : 전통적인 항공기 tire 구조 방식으로, tire의 회전 방향에 대하여 플라이의 각도는 30~60° 사이에 변화를 준다. 이 방식에서, 플라이는 타이어 회전 방향과 타이어를 가로지르는 방향으로 구성되는 직물의 편향(bias)을 가지기에 바이어스 타이어라고 부른다. 결과적으로 편향(bias)되어 가로 놓인 직물 플라이로 인해 측면 벽이 굽혀질 때 유연성을 가질 수 있다.

❷ radial tire : 대형 항공기 타이어는 레이디얼 타이어로 플라이는 타이어의 회전 방향에 90° 각도로 가로 놓인다. 측면 벽과 회전 방향에 수직으로 플라이의 비신축성 섬유를 배치하는 구조는 타이어의 강도를 형성하여 적은 변형으로 고 하중을 견디게 한다.

바이어스 플라이 타이어

레이디얼 타이어

Q 73

tire wheel 비파괴 검사 방법은 무엇인가?

해답▶ 와전류 검사(eddy current inspection)

Q 74

wheel & tire assembly에서 under inflation 되었을 때 나타나는 현상은?

해답▶ shoulder 부분이 마모된다.

Q 75

wheel & tire assembly에서 over inflation 되었을 때 나타나는 현상은?

해답▶ tire 중심 부분의 tread가 마모된다.

Q 76

tire under inflation에 대하여 설명하시오.

해답▶ tire가 under inflation일 때 착륙 또는 브레이크를 작동하면, tire와 wheel 사이에 slip의 발생이 쉽고 활주로에 접지할 때 tire side wall이나 shoulder가 찌그러져 파손되거나 tread의 가장자리 부분이 급격히 불균일하게 마모되어 교체 시기보다 빠른 타이어 교체로 이어진다. tire cord body 파열을 일으킬 수 있으며 과도한 열과 심하게 flexing 됨으로써 cord body가 늘어나거나 tire가 파손되는 원인이 된다. over inflation보다도 안좋은 이유는 활주 거리가 길어지기 때문이다.

Q 77

wheel과 tire를 조립한 후 12시간이나 24시간 보관한 후에 점검해야 하는 이유는?

해답▶ ① tire가 wheel에 바르게 자리 잡을 수 있는 시간을 허용하기 위함이다.
② air의 누설을 점검하기 위함이다.
③ tire에 균등한 압력을 주기 위함이다.

Q 78
tire에서 side vent hole은 무엇인가?

해답▶ tire의 재생 또는 제작을 할 때 carcass 층에 발생하는 수분 또는 공기를 배출한다.

Q 79
tire를 보급한 후 24시간이 지난 다음 몇 % 이상 압력이 떨어지면 안되는가?

해답▶ 5% 이상 떨어지면 안 된다.

Q 80
tire의 저장 방법은?

해답▶ 직사광선을 피하고, 서늘하고 건조하며 전자 장비가 없는 장소에 보관한다. 전자 장비는 오존을 만드는데, 오존은 고무에 해롭다. tire는 가능하면 수직으로 저장하고, 만약 tire의 가로 겹쳐쌓기가 필요하다면, 절대로 6개월 이상 tire를 가로 겹쳐 쌓기를 하지 않는다. 만약 tire의 직경이 40인치 미만인 경우에는 tire를 4개 이하로 쌓고, 직경이 40인치 이상이라면 tire를 3개 이하로 쌓는다.

Q 81
tire를 발전기와 같이 보관하면 안되는 이유는 무엇인가?

해답▶ 오존이 발생되어 고무의 수명을 단축시킨다.

Q 82
tire를 저장할 때 보관 온도 범위는?

해답▶ 32℉~80℉(0℃~26.7℃)

Q 83
tire pressure를 결정하는 요소는?

해답▶ tire pressure는 tire의 크기, 외기 온도, 항공기의 무게에 의해서 결정된다.

Q 84

tire에 oil이 묻었을 때 조치 사항은?

해답▶ tire는 oil, fuel, hydraulic fluid 또는 solvent 종류와 접촉하지 않게 주의해야 한다. 이러한 것들은 화학적으로 고무를 손상시켜 tire 수명을 단축시키므로 비눗물을 이용하여 세척한다.

Q 85

slippage mark는 무엇인가?

해답▶ tube type tire에서 tire와 wheel 사이의 미끄러짐을 확인하기 위하여 폭 1인치, 길이 2인치 크기의 적색 페인트 마크를 slippage mark라 한다. slippage mark가 손상되면 tube의 손상을 의심할 수 있다.

Q 86

tire 교환을 할 때 1개씩 교환하는 이유는 무엇인가?

해답▶ 나머지 타이어가 제자리에 있으므로, 항공기가 jack으로부터 이탈되어도 항공기의 손상과 인명 피해를 줄일 수 있다.

Q 87

브레이크 종류를 설명하시오.

해답▶ (1) 기능에 따른 분류
   ① 정상 브레이크 : 평상시 사용
   ② 파킹 브레이크 : 비행기를 장시간 계류시킬 때 사용
   ③ 비상 및 보조 브레이크 : 주 브레이크가 고장났을 때 사용하는 것으로, 주 브레이크와 별도로 마련되어 있음

(2) 작동과 구조 형식에 따른 분류
   ① 팽창 튜브식 : 소형 항공기에 사용
   ② 싱글 디스크식(단 원판식) : 소형 항공기에 사용
   ③ 멀티플 디스크식(다 원판형) : 대형 항공기에 사용
   ④ 시그먼트 로터식 : 대형 항공기에 사용

Q 88
대형 항공기 brake 마모 점검은 어떻게 하는가?

해답 ▶ brake를 작동한 상태에서 brake wear indicator의 노출된 길이를 측정한다.

Q 89
brake accumulator란 무엇인가?

해답 ▶ brake의 작동을 돕기 위하여 에너지를 저장하고 압력의 파동을 완화시키며, brake로 통하는 압력을 일정하게 해주기 위해 장착되어 있고, 완전히 충전되어 있으면 여러 번 full brake를 사용할 수 있기에 비상시 사용할 때 이용된다.

Q 90
anti-skid surge accumulator란 무엇인가?

해답 ▶ anti-skid system의 return line에 위치하며 brake return fluid의 surge 현상을 흡수하여 좀 더 빨리 brake를 풀어 불필요한 tire의 마모를 감소시킨다.

Q 91
autobrake system이란 무엇인가?

해답 ▶ 착륙 또는 이륙 포기(RTO) 과정 중에 brake pedal을 밟지 않아도 자동으로 brake가 걸리게 하여 일정한 감속률을 유지하여 줌으로써 조종사의 힘을 덜어주는 역할을 한다.

Q 92
brake system bleeding 방법을 설명하시오.

해답 ▶ 브레이크 계통 작동유에 기포가 있으면 브레이크 페달을 밟았을 때 스펀지를 밟는 것과 같은 느낌을 준다. 단단한 브레이크 페달 느낌을 복원하기 위해서는 블리딩(bleeding)을 통해서 기포(공기)를 제거하여야 한다. 브레이크 계통은 제작사 지침에 따라 블리딩해야 하며, 일반적인 방법으로는 중력식 블리딩과 압력식 블리딩 두 가지 방법이 있다. 브레이크는 페달이 스펀지처럼 느껴질 때 또는 브레이크 계통의 line이 분리되었을 때에는 반드시 블리딩을 실시하여야 한다.

⊕ **압력식 블리드 방법(pressure air bleeding method)** : 압력 탱크의 호스는 브레이크 어셈블리의 블리드 포트에 부착된다. 투명한 호스는 항공기 브레이크 작동유

저장소의 환기 포트 또는 마스터 실린더가 저장소를 포함하는 경우 마스터 실린더에 부착된다. 이 호스의 다른 쪽 끝은 호스 끝을 덮는 깨끗한 브레이크액이 공급되는 수집 용기에 놓인다. 브레이크 어셈블리 블리드 포트를 열고 다음에 공기 없는 순수한 작동유가 브레이크 계통에 들어가게 하는 압력 탱크 호스의 밸브가 열리면 갇힌 공기를 담고 있는 작동유는 저장소의 배출구에 부착된 호스를 통해 방출된다. 투명한 호스는 기포를 모니터링할 수 있다. 공기가 보이지 않으면 블리드 포트와 압력 탱크 차단기(pressure tank shutoff)를 닫고 압력 탱크, 저장소에서 호스를 제거한다.

❷ **중력식 블리딩 방법(gravity air bleeding method)** : 블리딩 중에 브레이크 작동유가 소진되지 않도록 브레이크 탱크에 공급하여야 한다. 투명한 호스는 브레이크 어셈블리의 블리드 포트(bleed port)에 연결된다. 다른 쪽 끝은 블리딩 중에 배출된 작동유를 담기에 충분히 큰 용기에 있는 깨끗한 작동유에 잠근다. 브레이크 페달을 밟고 브레이크 어셈블리 블리드 포트를 개방한다. 마스터 실린더에 있는 피스톤은 실린더 끝까지 이동하여 블리드 호스에서 용기 안으로 공기 · 작동유 혼합물을 밀어낸다. 페달이 계속 밟혀진 상태로 블리드 포트를 닫는다. 마스터 실린더에 있는 피스톤의 앞에 저장소로부터 더 많은 작동유를 공급하기 위해 브레이크 페달을 펌핑을 한다. 페달을 밟은 상태로 유지하고, 브레이크 어셈블리의 블리드 포트를 연다. 더 많은 작동유와 공기는 호스를 통해 용기 안으로 배출된다. 호스를 통해 브레이크에서 나오는 작동유가 공기를 더 이상 함유하고 있지 않을 때까지 이과정을 반복한다. 블리드 포트 피팅을 조여주고 저장소가 적절한 높이로 채워졌는지 확인한다.

pressure air bleeding method

gravity air bleeding method

Q 93
brake metering valve란 무엇인가?

해답 ▶ brake pedal을 밟는 힘을 brake control linkage에 의해 전달받아 brake 로 들어가는 압력을 조절한다. brake pedal을 밟으면 밸브 slide가 안쪽으로 움직 여 return port를 닫고 pressure port를 열어 valve slide 안의 통로를 통해 직접 press가 brake로 공급된다.

Q 94
스펀지(sponge) 현상에 대하여 설명하시오.

해답 ▶ 스펀지(sponge) 현상은 brake system 작동유에 공기가 섞여 있을 때 공기의 압축성 효과로 인하여 brake system이 작동할 때 푹신푹신하여 제동이 제대로 되지 않는 현상이다. 스펀지 현상이 발생하면 계통에서 공기 빼기(air bleeding)를 해주어 야 한다. 공기 빼기는 brake system에서 작동유를 빼면서 섞여 있는 공기를 제거하 는 것으로 공기가 다 빠지게 되면 더 이상 기포가 발생하지 않는다. 공기 빼기를 하 고 나면 페달을 밟았을 때 뻣뻣함을 느낀다.

Q 95
control system의 종류에 대해 아는 대로 설명하시오.

해답 ▶ ① manual control system
　㉮ cable control system
　㉯ push pull control system
　㉰ torque tube control system
② power control system
③ booster control system
④ fly-by-wire control system

Q 96
flutter란 무엇인가?

해답 ▶ 조종면이 정적 및 동적으로 평형하지 않으면 비행 중 조종면이 중립 위치에 있 지 못하게 되어 조종면에 발생하는 불규칙한 진동을 말한다.

Q 97

mass balance란 무엇인가?

해답▶ 조종면의 평형 상태가 맞지 않은 상태에서 비행 시 조종면에 발생하는 불규칙한 진동을 flutter라 하는데, 과소 평형 상태가 주원인이다. flutter를 방지하기 위한 방법은 날개 및 조종면의 효율을 높이는 것과 mass balance를 설치하는 것인데, 특히 mass balance의 효과가 더 크다. 보통 조종면의 앞전에 mass balance를 달아 flutter를 방지하고 있다.

Q 98

bell crank란 무엇인가?

해답▶ 하나의 pivot을 중심으로 회전 운동을 직선 운동으로 변화시켜 주는 장치를 말한다.

Q 99

stopper란 무엇인가?

해답▶ aileron, elevator, rudder 등의 조종 계통의 운동 범위를 제한하기 위해 마련되어 있으며, 조절식 또는 고정식의 stopper를 장착하고 있다.

Q 100

cable과 push pull rod의 차이점은 무엇인가?

해답▶ ① cable은 한 방향 힘을 전달한다.
② push pull rod는 양방향 힘을 전달한다.

Q 101

fairlead의 역할은 무엇인가?

해답▶ fairlead는 조종 케이블의 작동 중 최소의 마찰력으로 케이블과 접촉하여 직선 운동을 하며 케이블을 3° 이내에서 방향을 유도한다. 또한, bulkhead의 구멍이나 다른 금속이 지나가는 부분에 사용되며, 페놀수지처럼 비금속 재료 또는 부드러운 알루미늄과 같은 금속으로 되어 있다.

Q 102
pulley란 무엇인가?

해답▶ cable을 유도하고 방향을 바꿀 때 사용한다.

Q 103
cable drum이란 무엇인가?

해답▶ cable 조종 계통의 힘을 전달하는 기구로 회전 운동을 직선 운동으로 바꾸어 주며 주로 조종 계통에 많이 사용한다.

Q 104
hydraulic과 cable을 비교해서 설명하시오.

해답▶ cable은 운동 손실이 많으나, hydraulic은 파스칼의 법칙에 의해 운동 손실이 없고 계절에 따른 온도 변화에도 별 변화가 없는 장점이 있고 운항 중에도 조종면의 조종성이 좋다. 하지만 cable은 가볍고 방향 전환이 쉽고 공간 확보가 쉽다.

Q 105
항공기에 사용하는 cable의 치수는?

해답▶ 항공기에 사용되는 cable은 탄소강이나 내식강으로 되어 있으며 지름은 1/32인치에서 3/8인치까지 있고, 1/32인치씩 증가하도록 되어 있다.

Q 106
조종 케이블(control cable)의 직경은 무엇으로 측정하는가?

해답▶ cable의 직경은 외경을 측정할 수 있는 버니어 캘리퍼스를 사용하여 측정한다.

Q 107
cable 손상의 종류와 검사 방법은?

해답▶ 케이블을 검사할 경우는 육안 검사(visual inspection)로 하지만, 미세한 점검은 확대경을 사용한다.

❶ 와이어 절단(wire cut) : 와이어 절단이 발생하기 쉬운 곳은 케이블이 fairlead와 pulley 등을 통과하는 부분이다. 케이블을 깨끗한 천으로 문질러서 끊어진 가닥을 감지하고, 절단된 와이어가 발견되면 절단된 와이어 수에 따라 케이블을 교환하여야 하는데, 풀리, 롤러 혹은 드럼 주변에서 와이어 절단이 발견된 경우에는 케이블을 교환하여야 하며 페어리드 혹은 압력 실(pressure seal)이 통과되는 곳에서 발견된 경우에는 케이블 교환은 물론, 페어리드와 압력 실의 손상 여부도 검사하여야 한다. 필요한 경우에는 케이블을 느슨하게 구부려서 검사한다.

❷ 마모(wear) : 외부 마모는 보통, 풀리 등에 따라 케이블이 움직이는 거리의 범위로, 그리고 케이블의 한쪽에만 일어나는 일도 있다. 케이블 각각의 가닥과 각각의 와이어가 서로 융합하고 있는 것처럼 보일 때 외측 와이어가 40~50% 이상 마모된 것이 7×7 케이블은 6개 이상, 7×19 케이블은 12개 이상일 때에는 케이블을 교환한다.

❸ 부식(corrosion) : pulley나 fairlead와 같이 마모를 일으키는 기체 부품에 접촉하고 있지 않은 부분에 와이어 조각이 있었을 때는 어떤 케이블이라도 부식의 유무를 주의 깊게 검사한다. 이 상태는 보통 케이블의 표면에서는 분명하지 않으므로 케이블을 분리하여 외부 와이어의 부식에 대해서 바른 검사를 위해 구부려 보든지 조심스럽게 비틀어 내부 와이어의 부식 상태를 검사해야 하며 내부의 와이어에 부식이 있는 것은 모두 교환한다. 내부 부식이 없다면 깨끗한 천으로 녹 및 부식을 솔벤트와 브러시를 사용하여 제거한 후, 마른 천 또는 압축 공기를 이용하여 솔벤트를 제거한 후 방식 윤활유를 케이블에 바른다.

❹ 킹크 케이블(kink cable) : 와이어나 가닥이 굽어져 영구 변형되어 있는 상태를 말한다. 이 종류의 손상은 강도상, 조직상에도 유해하므로 교환한다.

❺ 버드 케이지(bird cage) : 버드 케이지는 비틀림 또는 와이어가 새장처럼 부푼 상태이다. 케이블 저장 상태가 바르지 않을 때 발생하며, 케이블은 폐기되어야 한다.

Q 108
주 조종면에 쓰이는 케이블의 굵기는?

해답 ▶ 7×19 케이블은 충분한 유연성이 있고, 특히 작은 지름의 pulley에 의해 구부러져 있을 때는 굽힘 응력에 대한 피로에 잘 견디는 특성이 있다. 초가요성 케이블이라 하며 케이블 지름이 3/8인치 이상으로 주 조종 계통에 사용된다.

Q 109
케이블의 종류를 설명하시오.

해답 ▶ ❶ 7×7 케이블은 유연성이 적어 큰 직경의 풀리나 직선 방향에 사용하고, 지름은 3/32인치 이하이며, 3가닥 이상 끊어지면 교환하여 준다. 부 조종 계통에 사용한다.

❷ 7×19 케이블은 충분한 유연성이 있고 작은 직경의 풀리에 사용되어지며 굽힘 응력에 대한 피로에 잘 견디는 특성이 있다. 지름은 1/8인치 이상으로써 6가닥 이상 끊어지면 교환하여 준다. 주 조종 계통에 사용한다.

Q 110
cable 검사 방법과 내부 부식은 왜 발생하는가?

해답 ▶ cable을 구부려서 7×7 cable은 3가닥, 7×19 cable은 6가닥 단선되면 교환한다. 내부 부식의 원인은 cable을 세척할 때 솔벤트에 의해 내부 윤활유가 다 없어져서 발생한다. 따라서 솔벤트 세척을 할 때는 보풀이 일어나지 않는 lint free cloth를 사용하여 세척한다.

Q 111
cable을 terminal fitting에 연결하는 방법은 무엇이 있는가?

해답 ▶ ❶ **스웨이징 방법** : terminal fitting에 cable을 끼우고 스웨이징 공구나 장비로 압착하는 방법으로, 연결 부분 케이블 강도는 케이블 강도의 100%를 유지하며 가장 일반적으로 많이 사용한다.

❷ **5단 엮기 이음 방법** : cable bushing이나 thimble을 사용하여 cable 가닥을 풀어서 엮은 다음 그 위에 wire를 감아 씌우는 방법으로 7×7, 7×19 케이블이나 직경이 3/32인치 이상 케이블에 사용할 수 있다. 연결 부분의 강도는 케이블 강도의 75%이다.

❸ **납땜 이음 방법** : cable bushing이나 thimble 위로 구부려 돌린 다음 wire를 감아 스테아르산의 땜납 용액에 담아 땜납 용액이 케이블 사이에 스며들게 하는 방법으로 케이블 직경이 3/32 이하의 가요성 케이블이나 1×19 케이블에 적용되며 접합 부분의 강도는 케이블 강도의 90%이고 고온 부분에는 사용을 금한다.

Q 112

cable의 절단 방법은?

해답▶ 항공기에 이용되는 cable의 재질은 탄소강과 내식강이 있고, 주로 탄소강 cable이 이용되고 있다. cable 절단 시 열을 가하면 기계적 강도와 성질이 변하므로 cable cutter와 같은 기계적 방법으로 절단한다. 절단하는 부분에는 테이프를 감아야 한다. 테이프를 감지 않고 절단하면 절단면이 벌어져 피팅 안에 케이블 삽입이 어려워진다.

Q 113

turnbuckle의 안전 결선 방법은 어떤 것이 있는가?

해답▶ turnbuckle의 안전 고정작업은 안전 결선을 이용하는 방법과 클립을 이용하는 방법이 있다. 안전 결선을 이용하는 방법에는 복선식과 단선식이 있는데, 복선식은 직경이 1/8인치 이상인 cable에, 단선식은 직경이 1/8인치 이하인 cable에 적용된다. locking clip은 서로 마주보게 장착하거나 180° 방향으로 엇갈리게 장착한다.

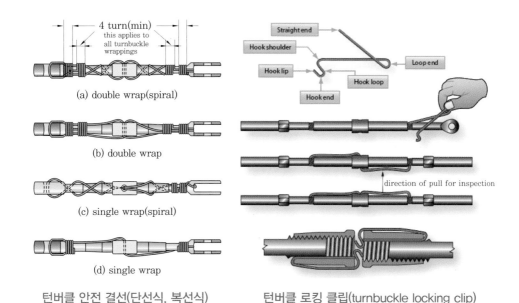

턴버클 안전 결선(단선식, 복선식)　　　　턴버클 로킹 클립(turnbuckle locking clip)

Q114
cable swaging 절차를 설명하시오.

해답▶ ① cable cutter로 필요한 길이만큼 절단한다.
② cable 끝을 구부려 terminal hole 끝에 닿도록 밀어 넣는다.
③ 지정된 swage kit를 사용하여 terminal sleeve와 cable을 압착시킨다.
④ go-no go gage로 terminal sleeve를 측정하여 적절히 압착되었는지 확인한다.
⑤ swaging이 완료되면 cable에 페인트로 표시한다.
⑥ proof test를 시행한다.

Q115
turnbuckle의 검사 방법은?

해답▶ turnbuckle이 안전하게 잠겨진 것을 확인하기 위한 검사 방법은 나사산이 3개 이상 barrel 밖으로 나와 있으면 안 되고, barrel 검사 구멍에 핀을 꽂아 보아 핀이 들어가면 제대로 체결되지 않은 것이다. turnbuckle shank 주위로 wire를 5~6회 (최소 4회) 감는다.

Q116
turnbuckle 표시 방법에서 "B5L"은 무엇인가?

해답▶ · B : 재질을 표시(황동)
· 5 : cable 직경을 표시(5/32인치)
· L : 배럴의 길이(L : 긴 것, S : 짧은 것)

Q117
cable을 swaging 작업 후 확인하는 게이지는 무엇인가?

해답▶ go-no go gage

Q118
turnbuckle의 왼나사와 오른나사의 구분은 어떻게 하는가?

해답▶ 배럴(barrel)에서 띠가 있는 쪽이 왼나사, 반대쪽이 오른나사이다.

Q 119
control cable의 장력 조절은 무엇으로 하는가?

해답 ▶ turnbuckle

Q 120
cable tension regulator의 사용 목적은 무엇인가?

해답 ▶ 항공기 cable(탄소강, 내식강)과 기체(알루미늄 합금)의 재질이 다르기 때문에 열팽창 계수가 달라 기체는 cable의 2배 정도로 팽창 또는 수축하므로 여름에는 cable의 장력이 증가하고, 겨울에는 cable의 장력이 감소하므로 이처럼 온도 변화에 관계없이 자동적으로 항상 일정한 장력을 유지하도록 하는 기능을 한다.

Q 121
cable rigging 작업을 할 때 필요한 공구는 무엇인가?

해답 ▶ ① rig pin
② cable tension meter
③ 온도계
④ 버니어 캘리퍼스
⑤ rigging chart
⑥ turn buckle lock clamp
⑦ turn buckle barrel 회전 공구

Q 122
cable tension meter 사용상의 주의 사항은?

해답 ▶ 장력 측정계는 사용 전에 검사 합격 표찰이 붙어 있는지, 검사 유효 기간은 사용 가능한 일자에 있는지를 확인한다. 또한, 장력 측정계의 일련번호(serial number)가 환산표와 동일한지를 확인하여야 하며, 장력 측정계의 지침과 눈금이 정확히 "0"에 일치되는지 확인한다. 케이블 장력은 일반적으로 케이블 연결 기구(turnbuckle, cable terminal) 등에서 6인치 이상 떨어진 곳에서 측정한다.

Q 123

cable tension meter 측정 방법

[해답]▶ (1) T-5형 cable tension meter 측정 방법

① cable의 지름을 측정하기 위하여 size 측정 공구에 측정하고자 하는 cable을 밖에서부터 안으로 밀어 넣어 정지하는 곳의 cable 지름을 측정하거나 vernier calipers를 사용하여 지름을 측정한다.

② cable의 장력을 측정하려면 T-5 장력계의 트리거(trigger)를 내리고 측정하고자 하는 cable을 2개의 anvil 사이에 넣는다. 그리고 trigger를 위로 움직여 조인다.

③ cable이 riser와 anvil 사이에서 밀착되면서 지시 바늘이 올라가 눈금을 지시한다.

④ 다른 size의 cable에는 다른 번호의 riser를 사용한다. 각 riser에는 식별 번호가 붙어 있어 쉽게 장력계에 삽입할 수 있다.

⑤ T-5 장력계는 눈금을 읽을 경우 환산표를 참고하여 파운드(lb)로 환산할 때 사용된다.

⑥ 직경 5/32인치의 cable의 장력을 측정할 때, No. 2 riser를 사용해서 30이라고 읽었으면 왼쪽에 있는 숫자 70파운드가 실제 장력을 나타낸다.

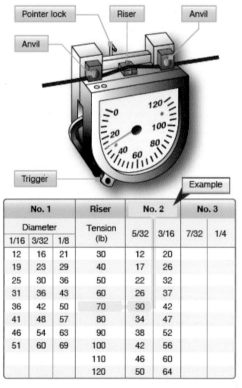

No. 1			Riser	No. 2		No. 3	
Diameter			Tension (lb)	5/32	3/16	7/32	1/4
1/16	3/32	1/8					
12	16	21	30	12	20		
19	23	29	40	17	26		
25	30	36	50	22	32		
31	36	43	60	26	37		
36	42	50	70	30	42		
41	48	57	80	34	47		
46	54	63	90	38	52		
51	60	69	100	42	56		
			110	46	60		
			120	50	64		

T-5 cable tension meter 와 riser 및 환산표 　　　　케이블 외경 측정 공구

⑦ cable의 실제의 장력은 환산표로부터 70파운드가 된다(이 장력계는 7/32 또는 1/4 인치의 cable에 사용되도록 만들어져 있지 않으므로 No. 3 riser 칸이 공란으로 되어 있다).

⑧ 지침을 읽을 경우, 다이얼이 잘 안보일 때가 있다. 그 때문에 장력계에는 포인터 로크(pointer lock)가 달려 있다. 지침을 고정시킬 때는 포인터 로크(pointer lock)를 눌러 측정하고 장력계를 cable에서 떼어낸 뒤, 수치를 읽는다.

(2) C-8형 cable tension meter 측정 방법

C-8형 cable tension meter를 사용하여 cable의 지름을 측정한 후 장력을 측정한다.

① 손잡이 고정 장치를 고정시킨다.

② cable 지름 지시계를 반시계 방향으로 멈출 때까지 돌린다.

③ 손잡이를 약간 누르고 cable을 장력계에 물린다.

④ 손잡이를 다시 눌러 고정시킨 후 cable 지름 지시계에 표시된 지름을 읽는다.

⑤ 장력 지시계를 돌려 측정하는 지름의 지시판 눈금이 "0"점에 오도록 조절한다.

⑥ cable을 anvil에 물리고 손잡이를 풀어서 눈금을 읽는다.

⑦ 측정값을 읽기 어려우면 눈금 고정 단추(pointer lock button)를 누르고 측정계를 cable에서 분리하여 읽는다.

⑧ 3~4회 측정하여 평균값으로 한다.

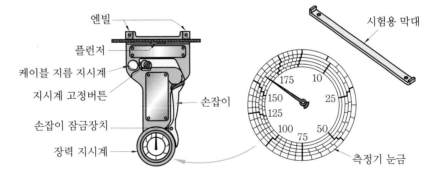

C-8 장력계

(3) 온도 보정표에 의한 보정

① 장력의 온도 변화 보정에 적용하는 cable 장력 조절 도표는 조종 계통, 착륙 장치 또는 그 밖의 모든 cable 조작 계통의 cable의 장력을 정할 때 사용된다. 도표를 사용하려면 조절하는 cable의 size와 외기 온도를 알아야 한다.

② 예를 들어 케이블은 7×19로 size는 1/8인치, 외기 온도는 85℉라고 가정한다. 85℉의 선을 위쪽 1/8인치의 cable의 곡선과 만나는 점까지 간다. 그 교점에서 도표의 오른쪽 끝까지 수평선을 긋는다. 이 점의 값 70파운드가 cable이 조절되는 장력이다.

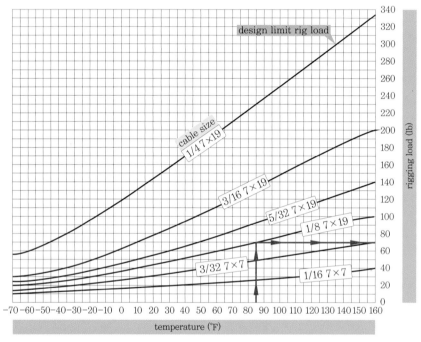

케이블 장력 조절 도표

Q 124
조종면 리깅 절차 및 점검

해답▶ (1) 리깅 절차(rigging procedure)

조종 계통이 정상적으로 작동하기 위해서는 조종면이 정확히 조절되어 있어야 한다. 바르게 장착된 조종면은 규정된 각도로 움직여 조종 장치의 움직임에 따라 운동한다. 어느 계통의 조종면을 조절하려면 해당 항공기 정비 매뉴얼에 나와 있는 순서에 따라 실시하는 것이 중요하다. 대부분 비행기의 완전한 조절 방법에는 상세하게 정해진 순서가 있어 몇 개의 조절이 필요하지만, 기본적인 방법은 다음 3단계이다.

① 조종실의 조종 장치, bell crank 및 조종면을 중립 위치를 고정한다.
② 방향키, 승강기 또는 보조 날개를 중립 위치에 놓고 조종 케이블의 장력을 조절한다.
③ 비행기를 조립할 때에는 주어진 작동 범위 내에 조종면을 제한하기 위해 조종 장치의 스토퍼(stopper)를 조종한다.

(2) 점검(inspection)

① 조종 장치와 조종면의 작동 범위는 중립점에서 양방향으로 점검한다.
② trim tab 계통의 조립도 마찬가지 방법으로 한다. trim tab의 조작 장치는 중립 위치(트림되어 있지 않은)에 있을 때, 조종면의 tab이 보통 조종면과 일치하도록 조종된다. 그러나 비행기에 따라서는 중립 위치에 있을 때 약간 벗어나는 수도 있다. 조종 케이블의 장력은 탭과 탭 조작 장치를 중립 위치에 놓고 조절한다.
③ rig pin은 pulley, lever, bell crank 등을 그들의 중립 위치에 고정시키기 위해 사용한다. rig pin은 작은 금속제의 핀 또는 클립이다.
④ 최종적인 정렬(alignment)과 계통의 조절이 바르게 되었을 때는 리그 핀을 쉽게 빼낼 수 있게 된다. 조절용 구멍에서 핀이 이상하게 빡빡하면 장력에 이상이 있거나 또는 조절이 잘못되어 있는 것이다.
⑤ 계통을 조절한 후에 조종 장치의 전체 행정과 조종면의 움직임을 점검한다. 각도 측정 장비를 이용하여 조종면의 작동 범위를 점검할 때는 조종 장치는 조종면에서 움직이는 게 아니라 조종실에서 작동시켜야 한다. 조종 장치가 각각의 stopper에 닿으면 체인, 조종 케이블 등이 작동 한계에 도달한 것이 아닌지 확인한다.
⑥ 리깅 작업이 완료되면 조종 장치의 장착 상태를 확인하여야 한다.
⑦ 케이블 안내 기구의 2인치 이내에는 케이블의 연결 기구나 접합 기구가 위치하지 않아야 한다.
⑧ push pull rod의 rod end는 inspection hole에 핀이 들어가지 않아야 한다.
⑨ turnbuckle에 장착된 terminal 나사산이 turnbuckle barrel 밖으로 3개 이상 나오지 않아야 하고, 와이어는 4회 이상 감아야 한다.

Q 125
flap over load valve란 무엇인가?

해답▶ 비행기의 플랩 시스템에 있는 밸브로, 플랩이 구조적 손상을 일으킬 수 있는 대기 속도에서 내려오는 것을 방지한다. 대기 속도가 너무 높을 때 조종사가 플랩을 내리려고 하면 공기 흐름으로 인한 하중이 flap overload valve를 열고 작동유를 reservoir로 되돌려 보낸다.

Q 126
금속의 결합 방법에는 무엇이 있는가?

해답▶ 기계적인 결합 방법(bolt, rivet)과 용접, 납땜의 방법이 있다.

Q 127
용접의 장점을 설명하시오.

해답▶ 용접된 부위는 단단하고 단순하며 낮은 무게에도 불구하고 높은 강도를 유지할 수 있어서 수리, 제작에 널리 이용된다.

Q 128
용접의 종류에는 어떤 방법들이 있는가?

해답▶ ❶ 용접(fusion welding)은 모재의 접합부를 용융 상태로 가열하여 접합하거나 용융체(용접봉)를 주입하여 융착시키는 방법으로 열원에 따라 가스 용접, 아크 용접, 테르밋 용접 등이 있다.

❷ 압접(pressure welding)은 가압 용접이라고도 하며 접합부를 반용융 상태로 만들어 가열 혹은 냉간 상태로 하여 이것에 기계적 압력을 가하여 접합하는 방법이다. 가열 방법에 따라 가스 압접, 전기 저항 압접(점 용접, 심 용접, 버트 용접, 플래시 용접, 쇼트 용접) 등이 있으며, 가열하지 않고 압력만을 가하는 정도로 접합하는 냉간 압접이나 단조에서 행해지고 있는 단접 등도 압접법이다.

❸ 납땜은 접합부의 금속보다도 낮은 온도에서 녹는 용가재(납)를 접합부에 유입시켜 접합시키는 방법으로서 모재를 융점까지 가열하지 않는 것이 일반 용접과 다르다.

Q 129
용접 부위 검사 방법은?

해답▶ 용접부 검사에는 방사선 검사, 초음파 검사, 자분 탐상 검사, 형광 침투 검사 등이 널리 사용된다.

Q 130
용접 부위 결함의 종류

해답▶ ❶ 균열 : 균열은 용접부에 생기는 것과 모재의 변질부에 생기는 것이 있다. 용착 금속 내에 생기는 것은 용접부 중앙을 용접선에 따라 생기든가 용접선과 어떤 각도로 나타난다. 모재의 변질부에 생기는 균열은 재료의 경화, 적열 취성 등에서 생긴다.

❷ 변형 및 잔류 응력 : 용접할 때 모재와 용착 금속은 열을 받아 팽창하고 냉각하면 수축하여 모재는 변형한다. 용접부에 변형이 일어나지 않도록 모재를 고정하고 용접하면 모재의 내부에 응력이 생기는데, 이것을 구속 응력이라 하고, 자유로운 상태에서도 용접에 의한 응력이 생기는데, 이것을 잔류 응력이라 한다.

❸ under cut : 모재 용접부의 일부가 지나치게 용해되든가 또는 녹아서 홈 또는 오목한 부분이 생기는데, 이것을 언더컷이라고 한다. 용접 표면에 노치 효과를 생기게 하여 용접부의 강도가 떨어지고, 용재(slag)가 남는 경우가 많다.

❹ overlap : 운봉이 불량하여 용접봉 용융점이 모재 용융점보다 낮을 때에는 용입부에 과잉 용착 금속이 남게 되는 현상이다.

❺ blow hole : 용착 금속 내부에 기공이 생긴 것을 말하며, 구상 또는 원주상으로 존재한다. 이것은 용착 금속의 탈산이 불충분하여 응고할 때 탄산 가스로 생긴 것과 수분이 함유된 용제를 사용하였을 때 수소 가스 등이 발생 원인이다.

❻ fish eye : 용착 금속을 인장 시험이나 bending 시험한 시편 파단면에 0.5~3.2mm 정도 크기의 타원형 결함으로 기공이나 불순물로 둘러싸인 반점 형태의 결함으로, 물고기의 눈과 같아 fish eye 또는 은점이라고 한다. 저수소 용접봉을 사용하면 이것을 방지할 수 있다.

❼ 선상 조직 : 용접할 때 생기는 특이 조직으로서 보통 냉각 속도보다 빠를 때 나타나기 쉽다. 이 조직은 약하고 기계적 성질이 불량하므로 이것을 방지하기 위해서는 급랭을 피하고, 크레이트 및 비드의 층을 제거하고 저수소 용접봉을 사용해야 한다.

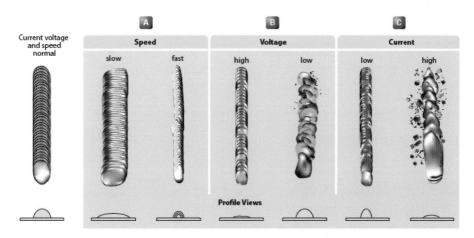

불량 용접의 예

Q 131

용접에서 under cut과 over lap의 차이점은 무엇인가?

해답▶ ❶ under cut : 용접부의 일부가 지나치게 녹아서 흠 또는 오목한 부분이 생기는데, 이것을 under cut이라고 한다. 전류가 높고 용접 속도가 빠를 때 발생한다.

❷ over lap : 용입 불량으로 용착 금속이 과도하게 남게 되는 현상으로, 전류가 낮고 용접 속도가 느릴 때 생긴다.

Q 132

알루미늄 용접을 할 때 가장 중요한 사항은 무엇인가?

해답▶ 알루미늄의 특성상 공기 중에 방치하면 산화 피막이 생성되는데, 이 산화 피막은 융점이 약 2000℃의 고온이기 때문에 제거하지 않으면 용접이 잘되지 않고 정확도가 떨어진다. 따라서 용접하기 전에 표면을 sanding하여 산화 피막을 제거하지 않으면 안 된다.

Q 133

산소-아세틸렌 용접을 알루미늄 합금에 이용할 수 있는가?

해답▶ 항공기를 제작할 때는 대부분 산소-아세틸렌 용접이 사용되나, 알루미늄 합금 용접에는 산소-수소 용접을 이용한다.

Q 134

산소-아세틸렌 용접을 할 때 준비해야 할 것들에는 무엇이 있는가?

해답▶ 아세틸렌 실린더, 산소 실린더, 아세틸렌 압력 조절기, 산소 압력 조절기, 압력 게이지, 혼합 헤드가 있는 토치, 2개의 유색 호스, 특수 렌치, 가스라이터, 소화기

Q 135

아크 용접봉 피복제의 역할은?

해답▶ ① 아크를 안정시켜 준다.
② 용접물을 외부 공기와 차단시켜 산화를 방지한다.
③ 용착 금속을 피복하여 급랭에 의한 조직 변화를 방지하여 작업 효율이 좋아진다.

Q 136

산소-아세틸렌 용접에서 아세틸렌 호스의 색깔은?

해답▶ 산소 호스의 색깔은 녹색이며, 연결부의 나사는 오른나사이고, 아세틸렌 호스의 색깔은 적색이며, 연결부의 나사는 왼나사이다.

Q 137

산소-아세틸렌 용접을 할 때 토치에 점화를 시키는 순서는?

해답▶ 아세틸렌 밸브를 1/2~1/4 정도 열어서 점화하고 산소 밸브로 불꽃을 조절한다.

Q 138

용접봉을 선택할 때 가장 고려해야 하는 사항은?

해답▶ 용접 시 가장 먼저 고려해야 할 사항은 모재의 재질이다.

Q 139

용접 torch tip의 크기는 무엇으로 결정되는가?

해답▶ 용접봉 굵기 선택 시, 토치 팁의 선택 시 가장 먼저 고려해야 할 사항은 모재의 두께이다.

Q 140

산소 실린더 취급을 할 때 주의할 점은 무엇인가?

해답▶ 산소 호스와 valve fitting은 절대로 oil 또는 grease가 묻지 않게 하고 oil 또는 grease가 묻은 손으로 취급하지 않는다. 심지어 옷에 묻은 grease 얼룩들이 분출되는 산소에 접촉되면 확 타오르거나 폭발할 수도 있기 때문이다.

Q 141

double flare를 해야 하는 tube는?

해답▶ 3/8인치 이하의 aluminum tube이며, 기밀 유지, 이중 고장력, 고하중에 사용하기 위하여 필요하다.

Q 142
tube와 hose의 차이점은?

해답 ❶ 튜브의 호칭 치수는 바깥지름(분수)×두께(소수)로 나타내고, 상대 운동을 하지 않는 두 지점 사이의 배관에 사용된다.

❷ 호스의 호칭 치수는 안지름으로 나타내며, 1/16인치 단위의 크기로 나타내고, 운동 부분이나 진동이 심한 부분에 사용한다.

Q 143
tube의 제작 방법을 설명하시오.

해답 ① 제작하려는 튜브의 재질, 크기, 두께를 결정한다.
② 제작하려고 하는 길이로 tube cutting tool을 이용하여 tube를 자른다.
③ tube 양쪽 끝을 모따기한다.
④ flare type인지 flareless type인지 결정한다.
⑤ tube에 nut, sleeve를 끼운다.
⑥ bending 작업을 한다.
⑦ 작업한 tube를 cleaning한다.
⑧ test는 사용 압력의 1.5배로 하며, 3000psi라면 4500psi에서 시험한다.
⑨ 굽힘에 있어 미소한 평평해짐은 무시하나 만곡부에서 처음 바깥지름의 75%보다 작아져서는 안 되고, dent는 만곡부에서 20% 이내, nick은 두께의 10% 이내 허용된다.

Q 144
double flare의 장점은 무엇인가?

해답 double flare는 single flare보다 더 매끈하고 동심이어서 훨씬 밀폐 성능이 좋고 토크의 전단 작용에 대한 저항력이 크다.

Q 145
plumbing이란 무엇인가?

해답 항공기에 장착되는 hose, tube, fitting, connector뿐만 아니라 이들을 성형하고 설치하는 과정까지 포함해서 plumbing이라 한다.

Q 146
튜브의 손상 검사 방법 및 수리, 교체

[해답] ❶ 튜브에 발생한 찍힘(nick), 긁힘(scratch)은 두께의 10%가 넘을 때는 교환하여야 한다. 플레어 부분에 균열이나 변형이 발생하였을 때는 교환한다. 찌그러짐(dent)이 튜브 지름의 20%보다 적고 구부러진 부분이 아니라면 허용된다. 굽힘에 있어 미세한 평평해짐(flat)은 무시하나 구부러진 부분에서 처음 바깥지름의 75%보다 작아져서는 안 된다.

❷ 총알(bullet) 모양의 수리용 공구에 케이블을 매달아 튜브를 관통하게 하거나 기다란 로드를 이용해서 구슬을 밀어 넣어 튜브의 찌그러짐을 제거한다. 구슬은 볼베어링 또는 쇠구슬이나 경금속(hard-metal) 구슬이다. 연성 재질의 알루미늄 합금 튜브의 경우 딱딱한 목재 구슬이나 작은 구슬을 사용한다. 심하게 손상된 튜브는 교환되어야 한다.

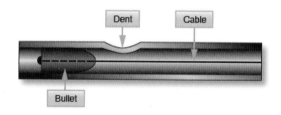

❸ 튜브를 교체할 때, 새로운 튜브는 기존에 장착되어 있던 튜브의 배치와 동일하게 하여야 한다. 손상되거나 마모된 어셈블리(assembly)는 장탈 후 더 손상되거나 형태의 변형이 일어나지 않게 주의하고 새로운 부품 제작을 위한 성형 틀(forming template)로 활용한다. 만약 장탈한 튜브를 성형 틀로 활용할 수 없는 상태라면 철사를 손으로 구부려 필요한 모양의 성형 틀을 만든다. 그리고 철사로 만든 성형 틀을 따라 튜브를 굽힘 가공한다. 절대로 굽힘이 요구되지 않는 방향으로 가공하지 않도록 주의한다. 장착할 튜브는 절단하거나 플레어 가공을 할 수 없고, 튜브는 굽힘 없이 장착되고 기계적인 변형으로부터 자유롭게 유지되기 위해서 정확하게 제작되어야 한다.

❹ 튜브는 온도의 변화에서 오는 튜브의 수축과 팽창 및 진동을 허용할 수 있도록 하는 기능을 위해서 굽힘이 필요하다. 만약 튜브 지름이 1/4인치 이하일 경우, 손으로 굽힘 가공이 가능한 심하지 않은 굽힘은 허용된다. 튜브가 기계 장치로 가공되었다면 뚜렷한 굽힘은 직선으로 조립되지 않도록 만들어져야 한다. 플레어(flare)의 검사와 조립 과정에서 sleeve와 nut가 헐겁게 유지되어야 하기 때문에 fitting으로부터 정확한 거리만큼 떨어져서 굽힘 가공이 이루어져야 한다. 모든 경우에 새로운 튜브는 coupling nut를 이용해서 어셈블리의 정렬을 확인할 때 튜브가 잡아당겨지거나 뒤틀림이 발생하지 않도록 장착 전에 정확하게 가공되어야 한다.

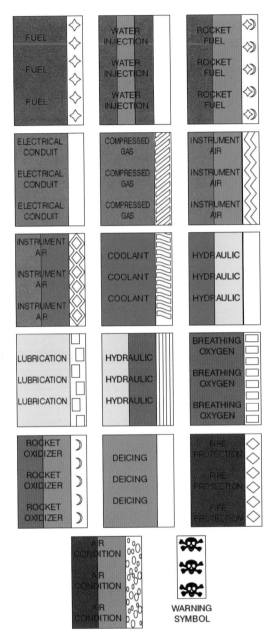

유체 라인의 식별 표지

Q 147

hose 장착 시 5~8%의 여유를 주는 이유는 무엇인가?

해답 ▶ 압력에 의한 팽창과 수축, 진동에 의한 손상 방지를 위해서 총 길이의 5~8%의
여유를 준다.

Q 148

hose를 장착할 때 주의 사항을 설명하시오.

해답▶ ❶ 교환하고자 하는 부분과 같은 형태, 크기, 길이의 호스를 사용한다.

❷ 호스를 장착할 때는 압력을 가했을 때 발생할 수 있는 길이 변화를 보상하기 위한 총 길이의 5~8%의 여유 길이, 느슨함을 제공하여야 한다.

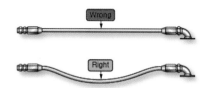

❸ 호스의 파열 가능성을 피하거나 장착된 너트의 풀림을 방지하기 위해 호스를 꼬임 현상 없이 장착해야만 한다.

❹ elbow 또는 adapter fitting을 사용하여 급격한 굴곡을 완화하고 호스의 찌그러짐을 방지한다. 가능한 큰 굽힘 반지름을 사용하며, 절대로 지정된 최소 굽힘 반지름보다 작게 구부리지 않는다.

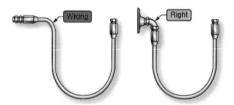

❺ 호스가 굽힘을 받을 경우에는 추가적인 굽힘 반지름을 제공해야 하며, 금속 피팅이 유연하지 않다는 것에 주의해야 한다. 진동을 방지하기 위하여 호스 굽힘을 방해하지 않도록 적어도 24인치마다 클램프를 장착하여 고정한다.

Q 149
hose의 길이 방향으로 그려진 선은 무엇을 나타내는가?

해답▶ hose를 장착할 때 비틀렸는지 또는 꼬였는지 알 수 있게 해주며 장착 후에는 선이 일직선이 되어야 한다.

Q 150
hose에 clamp를 장착할 때 간격은 얼마인가?

해답▶ hose에 clamp를 장착할 때는 최대 24인치마다 장착하여야 한다. tube는 두께에 따라 다르지만 보통 24인치마다. 1/2인치 이상의 tube는 20인치 간격으로 장착한다.

Q 151
hose proof test 압력은 얼마인가?

해답▶ 일반적으로 작동 압력의 1.5배로 시험한다.

Q 152
fuel line과 wire bundle을 설치할 때 위쪽에 설치해야 하는 것은?

해답▶ wire bundle을 fuel line 위쪽에 설치해야 한다.

Q 153
AN flare fitting의 색깔은?

해답▶ 표준 AN 규격 철재 fitting은 검정색으로, 알루미늄 fitting은 파란색으로 식별한다. AN flare fitting은 MS flareless fitting과 다르며 상호 교환이 불가능하다.

Q 154
O-ring은 어디에 사용되는가?

해답▶ O-ring은 내부와 외부 누설을 방지하기 위해 사용한다. 이 형태의 ring을 가장 일반적으로 사용하고 있으며, 양쪽 방향 모두에 대한 기밀 작용이 효과적이다.

Q 155
O-ring 장착을 할 때 유의 사항은 무엇인가?

해답▶ ① O-ring은 압축되지 않으면 누설의 원인이 된다. 보통 O-ring의 두께는 홈의 깊이보다 약 10% 정도 크지 않으면 안 된다.
② 절대 재사용을 하여서는 안 된다.
③ 사용처에 따라서 올바른 재질을 사용한다.
④ 사용 전 반드시 유효 기간을 확인한다.

Q 156
O-ring의 color code는 무엇을 나타내는가?

해답▶ O-ring은 식별을 위해 color code가 붙어 있다. 그러나 color code는 제작사를 표시하는 점(dot)과 재질을 표시하는 스트라이프(stripe)를 혼동하여 잘못 보는 일이 있으므로 color code와 외관에 의해 선정하지 말고 부품 번호에 의해 선정해야 한다.

Q 157
seal을 사용할 때 주의 사항은 무엇이 있는가?

해답▶ ① 유효 기간(cure date)을 확인한다.
② 꼬이지 않게 장착한다.
③ 윤활하여 사용한다.
④ 반드시 규격품만을 사용한다.
⑤ 한 번 사용한 seal은 재사용하지 않는다.
⑥ 포장이 손상되어 개봉된 것은 사용하지 않는다.

Q 158
seal의 사용 목적은 무엇인가?

해답▶ 기체 구조부의 기밀 유지를 위한 pressure seal, door seal, window seal 등의 종류와 연료, 오일, 유압, 산소 등 여러 계통에 사용되는 각종 기체 또는 액체의 누설 방지를 주목적으로 한다.

Q 159
back-up ring의 사용 목적은 무엇인가?

해답 back-up ring은 시간이 지나도 노화되지 않는 teflon으로 만들어지며, 압력에 의해 O-ring이 밀려 나오는 것을 방지하기 위해 back-up ring을 함께 사용한다. 작동 실린더에서 O-ring 양쪽에서 압력의 영향을 받을 때는 O-ring의 양쪽에 각각 1개씩의 back-up ring을 사용한다. 일반적으로 O-ring의 한쪽에만 압력이 작용할 때는 하나의 back-up ring을 사용한다. 이런 경우, back-up ring의 위치는 항상 압력이 작용하는 O-ring의 뒤쪽에 배치해야 한다.

Q 160
gasket과 packing의 차이점은 무엇인가?

해답 gasket은 고정된 부분의 기밀 유지에 사용되며, packing은 상대 운동을 하는 부분의 기밀 유지에 사용된다.

Q 161
torque를 주는 목적은 무엇인가?

해답 항공기 구조물의 전체에 걸쳐 안전하게 하중을 분포시키기 위해서 모든 너트, 볼트, 스터드, 스크루 등을 적정한 토크로 조여 주는 것이 중요하다. 적정한 토크를 적용한다는 것은 구조물이 설계 강도를 발휘할 수 있도록 하고, 또한 피로로 인한 파손 가능성을 최소화할 수 있도록 해준다. 토크를 줄 때에는 정비 매뉴얼에서 규정하는 토크 값으로 주어야 하고 토크 값보다 적으면 느슨해져 부품의 마모와 풀림을 초래하고, 토크 값보다 너무 크면 체결 부품에 큰 하중이 걸려 손상을 초래한다. 토크 렌치는 토크를 측정하는 정밀 측정 공구이므로 정밀도 유지를 위하여 주기적인 검사와 교정을 받는데, 토크 렌치의 교정 주기는 6개월 또는 12개월이다.

Q 162
torque wrench의 종류를 설명하시오.

해답 ① deflecting beam torque wrench
② rigid frame torque wrench
③ dial indicating torque wrench
④ audible indicating torque wrench

Q 163

torque wrench에 연장 공구를 사용했을 때 계산식은?

해답 ▶

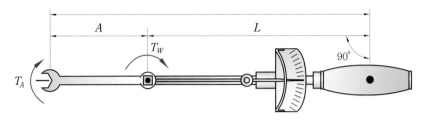

$$T_A = T_W \frac{(L+A)}{L}, \ T_W = T_W \frac{L \times T_A}{L+A}$$

T_A : 볼트에 실제로 가해진 토크

T_W : 토크 렌치에 지시되는 토크

L : 토크 렌치의 길이

A : 연장 공구의 길이

Q 164

torque wrench의 취급 방법을 설명하시오.

해답 ▶ ① torque wrench는 정기적으로 교정되는 측정기이므로 사용할 때는 유효 기간을 확인한다.

② torque 값에 적합한 범위의 torque wrench를 선택한다.

③ torque wrench를 용도 이외에 사용해서는 안 된다.

④ torque wrench를 떨어뜨리거나 충격을 주지 말아야 한다.

⑤ torque wrench를 사용하기 시작했다면 다른 torque wrench와 교환해서 사용해서는 안 된다.

⑥ torque를 줄 때는 천천히 일률적으로 주고 지정 torque까지 준다.

⑦ 지시식의 경우 눈금을 바로 위에서 봐서 시각적인 오차를 줄여준다.

⑧ torque 값을 넘게 되면 완전히 풀고 다시 torque를 준다.

⑨ 정비 교범에서 권고한 윤활을 적용한다.

⑩ torque wrench 사용 후에는 최소 눈금으로 돌려놓는다.

Q 165

torque wrench의 보관 방법은?

해답 ▶ "0"점 조절(zero setting)을 한 후 충격을 방지할 수 있는 보관함에 보관한다.

Q 166
torque wrench의 사용 방법을 설명하시오.

해답▶ 보통 nut에서 torque를 주며, bolt 머리를 돌려 torque를 줄 때는 정비 매뉴얼에 지시된 torque 범위의 상한 값을 적용하지만, 최대 허용 torque 값을 초과해서는 안 된다. 직각으로 사용하고 왼나사와 오른나사를 구별해야 한다.

Q 167
dry torque와 wet torque의 차이점은 무엇인가?

해답▶ torque에는 dry torque와 wet torque가 있다. dry torque의 경우 oil이나 grease가 묻어 있으면 너무 조여지게 된다. wet torque에서는 oil이나 grease를 바르지 않으면 조임력이 약해지므로 주의해야 한다. torque는 일반적으로 dry torque를 적용하고 wet torque 시에는 정비 매뉴얼에 명시된다.

Q 168
duct clamp 장착 작업

해답▶ duct clamp 작업 시에는 먼저 pneumatic system에서 공압(pneumatic)을 제거하는데, 뜨거운 고압 공기로 인하여 인명이나 장비의 손상을 초래할 수 있기 때문이다.

규정 토크 값은 정비 매뉴얼이나 clamp에 명시되어 있으며, 토크를 주고 난 후에는 rubber mallet을 사용하여 clamp의 표면을 가볍게 두드린 후 다시 규정 토크 값으로 조여준다. 장착 후에는 pneumatic system을 가압한 후 leak detector를 사용하여 leak check을 수행하며, 적은 양의 누설은 허용되나 많은 양의 누설은 수정되어야 한다.

Q 169
safety wire를 하는 목적은 무엇인가?

해답▶ 안전 결선은 screw, stud, nut, bolt, turnbuckle barrel 등이 비행 중 또는 작동 중의 심한 진동과 하중 때문에 느슨해질 우려가 있으므로 wire의 장력으로 풀리려고 하는 경향을 막아주는 방식이며, 2개 이상의 부품을 wire로 서로 조여주는 방향으로 연결하는 방법이다.

Q 170
safety wire의 크기는 어떻게 선택하는가?

해답 ① 복선식 안전 결선에서 구멍 지름이 0.045인치 이상일 때는 최소 지름이
0.032인치 이상의 안전 결선을 사용하고, 구멍 지름이 0.045인치 이하일 때는 지
름이 0.020인치인 안전 결선을 사용한다.
② 단선식 안전 결선에서는 구멍의 지름이 허용하는 범위 내에서 가장 큰 지름의 안
전 결선을 사용하는 것이 바람직하다.
③ 비상용 장치에는 특별한 지시가 없는 한 0.020인치인 copper, cadmium wire를
사용하여 단선식으로 한다.

Q 171
single wire 방법은 언제 사용하는가?

해답 3개 또는 그 이상의 부품이 좁은 간격으로 배치되어 있거나 전기 계통의 부품으
로 좁은 간격이나 중심 간의 거리가 최대 2인치 이하일 때 사용한다.

Q 172
safety wire pig tail에 대하여 설명하시오.

해답 safety wire의 끝마무리로는 1/4~1/2인치 길이에 3~5번 꼬임으로 된 pig
tail을 만들어야 한다. pig tail은 다른 어떤 것들과 걸림을 방지하기 위하여 뒤쪽이
나 아래쪽으로 구부려야 한다.

Q 173
windshield와 window의 차이점은 무엇인가?

해답 windshield는 조종실 전방의 바람막이를 말하고 window는 항공기 측면의 바
람막이를 말한다.

Q 174

safety wire를 할 때 주의 사항은 무엇이 있는가?

해답 ① 한 번 사용한 wire는 재사용해서는 안 된다.

② wire는 직각으로 자른다.

③ 부품 사이에 느슨함이 없게 팽팽하게 설치한다.

④ 다수의 부품에 wire를 할 때는 wire가 끊어져도 모든 부품이 느슨해지지 않도록 적은 수로 나누어 safety wire를 한다.

⑤ internal snap ring에는 safety wire를 하지 않는다.

⑥ 지름이 0.032인치, 0.040인치인 경우에는 1인치당 6~8회 꼰다.

⑦ 넓은 간격으로 있는 bolt를 복선식으로 safety wire 할 때, 연속으로 할 수 있는 최대 수는 3개이다. 밀접한 간격으로 있는 bolt를 safety wire 할 때, 연속으로 할 수 있는 wire의 최대 길이는 24인치이다.

⑧ pig tail은 1/4~1/2인치 길이에 3~5번 꼬임이 적당하다.

⑨ safety wire의 끝은 항상 꼬여있어야 하고 bolt 머리 주위의 wire 고리가 밑으로 내려져 있어야 한다. wire 고리가 bolt 머리 위로 올라와서 느슨하게 풀어지지 않도록 장착되어 있어야 한다.

⑩ 안전 작업 와이어 구멍을 적당한 위치로 맞추기 위해 과도하게 조이거나 torque 작업이 완료된 너트를 풀어서는 절대로 안 된다.

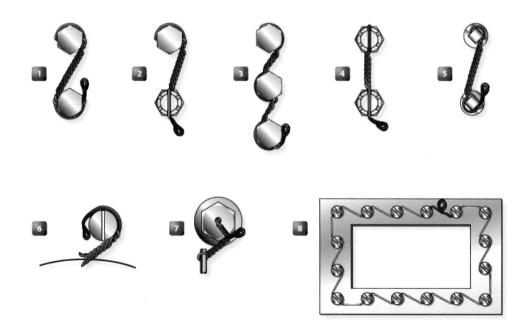

Q 175

나사산의 등급에 대하여 설명하시오.

해답 ▶ ❶ 1등급(class 1) : 헐거운 끼워 맞춤(loose fit)으로 손으로 쉽게 돌아간다.

❷ 2등급(class 2) : 느슨한 끼워 맞춤(free fit)으로 항공기용 스크루 제작에 사용한다.

❸ 3등급(class 3) : 중간 끼워 맞춤(medium fit)으로 항공기용 볼트는 거의 3등급 으로 제작된다.

❹ 4등급(class 4) : 밀착 끼워 맞춤(close fit)으로 너트를 볼트에 끼우기 위해서는 렌치를 사용해야 한다.

Q 176

bolt의 사용 목적은 무엇인가?

해답 ▶ 항공기용 볼드는 매우 큰 인장 하중 또는 전단 하중을 받는 결합 부분에 사용한 다. 즉, 큰 하중을 받는 부분을 반복해서 분해 조립할 필요가 있는 곳, 또는 리벳이나 용접이 부적당한 곳에 사용된다.

Q 177

bolt의 나사산 부분의 종류 및 구분은 어떻게 하는가?

해답 ▶ ① long thread는 인장 하중이 작용하는 곳에 사용, 전단력이 작용하는 곳에도 사용 가능하다.
② short thread는 전단 하중이 작용하는 곳에 사용한다.
③ full thread는 인장 하중이 작용하는 곳에만 사용한다.

Q 178

bolt grip의 선정은 어떻게 하는가?

해답 ▶ grip은 볼트의 길이 중에서 나사가 나 있지 않은 부분의 길이로 그립의 길이는 결합 부재의 두께와 같거나 약간 길어야 한다. grip 길이의 미세한 조정은 와셔의 삽 입으로 가능하다. 특히, 전단력이 걸리는 부재에서는 나사산이 하나라도 결합 부재 에 걸려서는 안 된다.

Q 179

bolt의 식별 기호 AN3DDH5A를 설명하시오.

해답 ▶ • **AN** : 규격(미 공군, 해군 규격)
  • **3** : 볼트 직경이 3/16인치
  • **DD** : 볼트의 재질로 알루미늄 합금 2024를 나타냄(AD : 2117, D : 2017)
  • **H** : 볼트 머리에 안전 결선을 위한 구멍 유무(H : 구멍 유, 무표시 : 구멍 무)
  • **5** : 볼트 길이가 5/8인치
  • **A** : 볼트 생크에 코터 핀을 할 수 있는 구멍 유무(A : 구멍 무, 무표시 : 구멍 유)

Q 180

일반적인 bolt의 분류는 어떻게 하는가?

해답 ▶ (1) 모양에 의한 분류
  ① 육각 머리 볼트(AN3~AN20) : 인장과 전단 하중을 담당한다.
  ② 클레비스 볼트(AN1~AN36) : 머리가 둥글고 스크루 드라이버를 사용할 수 있도록 홈이 파여 있다. 전단 하중이 걸리고 인장 하중이 작용하지 않는 곳에 사용한다.
  ③ 아이 볼트(AN42~AN49) : 외부의 인장 하중을 받는 곳에 사용한다.
  ④ 드릴 헤드 볼트(AN73~AN81) : 안전 결선을 위해 머리에 구멍이 있다.
  ⑤ 정밀 공차 볼트(AN173~AN181) : 심한 반복 운동과 진동을 받는 부분에 사용한다.
  ⑥ 내부 렌칭 볼트(NAS144~NAS158) : 고강도 강으로 만들며 큰 인장력과 전단력이 작용하는 곳에 사용하며 육각 머리 볼트와 대체해서 사용을 금지한다.

(2) 강도에 의한 분류: shear bolt(전단 하중 담당), tension bolt(인장 하중 담당)

(3) 재질에 의한 분류 : 알루미늄 합금 볼트, 합금강 볼트(내열강, 내식강, 고장력강), 티타늄 합금 볼트

(4) 특수 목적 볼트 : 특별한 목적을 위해 설계된 특수 목적용 볼트는 특수 볼트로 분류하며, 클레비스 볼트(clevis bolt), 아이 볼트(eye bolt), 조 볼트(jo-bolt), 고정 볼트(lock bolt) 등이 해당된다.
  ① 클레비스 볼트(clevis bolt) : 클레비스 볼트의 머리는 둥글고 스크루 드라이버를 사용해서 풀거나 잠글 수 있도록 홈이 파져 있다. 인장 하중은 작용하지 않고 오직 전단 하중만이 작용하는 곳에 사용된다.
  ② 아이 볼트(eye bolt) : 외부에서 인장 하중이 작용하는 곳에 사용된다. 아이 볼트의 머리에는 고리가 있어서 turnbuckle의 clevis, cable shackle과 같은 장치를 부착할 수 있도록 설계되었다.
  ③ 조 볼트(jo-bolt) : 높은 전단 강도와 인장 강도를 가지기 때문에 다른 블라인드

리벳을 사용할 수 없는 고응력 부분에 적합하다. 조 볼트는 현대 항공기 구조물을 영구적으로 고정하기 위해 사용하기도 하며, 교환 또는 수리를 자주 하지 않는 곳에 사용한다. 세 부분으로 구성된 체결 부품이기 때문에, 부품이 풀려서 엔진 흡입구 안으로 끌려 들어갈 수 있는 곳에 사용해서는 안 된다. 조 볼트를 사용하는 또 다른 이유는 진동에 탁월한 저항력이 있고, 무게가 가벼우며, 혼자서도 빠르게 장착할 수 있다는 장점이 있기 때문이다.

④ 고정 볼트(lock bolt) : 고정 볼트는 2개의 부품을 영구적으로 체결할 때 사용하며, 경량이고 표준 볼트에 준하는 강도를 가진다. 볼트 너트 체결과 비교해서 고정 볼트로 장착하는 것의 유일한 단점은 쉽게 제거할 수 없다는 것이다.

Q 181
볼트의 장착 방향에 대하여 설명하시오.

해답▶ 볼트의 장착은 일반적으로 너트가 풀려서 떨어져도 볼트가 빠지지 않도록 하기 위하여 앞쪽에서 뒤쪽으로, 위에서 아래로, 안쪽에서 바깥으로 향하도록 장착해야 한다. 회전하는 부품에는 회전하는 방향으로 향하도록 장착한다. 그러나 구조용 이외의 유압, 전기 계통 등의 클램프 장착 볼트는 지정된 방향이 없다면 어디를 향해도 무방하다.

Q 182
bolt 머리에 "+" 표시가 있는 것은?

해답▶ 볼트 머리 기호의 식별
① 알루미늄 합금 볼트 : 쌍 대시(− −)
② 내식강 볼트 : 대시(−)
③ 특수 볼트 : SPEC, 또는 S
④ 정밀 공차 볼트 : △
⑤ 합금강 볼트 : +, *
⑥ 열처리 볼트 : R

Q 183
스터드 볼트(stud bolt)가 부러졌다면 어떻게 빼내야 하는가?

해답▶ ① 먼저, pin punch로 bolt 중앙에 표시한다.
② drill로 구멍을 뚫는다.
③ extractor로 빼낸다.

Q 184
bolt의 안전 고정 장치는 무엇이 있는가?

해답▶ bolt는 lock washer, cotter pin, self-locking nut, safety wire를 이용하여 안전 고정 장치를 한다.

Q 185
MS와 NAS의 internal wrenching bolt를 서로 호환해서 사용 가능한가?

해답▶ NAS internal wrenching bolt를 MS internal wrenching bolt로 사용하는 것은 가능하나 반대의 경우는 불가능하다. MS internal wrenching bolt는 fillet을 압연 가공하고 볼트 머리의 높이가 높아서 피로 강도가 크기 때문이다.

Q 186
internal wrenching bolt는 어느 곳에 사용되는가?

해답▶ internal wrenching bolt는 고강도 강으로 만들며, 큰 인장력과 전단력이 작용하는 부분에 사용한다. 볼트 머리에 홈이 파여져 있으므로 "L" wrench를 사용하여 풀거나 조일 수 있다.

Q 187
hi lock에서 nut 부분을 무엇이라 부르는가?

해답▶ 칼라(collar)

Q 188
clevis bolt는 항공기의 어느 부분에 사용하는가?

해답▶ clevis bolt는 머리가 둥글고 스크루 드라이버를 사용할 수 있도록 머리에 홈이 파여 있다. 전단 하중만 걸리고 인장 하중이 작용하지 않는 곳에 사용한다.

Q 189
close tolerance bolt는 어느 곳에 사용하는가?

해답▶ 일반 bolt보다 정밀하게 가공된 bolt로서 심한 반복 운동과 진동을 받는 부분에 사용한다. bolt를 제자리에 넣기 위해서는 타격을 가해야만 한다.

Q 190
hi lock bolt를 사용하는 곳과 사용할 수 없는 곳을 설명하시오.

해답▶ 영구 결합이 필요하지 않는 곳에는 사용할 수 없다. 즉, 영구 결합이 필요한 곳에만 사용할 수 있는데, 금속과 복합 소재의 접합부, 골격 구조와 스킨, 골격과 골격의 이음재 부분 등의 강도를 보강해 주어야 할 필요가 있는 부분에 사용한다.

Q 191
bolt와 screw의 차이점을 설명하시오.

해답▶ ❶ screw의 재질의 강도가 낮다.

❷ screw는 드라이버를 쓸 수 있도록 머리에 홈이 파여 있으며, 나사가 비교적 헐겁다(screw는 나사산 2등급, bolt는 나사산 3등급).

❸ screw는 명확한 그립의 길이를 갖고 있지 않다.

Q 192
screw의 종류를 설명하시오.

해답▶ ❶ 구조용 스크루는 합금강으로 만들어지며, 적당한 열처리가 되어 볼트와 같은 강도를 요하는 구조부에 사용한다. 명확한 그립을 가지고 있으며 머리 모양은 둥근 머리, 와셔 머리, 접시 머리 등으로 되어 있다.

❷ 기계용 스크루는 일반용 스크루이고, 저탄소강, 황동, 내식강, 알루미늄 합금 등으로 되어 있으며 항공기의 여러 곳에 가장 많이 사용한다.

❸ 자동 탭핑 스크루는 스스로 암나사를 만들면서 고정되는 스크루로 구조부의 일시적 결합용이나 비구조 부재의 영구 결합용으로 사용한다.

Q 193
screw 표기 방법에서 AN 501P−428−6을 설명하시오.

해답▶ • AN : 규격(미 공군, 해군 규격)
• 501 : 둥근 납작 머리 스크루(필리스터 머리 기계 나사)
• P : 머리의 홈(필립스)
• 428 : 스크루의 지름이 4/16″, 나사산의 수가 1″에 28개
• 6 : 스크루의 길이가 6/16″

Q 194
turn lock fastener의 종류와 사용 목적은 무엇인가?

해답▶ ❶ turn lock fastener는 정비와 검사를 목적으로 점검 창을 신속하고, 용이하게 장탈하거나 장착할 수 있도록 만들어진 부품으로 1/4 회전시키면 풀리고, 1/4 회전시키면 조여지게 되어 있다.

❷ **주스 파스너(dzus fastener)** : 스터드(stud), 그로밋(grommet), 리셉터클(receptacle)로 구성되어 있다.

❸ **캠 로크 파스너(cam lock fastener)** : 스터드(stud), 그로밋(grommet), 리셉터클(receptacle)로 구성되어 있다.

❹ **에어 로크 파스너(air lock fastener)** : 스터드(stud), 크로스 핀(cross pin), 리셉터클(receptacle)로 구성되어 있다.

Q 195
너트의 종류를 설명하시오.

해답▶ (1) 자동 고정 너트(self-locking nut)는 과도한 진동에 쉽게 풀리지 않고, 긴도를 요하는 연결부에 사용, 회전하는 부분에는 사용을 금지한다.
① 전 금속형 자동 고정 너트는 금속의 탄성을 이용한 것으로 너트 윗부분에 홈을 파서 구멍의 지름을 적게 한 것으로 심한 진동에도 풀리지 않는다.
② fiber 고정 너트는 너트 윗부분이 fiber로 된 칼라(collar)를 가지고 있어서 볼트가 이 칼라에 올라오면 아래로 밀어 고정하게 된다. 파이버의 경우 15회, 나일론의 경우 200회 이상 사용을 금지하며 사용 온도 한계가 121℃ 이하에서 제한된 횟수만큼 사용하지만 649℃까지 사용할 수 있는 것도 있다.

(2) 비자동 고정 너트는 cotter pin, safety wire 등으로 체결한다.
① 캐슬 너트(AN310)는 볼트 shank에 cotter pin 구멍이 있는 볼트에 사용한다. cotter pin으로 고정하며, 인장 하중에 강하다.
② 캐슬 전단 너트(AN320)는 캐슬 너트보다 얇고 약하며 전단 응력이 작용하는 곳에 사용한다.
③ 평 너트(AN315, AN335)는 큰 인장 하중이 작용하는 곳에 사용하며, check nut나 lock washer 등 보조 풀림 방지 장치가 필요하다.
④ 얇은 육각 너트(AN340, AN345)는 평 육각 너트보다 가벼우며 반드시 check nut나 lock washer 등 보조 장치로 풀리지 않도록 고정해야 한다. 이 너트는 작은 인장 하중이 작용하는 곳에 폭넓게 사용한다.

⑤ 체트 너트(AN316)는 평 너트와 set screw 끝부분에 나사가 난 로드에 풀림 방
지를 위한 고정 장치로 사용한다.

⑥ 윙 너트(AN350)는 맨손으로 조일 수 있을 정도의 조임이 요구되는 부분에서
빈번하게 장탈 또는 장착하는 곳에 사용된다.

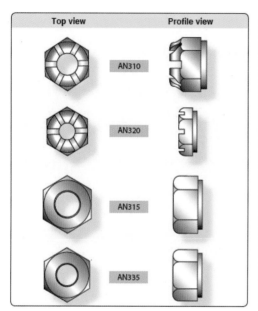
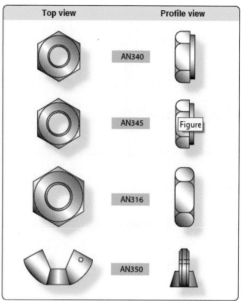

Q 196

lock washer를 사용하는 이유는 무엇인가?

해답▶ safety wire, cotter pin, self-locking nut을 사용할 수 없는 부분의 bolt,
nut, screw의 풀림을 방지하기 위하여 사용된다.

Q 197

selt-locking nut를 사용해서는 안 되는 곳을 설명하시오.

해답▶ ① selt-locking nut의 느슨함으로 인해 볼트의 결손이 비행의 안전성에 영향
을 주는 곳
② 회전력을 받는 곳(pulley, bell crank, lever 등)
③ 볼트, 너트, 스크루가 느슨해져 엔진 흡입구 내에 떨어질 우려가 있는 곳
④ 정비를 목적으로 수시로 장탈착하는 점검 창 등

Q 198
너트의 식별 기호 AN310D-5R을 설명하시오.

해답▶ · AN : 미 공군, 해군 규격(air force-navy)
· 310 : 너트의 종류(castle nut)
· D : 너트의 재질(알루미늄 합금 2017)
· 5 : 너트의 지름 5/16인치(1/16인치 단위)
· R : 오른나사

Q 199
너트의 식별 기호 AN350B-1032을 설명하시오.

해답▶ · AN : 미 공군, 해군 규격(air force-navy)
· 350 : 너트의 종류(wing nut)
· B : 너트의 재질(황동)
· 10 : 너트의 지름 10/16인치(1/16인치 단위)
· 32 : 1인치당 나사산의 수

Q 200
조임 부분의 볼트, 와셔의 일반적인 조합 방법은?

해답▶ 부식 방지를 위해서 일반적으로 알루미늄 합금 재료에는 알루미늄 합금의 볼트와 와셔를 사용하고 강 재료에는 강으로 된 볼트와 와셔를 사용한다. 그러나 높은 토크에는 알루미늄 합금이나 강의 조임 부분에 관계없이 강의 와셔와 볼트를 사용한다. 알루미늄 합금 재료에 강 볼트를 사용할 때에는 부식 방지를 위해 카드뮴 도금된 볼트를 사용한다.

Q 201
와셔(washer)에 대하여 설명하시오.

해답▶ 항공기에 사용되는 와셔는 볼트 머리 및 너트 쪽에 사용되며 구조부나 부품의 표면을 보호하거나 볼트나 너트의 느슨함을 방지하거나 특수한 부품을 장착하는 등 각각의 사용 목적에 따라 분류하여 사용한다.

❶ 평 와셔는 구조물이나 장착 부품의 조이는 힘을 분산, 평준화하고 볼트나 너트 장착시 코터 핀 구멍 등의 위치 조정용으로 사용된다. 또한, 볼트나 너트를 조일 때 구조물, 장착 부품을 보호하며 조임 면에 대한 부식을 방지한다.

❷ 고정 와셔는 자동 고정 너트나 코터 핀 안전 결선을 사용할 수 없는 곳에 볼트, 너트, 스크루의 풀림 방지를 위해 사용한다.

❸ 고강도 카운트 성크 와셔는 인터널 렌칭 볼트와 같이 사용되며 볼트 머리와 생크 사이의 큰 라운드에 대해 구조물이나 부품의 파손을 방지함과 동시에 조임 면에 대해 평평한 면을 갖게 한다.

Q 202

lock washer를 사용하지 말아야 할 곳은?

해답 ▶ ① 1차 구조물 또는 2차 구조물에 체결 부품과 함께 사용될 때
② 파손되었을 때 항공기 또는 인명 피해나 위험을 초래하게 되는 부품에 체결 부품과 함께 사용될 때
③ 파손되었을 때 공기 흐름에 접합 부분이 노출될 수 있는 곳
④ 스크루를 자주 장탈착하는 곳
⑤ 와셔가 공기 흐름에 노출되는 곳
⑥ 와셔에 부식이 발생할 수 있는 환경인 곳
⑦ 표면을 손상시키지 않기 위해 평 와셔를 고정 와셔 아래에 사용하지 않고 연질의 부품과 바로 와셔를 끼워야 하는 곳

Q 203

cotter pin은 어디에 사용하는가?

해답 ▶ castle nut, bolt, pin 또는 그 밖의 풀림 방지나 빠져나오는 것을 방지해야 할 필요가 있는 부품에 사용한다.

Q 204

castle nut 장착 시 cotter pin hole이 보이지 않는다. 어떻게 해야 하는가?

해답 ▶ castle nut를 최저 torque로 조인 다음 천천히 최대 torque까지 돌린다. 그래도 맞지 않는다면 최대 3개의 washer를 사용해서 길이를 맞춘다. 그래도 맞지 않으면 bolt를 교환한다.

Q 205

pin의 종류에는 어떠한 것이 있는가?

해답 ▶ taper pin, clevis pin, cotter pin

Q 206

cotter pin 작업 방법에 대하여 설명하시오.

해답 ▶ ① cotter pin은 아주 약간의 마찰 작용으로 구멍에 알맞게 체결되어야 한다.

② 볼트 위로 구부러진 가닥은 볼트 지름을 초과해서는 안 되고 필요하다면 절단한다.

③ 아래쪽으로 구부러진 가닥은 와셔의 표면에 닿지 않는 범위에서 가능한 길어야 하며 필요하다면 절단한다.

④ 필요하다면 차선 방법(optional method)으로 볼트를 감싸듯 옆으로 돌리는 방법을 사용하며, 이 경우 가닥의 끝이 너트의 옆쪽 끝선보다 바깥쪽으로 벗어나면 안 된다.

⑤ 모든 가닥은 적당한 곡률로 구부려져야 하며 너무 급격한 굽힘은 끊어지기 쉽다. 고무망치(mallet) 등으로 가볍게 두드려서 구부리는 것이 가장 좋은 방법이다.

optional

preferred

Q 207

cotter pin의 크기는 어떻게 결정되는가?

해답 ▶ 가능한 한 구멍의 크기에 맞게 한다. cotter pin은 아주 약간의 마찰 작용으로 구멍에 알맞게 체결되어야 한다.

Q 208

taper pin의 정의와 사용되는 곳은 어디인가?

해답 ▶ pin의 길이 방향으로 taper가 있는 pin으로 전단 하중을 전달하는 연결부나 유격이 있어서는 안 되는 곳에 사용한다.

Q 209

리벳의 사용 목적은 무엇인가?

해답▶ 리벳은 금속 판재를 영구 결합하는 데 사용한다.

Q 210
리벳의 종류와 역할에 대하여 설명하시오.

해답▶ ❶ solid shank rivet : 항공기 구조부의 고정용, 수리용으로 사용된다.

❷ blind rivet : 간격이 제한된 밀집 장소나 큰 부하를 받지 않는 장소 또는 bucking bar가 접근 불가능한 곳에 사용된다.

Q 211
리벳의 재질을 나타내는 리벳 머리 모양을 설명하시오.

해답▶ ① 1100 : 무표시
② 2117 : 리벳 머리 중심에 오목한 점
③ 2017 : 리벳 머리 중심에 볼록한 점
④ 2024 : 리벳 머리에 돌출된 두 개의 대시(--)
⑤ 5056 : 리벳 머리 중심에 돌출된 "+" 표시

Q 212
리벳의 머리 모양에 따른 종류를 설명하시오.

해답▶ ❶ 둥근 머리 리벳(AN430, AN435, MS20435) : 표면 위로 머리가 많이 튀어 나와 저항이 많으므로 외피용으로 사용하지 못하고 두꺼운 판재나 강도를 필요로 하는 내부 구조물을 접합하는 데 쓰인다.

❷ 납작 머리 리벳(AN441, AN442) : 둥근 머리 리벳과 마찬가지로 표면에 머리가 돌출되어 저항이 많으므로 외피용으로 사용하지 못하고 내부 구조물 접합에 사용한다.

❸ 접시 머리 리벳(AN420, AN425, AN426) : 표면 위로 돌출되는 부분이 없으므로 외피용의 리벳으로 적합하다.

❹ 브래지어 머리 리벳(AN455, AN456) : 머리의 직경이 큰 대신 높이가 낮아 둥근 머리 리벳에 비하여 표면이 매끈하여 공기에 대한 저항이 적은 대신 리벳 머리 면적이 커 면압이 넓게 분포되므로 얇은 외피 접합에 적합하다.

❺ 유니버설 머리 리벳(AN470, MS20470) : 브래지어 머리 리벳과 비슷하나 머리 부분의 강도가 더 강하다. 따라서 항공기의 외피 및 내부 구조의 접합용으로 많이 사용된다.

Q 213

리벳의 지름, 길이는 어떻게 결정하는가?

해답 ▶ ❶ 리벳의 지름은 접합하여야 할 판재 중에서 가장 두꺼운 쪽 판재 두께의 3배 정도가 적당하다.

❷ 리벳의 길이는 접합할 판재의 두께와 머리를 성형하기 위해 돌출되는 부분의 길이를 합해야 한다. 이때, 돌출되는 부분의 길이는 일반적으로 리벳 지름(D)의 1.5배로 선정한다. 이유는 리벳 작업을 한 다음 성형된 리벳 머리(벅 테일)의 폭이 리벳 지름의 1.5배가 되고, 높이는 리벳 지름의 0.5배가 되도록 하기 위함이다.

$L = G + 1.5D$ (여기서, G : 판재의 두께, D : 리벳의 지름)

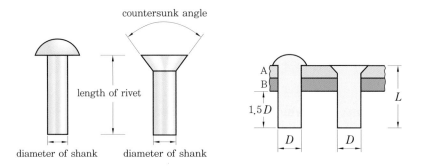

Q 214

리벳은 어떤 종류의 하중을 담당하는가?

해답 ▶ 리벳은 전단력에 대해 충분히 견딜 수 있도록 설계되어 있으나 리벳 머리를 떼려고 하는 인장력이 작용하는 곳에는 사용할 수 없다.

Q 215

리벳의 지름과 관련 있는 것은?

해답 ▶ 접합하는 판재의 두께

Q 216

두꺼운 sheet와 얇은 sheet를 riveting 작업할 때 head는 어느 쪽에 장착되는가?

해답 ▶ rivet head는 얇은 sheet 방향에 두어 얇은 sheet를 보강해 주어야 한다.

Q 217

카운트 싱크(counter sink)와 딤플링(dimpling)의 차이점은 무엇인가?

해답▶ ❶ 카운트 싱크는 리벳 머리의 높이보다 결합해야 할 판재 쪽이 두꺼운 경우에 사용된다.

❷ 딤플링(dimpling)은 판재의 두께가 리벳 머리보다 얇은 경우에 카운트 싱크 리벳을 장착하기 위하여 펀치(punch)와 다이(die)를 이용한다(판재의 두께가 0.040인치 이하일 때).

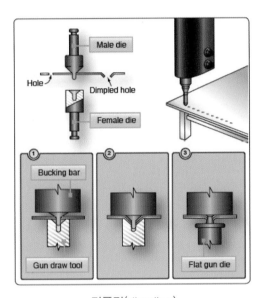

딤플링(dimpling)

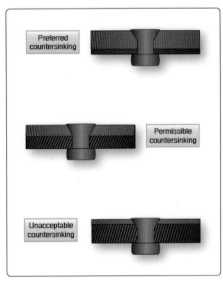

카운터 싱킹(counter sinking)

Q 218

응력을 담당하는 구조의 접합에 사용하면 안 되고 체결용으로만 사용하는 리벳 지름은?

해답▶ 지름이 3/32인치 이하인 리벳은 응력 부위의 구조재에 사용하여서는 안 된다.

Q 219

딤플링 작업 시 주의해야 할 사항은?

해답▶ 판재를 2장 이상 겹쳐서 동시에 딤플링하는 방법은 삼가고 반대 방향으로 딤플링해서는 안 된다.

Q 220
리벳의 연거리, 리벳 간격, 열간 간격에 대하여 설명하시오.

해답 ① **연거리(edge distance)** : 판재의 모서리와 인접하는 리벳 중심까지의 거리를 말하며 최소 연거리는 2D이다. 접시 머리 리벳의 최소 연거리는 2.5D이고 최대 연거리는 4D를 넘어서는 안 된다.

② **리벳 간격(rivet pitch)** : 같은 열에 있는 리벳 중심과 리벳 중심 간의 거리를 말한다. 최소 3D~최대 12D로 하며 일반적으로 6~8D가 주로 이용된다.

③ **열간 간격(transverse distance)** : 열과 열 사이의 거리를 말하며 일반적으로 리벳 피치의 75% 정도로서 최소 열간 간격은 2.5D이고 보통 4.5~6D이다.

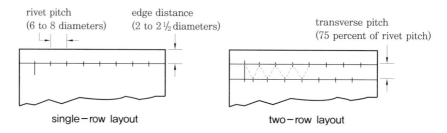

Q 221
얇은 판재에 riveting이 가능한가?

해답 판재의 두께가 0.040인치 이하일 때는 counter sink rivet은 불가능하나 universal rivet은 riveting이 가능하다. counter sink rivet을 riveting 하기 위해서는 dimpling 작업을 함으로써 가능하다.

Q 222
접시 머리 리벳의 최소 연거리는 얼마인가?

해답 접시 머리 리벳의 최소 연거리는 리벳 지름의 2.5배이고, 최대 연거리는 4배를 넘어서는 안 된다.

Q 223
연거리를 두는 이유는 무엇인가?

해답 리벳과 판재 모서리가 너무 가까우면 가장자리가 갈라지고 너무 멀면 접착력이 떨어진다.

Q 224
리벳 작업을 한 후에 검사 방법은?

해답 ❶ 리벳 작업(riveting) 완료 후에는 모든 리벳을 검사해야 하는데, 리벳 머리와 주위 구조물의 변형 여부를 점검한다.

❷ 만약 적절하지 않게 장착된 리벳이 발견되면 재장착하여야 한다. 이는 부적절한 버킹과 리벳 세트가 헐거워지는 것 또는 잘못된 각도로 유지하는 것, 부정확한 크기의 리벳 홀 또는 리벳이 원인이 된다. 좋지 못한 리베팅의 추가적인 원인으로는 깊은 공간과 동일 표면이 아닌 접시 머리형 리벳, 리베팅 작업 중에 적절히 함께 고정되지 않은 가공물, 버(burr)의 존재, 지나치게 단단하고, 많거나 적게 장착하기, 줄을 벗어난 리벳 등이 있다.

Q 225
AN470DD4-7A란 무엇인가?

해답 • AN470 : 유니버설 머리 리벳
• DD : 리벳의 재질(알루미늄 합금 2024)
• 4 : 리벳의 지름 4/32인치(1/8인치)
• 7 : 리벳의 길이 7/16인치
• A : 양극 처리(C : 화학 피막 처리)

Q 226
MS20470AD4-6란 무엇인가?

해답 • MS 20470 : 유니버설 머리 리벳
• AD : 리벳의 재질(알루미늄 합금 2117)
• 4 : 리벳의 지름 4/32인치(1/8인치)
• 6 : 리벳의 길이 6/16인치(3/8인치)

Q 227
리베팅(riveting)에는 어떤 방법 등이 있는가?

해답 pneumatic hammer, hand riveting, rivet squeezer

Q 228
아이스박스 리벳(ice box rivet)이란 무엇인가?

해답 ▶ 고강도가 요구되는 곳에 사용하기 위해 리벳을 열처리하게 되는데, 열처리 후 상온에서 시효 경화되는 성질을 막기 위하여 냉장 보관하는 리벳을 말하며 2017과 2024가 있다. 2017 리벳은 2117보다 강한 강도가 요구되는 곳에 사용하며 상온 노출 후 1시간 후에 50% 경화되며 4일쯤 지나면 100% 경화된다. 냉장고에서 보관하고 냉장고에서 꺼낸 후 1시간 이내에 사용해야 한다. 2024 리벳은 2017보다 강한 강도가 요구되는 곳에 사용하며 상온 노출 후 10~20분 이내에 작업을 하여야 한다.

Q 229
리벳의 제거 방법을 설명하시오.

해답 ▶ 리벳을 제거할 때에는 제거할 리벳 머리를 줄질하여 평평하게 만들어준 후 리벳 중심에 펀치 작업을 한 후 리벳 머리 중간에 리벳 지름보다 한 사이즈 작은 드릴 (1/32인치 작은 드릴)을 사용하여 드릴 작업으로 리벳 머리를 제거하고 shank 부분에 drift punch를 대고 해머로 두들겨 리벳 몸체를 제거한다.

1. manufactured head를 평평하게 한다.
2. 센터 펀칭한다.
3. 리벳 생크보다 한 치수 작은 드릴로 리벳 머리를 관통한다.
4. 펀치로 리벳 머리를 기울여 제거한다.
5. 펀치로 리벳 몸체를 제거한다.

Q 230
리벳 건(rivet gun)과 버킹 바(bucking bar) 중 어느 것이 더 무거워야 하는가?

해답▶ bucking bar는 rivet gun의 중량보다 1파운드 정도 가벼운 것을 사용하여야 한다.

Q 231
2017, 2024 리벳을 냉장 보관하여 사용하는 이유는?

해답▶ 알루미늄 합금에 나타나는 특징 중에는 열처리 후 시간이 지남에 따라 합금의 강도와 경도가 증가하는 성질이 있는데, 이것을 시효 경화라고 한다. 시효 경화에는 상온에 그대로 방치하는 상온 시효(자연 시효라 함)와 상온보다 높은 100~200℃ 정도에서 처리하는 인공 시효가 있다. 2017과 2024는 시효 경화성이 있기 때문에 사용 전에 열처리하여 냉장고에 보관하여 시효 경화를 지연시킨다.

Q 232
리벳을 제거할 때 드릴의 size는?

해답▶ 판금 작업에 가장 많이 사용되는 리벳의 지름은 3/32~3/8인치이다. 리벳 제거 시에는 리벳 지름보다 한 사이즈 작은 크기(1/32인치 작은 드릴)의 드릴로 머리 높이까지 뚫는다.

Q 233
블라인드 리벳(blind rivet)의 종류에는 무엇이 있는가?

해답▶ ❶ pop rivet은 구조 수리에는 거의 사용하지 않으며 항공기에 제한적으로 사용된다. 항공기를 조립할 때 필요한 구멍을 임시로 고정하기 위해 사용하며 기타 비구조물 작업 시 주로 사용한다.

❷ friction lock rivet은 블라인드 리벳의 초기 개발품으로 항공기의 제작 및 수리에 폭넓게 사용되었으나 현재는 더 강한 mechanical lock rivet으로 주로 대체되었으며 경항공기 수리에는 아직도 사용하고 있다.

❸ mechanical lock rivet은 항공기 작동 중에 발생하는 진동에 의해 리벳의 센터 스템이 떨어져 나가는 것을 방지하도록 설계되었으며 friction lock rivet과 달리 센터 스템이 진동에 의해 빠져 나가지 못하도록 영구적으로 고정되었으며 종류는 다음과 같다.
① huck lock rivet
② cherry lock rivet
③ olympic lock rivet
④ cherry max rivet

Q 234
blind rivet을 사용해서는 안 되는 곳은?

해답 ▶ ① tension이 걸리거나 head에 gap을 유발시키는 곳
② 진동 및 소음 발생 지역
③ fluid의 기밀을 요하는 곳

Q 235
리벳의 부식방지 방법은?

해답 ▶ 리벳의 방식 처리법으로는 리벳의 표면에 보호막을 사용한다. 이 보호막에는 크롬산 아연, 메탈 스프레이, 양극 처리 등이 있다. 리벳의 보호막은 색깔로 구별한다.
① 황색은 크롬산 아연을 칠한 리벳
② 진주빛 회색은 양극 처리한 리벳
③ 은빛 회색은 금속 분무한 리벳

Q 236
기체 수리의 기본 원칙을 설명하시오.

해답 ▶ ❶ **원래의 강도 유지** : 수리재의 재질은 원칙적으로 원재료와 같은 재료를 사용하지만 다른 경우는 강도와 부식의 영향을 고려해야 한다.

❷ **원래의 윤곽 유지** : 수리가 된 부분은 원래의 윤곽과 표면의 매끄러움을 유지해야 한다.

❸ **최소 무게 유지** : 항공기 구조 부재의 수리나 개조 시 대부분 경우에는 무게가 증가하고 원래의 구조 균형을 깨뜨리게 된다. 따라서 구조부를 수리할 경우에는 무게 증가를 최소로 하기 위해 패치의 치수를 가능한 한 작게 만들고 필요 이상으로 리벳을 사용하지 않도록 한다.

❹ **부식에 대한 보호** : 재료의 조성에 따라 금속의 부식 방지를 위해 모든 접촉면에는 정해진 절차에 의하여 방식 처리를 해야 한다.

Q 237
air hammer로 riveting 작업을 할 때 적정 압력은 얼마인가?

해답 ▶ 90~100psi

Q 238

패치(patch)의 재질 및 두께 선정 기준은 무엇인가?

해답 ▶ 패치의 재질은 원칙적으로 본래의 재질과 같은 재료를 사용하고 본래의 재질과 다른 경우 판 두께(강도), 부식의 영향을 고려해서 정해야 하며 판의 두께는 본래의 판 두께와 같은 혹은 한 치수 큰 것을 이용하며 스플라이스(splice)에 있어서는 실제 단면적은 본래 모양의 단면적보다 크게 본래의 재료보다 약한 재료 사용 시 강도를 환산하여 두꺼운 것을 사용하나 본래의 재료보다 강한 재료 사용 시 손상부의 재료보다 얇은 것은 사용을 금지한다.

Q 239

riveting 작업 순서를 설명하시오.

해답 ▶ ① rivet과 hole의 크기는 적당한지 확인한다.
② air hammer의 압력이 석설한지 확인한다.
③ rivet set는 알맞은지 확인한다.
④ bucking bar의 크기는 알맞은지 확인한다.
⑤ air hammer와 bucking bar 양쪽의 힘이 같게 한다.
⑥ rivet의 bucktail 크기는 높이 $0.5D$ 넓이 $1.5D$가 되도록 해야 한다.

Q 240

riveting을 할 때 필요한 rivet 수량의 결정 요소는?

해답 ▶ ① 수리 작업을 할 판재의 크기
② 판재의 두께에 따른 리벳의 지름
③ 연거리(edge distance), 리벳 간격(rivet pitch), 열간 간격(transverse distance)에 따라 수량이 결정

Q 241

최소 굴곡 반지름이란 무엇인가?

해답 ▶ 판재가 원래의 강도를 유지한 상태로 구부러질 수 있는 최소의 반지름을 말한다.

Q 242
판금 작업에서 Set Back(SB)이란 무엇인가?

해답 ▶ 세트 백(Set Back)은 구부리는 판재에 있어서 바깥 면의 굽힘 연장선의 교차점 과 굽힘 접선과의 거리이다.

$$SB = K(R+T)$$

여기서, K : 굽힘 각도에 따른 상수(90°일 때는 K=1), R : 굽힘 반지름, T : 판재의 두께

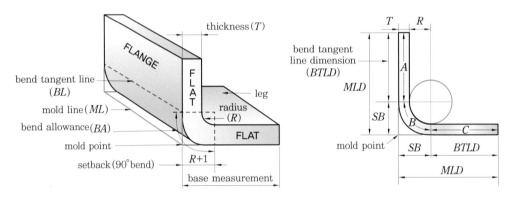

Q 243
판금 작업에서 Bend Allowance(BA)란 무엇인가?

해답 ▶ 판재를 구부릴 때 정확히 수직으로 구부릴 수 없기 때문에 구부러지는 부분에 여유 길이가 생기게 되는데, 이 여유 길이를 말한다. 즉, 굽힘에서 굴곡진 금속의 부 분으로 Bend Allowance(굽힘 여유) 중립선의 굴곡진 부분의 길이로 간주한다.

$$BA = \frac{\theta}{360} \, 2\pi \left(R + \frac{T}{2} \right)$$

여기서, θ : 굽힘 각도, R : 굽힘 반지름, T : 판재의 두께

Q 244
리벳 작업을 할 때 리벳과 구멍과의 간격은?

해답 ▶ 리벳 구멍이 너무 작은 경우에는 리벳의 보호 피막을 손상시키게 되며 너무 큰 경우에는 리벳을 장착하여도 그 공간을 충분히 채우지 못하기 때문에 결합부에 충 분한 강도를 보장해 줄 수가 없다. 일반적으로 리벳과 리벳 구멍의 간격은 0.002~ 0.004인치가 적당하다. 그리고 올바른 크기의 리벳 구멍을 뚫기 위해서는 먼저 드릴 작업을 한 다음에 리머(reamer) 작업으로 다듬어 완성한다.

Q 245
oil canning 현상이 발생하는 원인은 무엇인가?

해답 ▶ oil canning은 금속 외판이 리벳 열 사이의 바깥쪽이 부풀어서 불룩해진 것을 나타내는데, 불룩해져 있는 곳을 손가락으로 눌렀다 떼면 oil can의 밑과 같이 처음에는 움푹 들어가고, 이어서 튀어나오는 것을 말한다. oil canning의 원인은 부적절한 리벳 작업 및 장착에 의해 외피에 불균일한 힘이 가해지고 있기 때문이다.

Q 246
재질에 따른 드릴 날의 각도는 어떻게 되는가?

해답 ▶ ❶ 경질 재료 또는 얇은 판일 경우 : 118°, 저속, 고압 작업
❷ 연질 재료 또는 두꺼운 판의 경우 : 90°, 고속, 저압 작업

Q 247
클리코(cleco)란 무엇인가?

해답 ▶ 리벳 수리 작업 시 드릴 작업 후 겹쳐진 판재가 서로 어긋나지 않도록 고정시켜 주는 것으로 은색은 리벳 지름이 3/32인치, 동색은 1/8인치, 검정색은 5/32인치, 금색은 3/16인치를 표시한다.

Q 248
tab, die란 무엇인가?

해답 ▶ ❶ tab : 암나사의 나사산을 낼 때 쓰는 공구
❷ die : 수나사의 나사산을 낼 때 쓰는 공구

Q 249
pilot hole이란 무엇인가?

해답▶ 3/16인치나 그 이상의 큰 구멍을 드릴 작업할 때 작은 구멍을 먼저 내고 큰 구멍을 뚫는 것이 효과적인데, 이때 큰 구멍을 뚫기 위한 작은 구멍을 파일럿 홀(pilot hole)이라 한다.

Q 250
relief hole이란 무엇인가?

해답▶ 2개 이상의 굽힘이 교차하는 장소는 안쪽 굽힘 접선의 교점에 응력이 집중하여 교점에 균열이 일어난다. 따라서, 굽힘 가공에 앞서서 응력 집중이 일어나는 교점에 응력 제거 구멍을 뚫는 것을 말한다.

Q 251
stop hole의 목적, 위치, 크기를 설명하시오.

해답▶ ❶ 스톱 홀(stop hole)은 구조물에 균열이 발생하였을 때 균열의 진행을 지연 또는 정지시키기 위하여 균열 끝부분에 드릴로 구멍을 내는 것을 말한다.

❷ 스톱 홀(stop hole)의 위치는 균열 진행 방향으로 연장선상에 1/16인치 거리를 두고 뚫어야 한다.

❸ 스톱 홀(stop hole)의 크기는 재질에 따라 정비지침서를 참조하여 결정한다.

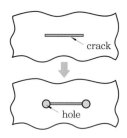

Q 252
부식이 일어나는 이유는 무엇인가?

해답▶ 지리적인 조건, 제작 공정상 부적당한 열처리, 이질 금속과 접촉, 부적절한 도장 등에 의해 부식이 발생한다.

Q 253
부식이란 무엇인가?

해답 ▶ 금속의 표면에 접하는 물, 산, 알칼리 등의 매개체에 의해 금속이 화학적으로 침해되는 것을 말하며, 표면이 비금속질의 화합물로 변화되거나 매개체 중에 용해되는 것을 말한다. 철이 산소와 결합하는 산화 반응을 통해 산화철이 되어 녹을 형성하는 것이 대표적인 부식에 해당한다.

Q 254
입자 간 부식을 탐지하는 방법은 무엇인가?

해답 ▶ 입자 간 부식은 초기 단계에서 탐지하기 어렵고 초음파 검사 및 와전류 탐상 검사, X-ray 등으로 탐지할 수 있다.

Q 255
알루미늄 합금의 부식은 어떻게 나타나는가?

해답 ▶ 알루미늄 합금과 마그네슘의 표면에서는 움푹 파임(pitting), 표면의 긁힘(etching) 형태로 나타나고 가끔 회색 또는 흰색 가루 모양의 파우더 형태의 부착물로 나타난다. 구리와 구리 합금 재료는 녹색을 띤 피막 형태로 나타나며, 철금속에서는 녹처럼 보이는 불그스레한 부식의 형태로 나타난다.

Q 256
마그네슘 합금에 부식이 발생했을 때 처리 방법은?

해답 ▶ ① 처리하고자 하는 부분의 페인트를 제거하고 세척한다.
② 뻣뻣한 브러시 또는 연마용 수세미를 사용하여 제거할 수 있는 만큼 부식 생성물을 제거한다. 이때 철제 브러시, 연마제 또는 절단 공구를 사용하면 안 된다.
③ 황산(sulfuric acid)을 첨가한 크롬산 용액으로 부식된 부분을 처리하고, 크롬산 용액으로 적셔진 상태에서 파인 홈 부분 등의 이물질을 비금속제 브러시로 제거한다.
④ 5~20분 동안 크롬산 용액에 노출시킨 후 페인트의 들뜬 현상 등이 일어나지 않도록 깨끗하고 축축한 수건으로 잔류물을 제거한다.
⑤ 표면이 건조된 후 바로 페인트칠을 한다.

Q 257
부식의 종류를 들고 각각을 설명하시오.

[해답]▶ ❶ 표면 부식(surface corrosion) : 제품 전체의 표면에서 발생하여 부식 생성물인 침전물을 보이고 홈이 나타나는 부식이다. 또 부식이 표면 피막 밑으로 진행됨으로써 피막과 침전물의 식별이 곤란한 경우도 있는데, 이러한 부식은 페인트나 도금층이 벗겨지게 하는 원인이 되기도 한다.

❷ 이질 금속 간 부식(galvanic corrosion) : 서로 다른 두 가지의 금속이 접촉되어 있는 상태에서 발생하는 부식이다. 따라서 이질 금속을 사용할 경우에 금속 간에 절연 물질을 끼우거나 도장 처리를 하여 부식을 방지하도록 해야 한다.

❸ 공식 부식(pitting corrosion) : 금속 표면에서 일부분의 부식 속도가 빨라서 국부적으로 깊은 홈을 발생시키는 부식이다. 주로 알루미늄 합금과 스테인리스강과 같이 산화 피막이 형성되는 금속 재료에서 많이 발생한다.

❹ 입자 부식(intergranular corrosion) : 금속 재료의 결정 입계에서 합금 성분의 불균일한 분포로 인하여 발생하는 부식으로 알루미늄 합금, 강력 볼트용 강, 스테인리스강 등에서 발생한다. 합금 성분의 불균일성은 응고 과정, 가열과 냉각, 용접 등에 의해서 발생할 수 있다. 재료 내부에서 주로 발생하므로 기계적 성질을 저하시키는 원인이 되며 심한 경우에는 표면에 돌기가 나타나고 파괴까지 진행될 수가 있다.

❺ 응력 부식(stress corrosion) : 강한 인장 응력과 부식 환경 조건이 재료 내에 복합적으로 작용하여 발생하는 부식이다. 주로 발생하는 금속 재료는 알루미늄 합금, 스테인리스강, 고강도 철강 재료이다. 금속 표면에 숏 피닝(shot peening) 작업을 하면 표면에 압축 응력을 발생시켜 응력 부식 균열에 대한 저항을 증가시킨다.

❻ 프레팅 부식(fretting corrosion) : 서로 밀착된 부품 사이에서 아주 작은 진동이 발생하는 경우 접촉 표면에 홈이 발생하는 부식이다.

❼ 필리폼 부식(filiform corrosion) : 유기물 코팅을 한 금속 표면에서 발생하는 특별한 형태의 산소 농축 셀(cell)이다. 이 부식은 페인트 피막 아래에 있는 특유의 벌레가 지나간 것과 같은 흔적으로 알 수 있다. 필리폼은 공기의 상대 습도가 78~90% 사이이고, 표면이 약간 산성일 때 잘 발생한다.

❽ 박리 부식(exfoliation corrosion) : 입자 간 부식이 계속 진행되면 발생하는 형태로서, 표면 바로 아래 입자 경계에서 발생하는 부식 생성물의 팽창에 의해 금속 표면 입자들이 들떠서 떨어져 나가는 손상이다. 보통 압출 부재의 입자 두께가 얇은 부위에서 많이 볼 수 있고, 초기 단계에서는 검출하기 어렵다.

❾ **피로 부식(fatigue corrosion)** : 주기적 응력과 부식성 환경의 조합에 의해 발생한다. 작용하는 응력이 금속의 피로 한계 이하라면, 정상적인 금속은 무한 사이클의 응력을 견딜 수 있다. 피로 한계를 초과하면 금속은 결국 균열이 발생하고 피로로 인해 파괴된다. 그러나 주기적 응력을 받는 부품 또는 구조가 부식성 환경에 노출될 경우 고장에 대한 응력 수준은 상당히 감소하게 된다. 따라서 설계 피로 응력 이하의 응력 수준에서 고장이 발생할 수 있다.

Q 258
알로다이징(alodizing)이란 무엇인가?

해답 ▶ 알로다이징은 내식성과 페인트 접착성을 향상시키기 위한 간단한 화학 처리 방법이며, 편리성으로 인해 항공기 정비 현장에서 아노다이징으로 대체하고 있다.

Q 259
부식 방지법에는 어떠한 것이 있는가?

해답 ▶ ❶ **양극 산화 처리(anodizing)** : 금속 표면에 내식성이 있는 산화 피막을 형성시키는 방법을 말하며 황산, 크롬산 등의 전해액에 담그면 양극에 발생하는 산소에 의해 양극의 금속 표면이 수산화물 또는 산화물로 변화되어 고착되어 부식에 대한 저항성을 증가시킨다. 그리고 알루미늄 합금에 이 처리를 실시하면 페인트칠을 하기 좋은 표면으로 된다.

❷ **알로다인(alodine)** : 알루미늄 합금에 보호 피막을 만들기 위한 화학 피막 처리로서 현장에서 작은 부품을 제작하거나 보호용 양극 산화 처리 막이 손상되거나 제거되면 부품은 전해질 방법보다 화학적 방법으로 보호막을 형성시켜 줄 때 사용하며 처리 방법에는 담가서 하는 알로다인 #1200, 브러시로 칠해 쓰고 사용 빈도가 높은 알로다인 #1000 등이 있다.

❸ **도금(plating)** : 철강 재료의 표면에 내식성이 양호한 크롬, 아연, 주석 등과 같은 금속을 얇게 도금하는 방법으로 내식성, 내마멸성, 치수 회복 등을 목적으로 한다.

❹ **알크래드(alclad)** : 알루미늄 합금 판재 양쪽에 약 5.5% 정도 두께로 순수한 알루미늄 피복을 입힌 판재를 가리키는 것으로, 순수한 알루미늄 코팅은 부식성 물질의 접촉으로부터 부식을 방지하고 긁힘이나 마모의 원인으로부터 코어 금속을 보호하는 역할을 한다.

Q 260
입자간 부식이 일어났을 때 조치 사항은 무엇인가?

해답 ▶ 부적절한 열처리로 발생하므로 열처리를 다시 해야 한다.

Q 261
알크래드(alclad)란 무엇인가?

해답 ▶ 2024, 7075 등의 알루미늄 합금은 강도 면에서는 매우 강하나 내식성이 나쁘다. 그러므로 강한 합금 재질에 내식성을 개선할 목적으로 알루미늄 합금의 양면에 내식성이 우수한 순수 알루미늄을 약 5.5% 정도의 두께로 입힌 판을 알크래드(alclad)라 한다.

Q 262
파커라이징(parkerizing)이란 무엇인가?

해답 ▶ 철강 재료의 부식 방지법으로 검은 갈색의 인산염 피막을 철강 재료 표면에 형성하여 부식을 방지하는 방법이다.

Q 263
철강 재료에 도금(plating)을 하는 이유는 무엇인가?

해답 ▶ 철강 재료의 표면에 내식성이 양호한 크롬, 아연, 주석 등과 같은 금속을 얇게 도금하는 방법으로 내식성, 내마멸성, 치수 회복 등을 목적으로 한다.

Q 264
알로다인(alodine) #1000 처리 절차는 어떻게 되는가?

해답 ▶ ① 처리액(알로다인 #1000 분말 4g, 물 1 리터 용해)을 준비한다.
② 적용할 부위를 세척한다.
③ 브러시로 적용한다.
④ 2~3분간 방치 후 물로 세척한다(방치할 때 용액이 건조될 것 같으면 더 뿌려서 건조되지 않도록 주의한다).
⑤ 페인트 작업을 한다.

Q 265
부식을 검사하는 장비에는 어떠한 것들이 있는가?

해답 ❶ 확대경

❷ 보어 스코프(bore scope) : 접근할 수 없는 내부 표면의 검사에 사용할 수 있고 강한 빛을 가진 작은 반사경을 가지고 있다.

❸ 깊이 게이지(depth gage) : 부식된 부분의 깊이를 측정한다.

Q 266
engine mount bolt 비파괴 검사 방법은 무엇인가?

해답 자기 탐상 검사(magnetic particle inspection)

Q 267
부식이 발생하기 쉬운 장소에는 어떤 것들이 있는가?

해답 엔진 배기 구역, 배터리 실과 환기구 주변, 화장실과 조리실 구역, 항공기 바닥 부분(bilge area), landing gear와 wheel well, 수분 고임 부분, 접근하기 힘든 지역, 조종 케이블, 용접 부분, 전자 및 전기 장비실 등이 있다.

Q 268
부식 처리 절차에 대하여 설명하시오.

해답 ① 부식이 발생한 부분의 세척과 긁어내는 작업
② 최대한 부식 생성물을 제거하는 작업
③ 파인 곳, 갈라진 틈에 숨어 있는 생성물의 제거와 중화 작업
④ 부식 생성물이 제거된 부분의 보호 작업
⑤ 부식 방지 코팅 또는 페인트 작업

Q 269
보어 스코프(bore scope)의 쓰이는 용도는?

해답 ① 엔진 stall 발생했을 때
② FOD에 의한 엔진 손상 발생했을 때
③ 엔진의 장탈을 결정해야 할 때

Q 270
비파괴 검사의 정의 및 종류에 대하여 설명하시오.

해답 ▶ 비파괴 검사(non-destructive inspection)는 검사 대상 재료나 구조물이 요구하는 강도를 유지하고 있는지 또는 내부 결함이 없는지를 검사하기 위하여 그 재료를 파괴하지 않고 물리적 성질을 이용하여 검사하는 방법을 말하며, 종류는 다음과 같다.

❶ **육안 검사(visual inspection)** : 가장 오래된 비파괴 검사 방법으로서 결함이 계속해서 진행되기 전에 빠르고 경제적으로 탐지하는 방법이다. 육안 검사의 신뢰성은 검사자의 능력과 경험에 달려 있다. 눈으로 식별할 수 없는 결함을 찾는 검사에는 확대경이나 보어 스코프(bore scope)를 사용한다.

❷ **침투 탐상 검사(liquid penetrant inspection)** : 육안 검사로 발견할 수 없는 작은 균열이나 검사를 발견하는 것이다. 침투 탐상 검사는 금속, 비금속의 표면 결함 검사에 적용되고 검사 비용이 적게 든다. 주물과 같이 거친 다공성의 표면의 검사에는 적합하지 못하다.

❸ **자분 탐상 검사(magnetic particle inspection)** : 표면이나 표면 바로 아래의 결함을 발견하는 데 사용하며, 반드시 자성을 띤 금속 재료에만 사용이 가능하며 자력선 방향의 수직 방향의 결함을 검출하기가 좋다. 또한, 검사 비용이 저렴하고 검사원의 높은 숙련이 필요 없다. 그러나 비자성체에는 적용이 불가하고 자성체에만 적용되는 단점이 있다.

❹ **와전류 검사(eddy current inspection)** : 변화하는 자기장 내에 도체를 놓으면 도체 표면에 와전류가 발생하는데, 이 와전류를 이용한 검사 방법으로 철 및 비철 금속으로 된 부품 등의 결함 검출에 적용된다. 와전류 검사는 항공기 주요 파스너(fastener) 구멍 내부의 균열 검사를 하는 데 많이 이용된다.

❺ **초음파 검사(ultrasonic inspection)** : 고주파 음속 파장을 이용하여 부품의 불연속 부위를 찾아내는 방법으로 높은 주파수의 파장을 검사하고자 하는 부품을 통해 지나게 하고 역전류 검출판을 통해서 반응 모양의 변화를 조사하여 불연속, 흠집, 튀어나온 상태 등을 검사한다. 초음파 검사는 소모품이 거의 없으므로 검사비가 싸고 균열과 같은 평면적인 결함을 검출하는 데 적합하다. 검사 대상물의 한쪽 면만 노출되면 검사가 가능하다. 초음파 검사는 표면 결함부터 상당히 깊은 내부의 결함까지 검사가 가능하다.

❻ **방사선 검사(radio graphic inspection)** : 기체 구조부에 쉽게 접근할 수 없는 곳이나 결함 가능성이 있는 구조 부분을 검사할 때 사용된다. 그러나 방사선 검사는 검사 비용이 많이 들고 방사선의 위험 때문에 안전 관리에 문제가 있으며 제품의

형상이 복잡한 경우에는 검사하기 어려운 단점이 있다. 방사선 투과 검사는 표면 및 내부의 결함 검사가 가능하다.

Q 271
dye check의 검사 순서는 어떻게 되는가?

해답▶ 세척 → 침투액 적용 → 세척 → 현상제 적용 → 검사

Q 272
금속 재료의 기계적 성질을 설명하시오.

해답▶ ❶ 비중(specific gravity)은 어떤 물질의 무게를 나타내는 경우 물질과 같은 부피의 물의 무게와 비교한 값을 말하며, 비중이 크면 그만큼 무겁다는 것을 의미한다.

❷ 용융 온도(melting temperature)는 금속 재료를 용해로에서 가열하면 녹아서 액체 상태가 되는데, 이 온도를 말한다.

❸ 강도(strength)는 재료에 정적인 힘이 가해지는 경우, 즉 인장 하중, 압축 하중, 굽힘 하중을 받을 때 이 하중에 견딜 수 있는 정도를 나타낸 것이다.

❹ 경도(hardness)는 재료의 단단한 정도를 나타낸 것으로 일반적으로 강도가 크면 경도 또한 높다.

❺ 전성(malleability)은 퍼짐성이라고도 하며, 얇은 판으로 가공할 수 있는 성질을 말한다.

❻ 연성(ductility)은 뽑힘성이라고도 하며, 가는 선이나 관으로 가공할 수 있는 성질을 말한다.

❼ 탄성(elasticity)은 외력에 의하여 재료 속에 변형을 일으킨 다음 외력을 제거하면 원래의 상태로 되돌아가려는 성질을 말한다.

❽ 메짐(brittleness)은 굽힘이나 변형이 거의 일어나지 않고 재료가 깨지는 성질을 말하며, 취성이라고도 한다.

❾ 인성(toughness)은 재료의 질긴 성질을 말한다.

❿ 전도성(conductivity)은 금속 재료에서 열이나 전기가 잘 전달되는 성질을 말한다.

⓫ 소성(plasticity)은 재료가 외력에 의해 탄성 한계를 지나 영구 변형되는 성질을 말한다.

Q 273

항공기에 사용되는 재료의 특성을 설명하시오.

해답 ▶ ① 알루미늄 합금은 대형 항공기 기체 구조재의 70% 이상을 차지할 만큼 항공기 기체 재료로는 중요한 합금이다. 순수 알루미늄은 비중이 2.7로서 흰색의 광택이 나고 비자성체이며 전기 및 열에 대한 전도성이 양호하다. 또, 용융 온도는 660℃로서 합금 원소와 합금이 잘 되므로 항공기 재료로 사용할 때에는 대부분 구리, 마그네슘, 아연 등을 첨가한 알루미늄 합금의 형태로 사용된다.

② 마그네슘의 비중은 알루미늄의 2/3 정도로서 항공기 재료로 쓰이는 금속 중에서는 가장 가볍고 비강도가 커서 경합금 재료로 적당하다. 마그네슘 합금은 전연성이 풍부하고 절삭성도 좋으나 내열성과 내마멸성이 떨어지므로 항공기 구조 재료로는 적당하지 않다. 그러나 가벼운 주물 제품으로 만들기가 유리하기 때문에 장비품의 하우징(housing) 등에 사용되고 있다. 그러나 마그네슘 합금은 내식성이 좋지 않기 때문에 화학 피막 처리를 하여 사용해야 하며 마그네슘 합금의 미세한 분말은 연소되기가 쉬우므로 취급할 때 주의해야 한다.

③ 티탄은 비중이 4.5로서 강의 1/2 수준이며, 용융 온도는 1668℃이다. 티탄 합금으로 제조하면 합금강과 비슷한 정도의 강도를 가지며, 스테인리스강과 같이 내식성이 우수하고 약 500℃ 정도의 고온에서도 충분한 강도를 유지할 수 있다. 티탄 합금은 항공기 재료 중에서 비강도가 우수하므로 항공기 이외에 로켓과 가스 터빈 기관용 재료로 널리 이용하고 있다. 티탄 합금은 인성과 피로 강도가 우수하고 고온 산화에 대한 저항성이 높다. 순수 티탄은 다른 티탄 합금에 비해 강도는 떨어지나 연성과 내식성이 우수하고 용접성이 좋아서 바닥 패널이나 방화벽 등에 사용된다.

④ 구리는 붉은색의 금속 광택을 가진 비자성체로서 열과 전기에 대한 전도성이 우수하고 가공성이 양호하다. 항공기에는 구조용 재료가 아닌 전기 계통 부품에 주로 사용되고 있다.

⑤ 니켈은 흰색을 띠며 인성과 내식성이 우수한 금속이다. 비중은 8.9로서 철강 재료에 비해 다소 무거우며 용융점은 1455℃이다. 니켈에 크롬, 몰리브덴, 알루미늄, 티탄 등을 첨가하여 내식성과 내열성을 향상시켜 항공기의 엔진 재료로 이용되고 있다.

Q 274

철강 합금 원소의 작용은 무엇인가?

해답▶ **❶ 탄소(C)** : 탄소를 증가시키면 인장 강도나 경도는 증가하는데, 연성은 줄고 충격에 약해지며 용접성도 떨어진다.

❷ 망간(Mn) : 증가하면 내충격성, 내마모성이 증가하고 황에 의한 취성을 방지한다.

❸ 인(P) : 담금질 균열의 주된 원인이며 용접성도 나쁘다. 저탄소강의 내식성 및 절삭성을 좋게 한다.

❹ 규소(Si) : 내산화성, 내식성을 높인다.

❺ 니켈(Ni) : 인장 강도 및 내식성을 증가시킨다.

Q 275

SAE(AISI) 식별 기호를 설명하시오.

해답▶ 미국의 자동차기술자협회(SAE)와 철강협회(AISI)는 자동차 및 항공기 구조재로 사용되는 강을 분류하였다. 이들 규격에서, 4자리 계열은 일반적인 탄소강과 합금강에 대하여 분류하였으며, 5자리 계열은 특수 합금강에 대하여 분류하였다. 앞의 두 자리는 강의 종류, 두 번째 자리는 주 합금 원소의 함유량을 나타내고, 마지막 두 자리(또는 세 자리)는 그 합금에 함유된 탄소 함유량을 백분율로 나타낸다.

합금 번호	종류	합금 번호	종류
1XXX	탄소강	4XXX	몰리브덴강
13XX	망간강	41XX	크롬-몰리브덴강
2XXX	니켈강	43XX	니켈-크롬-몰리브덴강
23XX	니켈 3% 함유 강	5XXX	크롬강
3XXX	니켈-크롬강	6XXX	크롬-바나듐강

Q 276

내열강(heat resisting steel)이란 무엇을 말하는가?

해답▶ 크리프(creep) 한도가 높고 고온 산화 및 내식성이 좋은 강으로 700℃ 이상의 고온에 견디는 합금강을 말한다.

Q 277

인코넬(inconel)과 스테인리스(stainless)의 구별 방법은 무엇인가?

해답▶ 염산에 1분간 노출시킨 후 물로 세척하면 스테인리스는 발포한다.

Q 278
내식강(corrosion resistance steel)에 대해 설명하시오.

해답 ▶ 탄소강에 다량의 크롬을 첨가한 강을 말한다.

❶ 마텐자이트계 스테인리스강 : 강도를 높이기 위하여 탄소량을 0.15~0.4% 정도 첨가한 다음 크롬을 13% 정도 첨가한 강으로서 가공성이나 용접성은 좋지 않다. 가스 터빈 기관의 흡입 안내 깃(inlet guide vane), 압축기 깃(compressor blade) 등에 주로 쓰인다.

❷ 오스테나이트계 스테인리스강 : 스테인리스강에 18% 크롬 8%의 니켈을 첨가한 강으로서 18-8 스테인리스강이라고도 한다. 스테인리스강 중에서도 내식성이 우수하기 때문에 엔진 부품, 방화벽, 안전 결선용 와이어, 코터 핀 등에 사용된다.

❸ 석출 경화형 스테인리스강 : 마텐자이트계 스테인리스의 강도와 오스테나이트계 스테인리스강의 내식성을 겸비하도록 개발된 스테인리스강이다.

Q 279
금속 재료 열처리를 하는 목적은 무엇인가?

해답 ▶ ❶ 열처리는 금속을 가열 · 냉각 등의 조작을 적당한 속도로 조절하여 그 재료의 특성을 개량하는 조작으로 온도에 의해서 존재하는 상의 종류나 배합이 변하는 재료에 이용되는 공정이다.

❷ 금속 용도에 적합한 성질을 부여하고 금속의 가공성을 좋게 한다.

Q 280
강의 표면 경화법 종류에는 무엇이 있는가?

해답 ▶ ❶ 고주파 담금질법은 고주파를 이용하여 표면을 담금질하여 경화시키는 방법이다.

❷ 화염 담금질법은 탄소강 표면에 산소-아세틸렌 화염으로 표면만 가열한 후 급랭하여 표면층만 담금질하는 방법이다.

❸ 침탄법은 탄소나 탄화수소계로 구성된 침탄제 속에서 가열하면 강재 표면의 화학적 변화에 의하여 탄소가 강재 표면에 침투되어 침탄층이 형성되므로 표면이 경화하는 방법이다.

④ 질화법은 암모니아 가스 중에서 500~550℃ 정도의 온도로 20~100시간 정도 가열하여 표면 경화시키는 방법이다.

⑤ 침탄 질화법은 침탄과 질화를 동시에 처리하는 방법이다.

⑥ 금속 침투법은 강재를 가열하여 아연, 알루미늄, 크롬, 규소 및 붕소 등과 같은 피복 금속을 부착시키는 동시에 합금 피복층을 형성시키는 처리법으로 내식성, 내열성 및 내마멸성을 향상시키는 방법이다.

Q 281
철강 재료의 열처리 방법에 대하여 설명하시오.

해답▶ ① **담금질(quenching)** : 재료의 강도와 경도를 증대시키는 처리로서 강의 A1 변태점보다 30~50℃ 정도 높은 온도로 가열하여 일정 시간 유지시킨 다음에 물과 기름에 담금으로써 급랭이 되도록 하는 조작이다.

② **뜨임(tempering)** : 담금질한 재료는 강도와 경도는 우수하나 인성이 나쁘기 때문에 적당한 온도로 재가열하여 재료 내부의 잔류 응력을 제거하고 인성을 부여하기 위한 조작이다.

③ **풀림(annealing)** : 철강 재료의 연화, 조직 개선 및 내부 응력을 제거하기 위한 처리로서 일정 온도에서 어느 정도의 시간이 경과된 다음 노(furnace)에서 서서히 냉각하는 열처리 방법이다.

④ **불림(normalizing)** : 강의 열처리, 성형 또는 기계 가공으로 생긴 내부 응력을 제거하기 위한 열처리이다.

Q 282
열처리 기호를 설명하시오.

해답▶ · F : 주조 상태 그대로인 것
· O : 풀림 처리한 것
· H : 냉간 가공한 것
· W : 담금질한 후 상온 시효 경화가 진행중인 것
· T2 : 풀림 처리한 것
· T3 : 담금질한 후 냉간 가공한 것
· T36 : 담금질한 후 단면 수축률 6 % 로 냉간 가공한 것
· T4 : 담금질한 후 상온 시효가 완료된 것
· T6 : 담금질한 후 인공 시효 처리한 것

Q 283

알루미늄 합금의 특성을 설명하시오.

해답▶ ① 전성이 우수하여 성형 가공성이 좋다.

② 상온에서 기계적 성질이 우수하다.

③ 합금 원소의 조성을 변화시켜 강도와 연신율을 조절할 수 있다.

④ 내식성이 양호하다.

⑤ 시효 경화성이 있다.

⑥ 전기 및 열에 대한 전도성이 양호하다.

Q 284

AA 규격 식별 기호를 설명하시오.

해답▶ 규격 번호의 첫 번째 자리는 합금 종류를 나타낸다. 두 번째 자리는 특정한 합금의 개량 여부를 나타낸다. 두 번째 자리가 0이면, 특별한 개량을 하지 않았다는 것을 의미한다. 이 그룹의 두 번째 숫자는 합금 성분에 대하여 개량한 횟수를 1~9까지 중 연속적으로 할당하여 나타낸다. 끝의 두 자리는 1XXX 그룹에서 금속의 순도가 99%를 초과한 정도를 1/100% 단위로 나타낼 때 사용된다. 2XXX~8XXX 합금 그룹에서 끝의 두 자리는 그룹에서 다른 합금 성분을 표시한다.

합금 번호	합금의 종류
1XXX	순도 99% 이상의 순수 알루미늄
2XXX	알루미늄(Al)-구리(Cu)계 합금
3XXX	알루미늄(Al)-망간(Mn)계 합금
4XXX	알루미늄(Al)-규소(Si)계 합금
5XXX	알루미늄(Al)-마그네슘(Mg)계 합금
6XXX	알루미늄(Al)-마그네슘(mg)-규소(Si)계 합금
7XXX	알루미늄(Al)-아연(Zn)계 합금

Q 285

V-n 선도란 무엇인가?

해답▶ 구조 역학적으로 안전한 비행 조작 범위를 지정하는 것으로, 항공기 제작자에 대하여 구조 역학적으로 안전하게 하중을 담당하도록 설계 제작하라는 것이고, 다른 하나는 항공기 운용자에 대하여 허용 비행 범위를 제시하는 것이다.

Q 286
알루미늄 합금의 열처리 방법에 대하여 설명하시오.

해답 ❶ 고용체화 처리는 강도와 경도를 증대시키기 위한 열처리이다.

❷ 인공 시효 처리는 고용체화 처리된 재료를 120~200℃ 정도로 가열하여 과포화 성분을 석출시키는 처리이다. 이와 같은 처리 방법을 고온 시효라고도 하는데, 알루미늄 합금의 중요 경화 방법이다.

❸ 풀림 처리는 고용체화 처리 온도와 인공 시효 처리 온도의 중간 온도로 가열하게 되면 석출된 미립자가 응집되고 잔류 응력도 제거됨으로써 재질을 연하게 하는 처리이다.

Q 287
항공기 구조 재료로 알루미늄 합금을 사용하는 이유는?

해답 알루미늄 합금이 구조 재료로 많이 사용되는 것은 비강도가 크기 때문이다.

Q 288
숏 피닝(shot peening)이란 무엇인가?

해답 피로 강도와 응력, 부식, 균열에 대한 저항을 증가시키기 위하여 peening 될 표면에 압축 응력을 유도함으로써 잔류 응력을 제거하여 표면을 단단하게 하는 공정이다.

Q 289
항공기 기체 구조에 작용하는 하중에는 어떠한 것들이 있는가?

해답 인장력(tension), 압축력(compression), 굽힘력(bending), 비틀림력(torsion), 전단력(shear)

Q 290
하중 배수란 무엇인가?

해답 항공기에 작용하는 공기력의 합력에서 기체 축의 수직 성분을 항공기 무게로 나눈 값이다.

Q 291
종극 하중이란 무엇인가?

해답 ▶ 제한 하중이라고도 하며, 운용 중에 예기치 않은 과도한 하중에 최소한 3초간은 안전하게 견딜 수 있어야 하며, 최대 하중 배수에 안전 계수 1.5를 곱한 것으로, 안전 계수 1.5를 곱한 것은 항공기의 특정 부위에 따라 안전 계수를 너무 크게 잡으면 강도는 좋으나 무게의 증가와 재료의 낭비를 가져오므로 바람직하지 못하기 때문이다.

Q 292
크리프(creep)란 무엇인가?

해답 ▶ 일정한 응력을 받는 재료가 일정한 온도에서 시간이 경과함에 따라 하중이 일정하더라도 변형률이 변화하는 현상을 말한다.

Q 293
열가소성과 열경화성을 구분하고 종류를 설명하시오.

해답 ▶ 항공기의 조종실 canopy, windshield, window, 기타 투명한 곳에는 투명 플라스틱 재료가 사용되며, 열에 대한 반응에 따라 다음 두 가지 종류로 구분된다. 한 가지는 열가소성 수지(thermoplastic)이고 다른 한 가지는 열경화성 수지(thermosetting)이다.

❶ **열가소성 수지** : 가열하면 연해지고 냉각시키면 딱딱해진다. 이 재료는 유연해질 때까지 가열시킨 다음 원하는 모양으로 성형하고, 다시 냉각시키면 그 모양이 유지된다. 같은 플라스틱 재료를 가지고 재료의 화학적 손상을 일으키지 않고도 여러 차례 성형하는 것이 가능하다. 폴리에틸렌, 폴리스티렌, 폴리염화비닐 등이 여기에 속한다.

❷ **열경화성 수지** : 열을 가하면 연화되지 않고 경화된다. 이 플라스틱은 완전히 경화된 상태에서 다시 열을 가하더라도 다른 모양으로 성형할 수 없다. 에폭시(epoxy) 수지, 폴리이미드 수지(polyimid resin), 페놀 수지(phenolic resin), 폴리에스테르 수지(polyester resin) 등이 열경화성 수지에 속한다.

Q 294
sealant curing에 영향을 미치는 요소는 무엇인가?

해답▶ sealant curing은 온도가 60℉ 이하일 때 가장 늦다. 대부분 sealant curing을 위한 가장 이상적인 조건은 상대 습도가 50%이고 온도는 77℉일 때이다. curing은 온도를 증가시키면 촉진되지만, sealant curing 하는 동안 언제라도 온도가 120℉을 초과해서는 안 된다. 열은 적외선 램프나 가열한 공기를 이용해서 가한다. 만약 가열한 공기를 사용한다면, 공기로부터 습기와 불순물을 여과해서 적절히 제거시켜야 한다.

Q 295
고무(rubber)에 대하여 설명하시오.

해답▶ 고무는 먼지나 습기 혹은 공기가 들어오는 것을 방지하고 액체, 가스 혹은 공기의 손실을 방지할 목적으로 사용된다. 또한, 진동을 흡수하고, 잡음을 감소시키며 충격 하중을 감소시키는 데도 사용된다. 고무라는 용어는 금속이라는 용어와 같이 포괄적인 의미를 가진다. 그러나 여기서의 고무는 천연고무뿐만 아니라 합성 고무(synthetic rubber), 또는 실리콘 고무(silicone rubber)까지 포함한다.

(1) 천연고무(natural rubber)

천연고무는 합성 고무 또는 실리콘 고무보다 더 좋은 가공성과 물리적 성질을 갖는다. 이들 성질은 신축성, 탄성, 인장 강도, 전단 강도, 유연성으로 인한 저온 가공성 등을 포함한다. 천연고무는 용도가 다양한 제품이다. 그러나 쉽게 변질되고 모든 영향에 대하여 저항성이 부족하기 때문에 항공용으로는 부적합하다. 비록 우수한 밀폐 능력을 갖고 있지만, 모든 항공기 연료나 나프타(naphtha) 등과 같은 용제에 의해 부풀거나 유연해지는 단점이 있다. 천연고무는 합성 고무보다 훨씬 잘 변질된다. 이 고무는 물-메탄올 계통(water-methanol system)에서의 밀봉재(sealing material)로 사용하고 있다.

(2) 합성 고무(synthetic rubber)

합성 고무는 여러 종류로 만들어지고 있으며, 각각 요구되는 성질을 부여하기 위하여 여러 가지 재료를 합성해서 만든다. 가장 널리 사용되는 것으로는 부틸(butyl), 부나(buna), 네오프렌(neoprene) 등이 있다.

① 부틸(butyl)은 가스 침투에 높은 저항력을 갖는 탄화수소 고무이다. 이 고무는 또한 노화에 대한 저항성도 있지만 물리적인 특성은 천연고무보다 상당히 적다. 부틸은 산소, 식물성 기름, 동물성 지방, 염기성(alkali), 오존 및 풍화 작용에 견딜 수 있다. 부틸은 천연고무와 마찬가지로 석유나 콜타르 용제(coal tar solvent)에 부풀어 오르며, 습기 흡입성은 낮으나 고온과 저온에는 좋은 저항력을 가지고 있다. 등급에 따라 -65℉에서 300℉의 온도 범위에서 사용이 가능하다. 부틸은 에스테르 유압유(skydrol), 실리콘 유체, 가스 케톤(ketone), 아세톤

등과 같은 곳에 사용한다.

② 부나(buna)-S는 처리나 성능 특성에 있어서 천연고무와 비슷하다. 부나-S는 천연고무와 같이 방수 특성을 가지며, 어느 정도 우수한 시효 특성을 가지고 있다. 열에 대한 저항성은 강하나 유연성은 부족하다. 부나-S는 일반적으로 가솔린, 오일(oil), 농축된 산(acid), 솔벤트 등에는 취약한 저항성을 갖는다. 부나-S는 천연고무의 대용품으로 타이어나 튜브에 일반적으로 사용한다.

③ 부나-N은 탄화수소나 다른 솔벤트에 대한 저항력은 우수하지만 낮은 온도의 솔벤트에는 저항력이 약하다. 부나-N 합성 고무는 300°F 이상의 온도에서 좋은 저항성을 가지고 있으며 -75°F까지 온도에 적용되는 저온 용도 있다. 부나-N은 균열이나 태양광, 오존에 대해 좋은 저항성을 가지고 있다. 또한, 금속과 접촉해서 사용될 때 내마모성과 절단 특성이 우수하다. 유압 피스톤(hydraulic piston)의 밀폐 실(seal)로 사용될 때에도 실린더 벽(cylinder wall)에 고착되지 않는다. 부나-N은 오일 호스나 가솔린 호스, 탱크 내벽(tank lining), 개스킷(gasket), 실(seal)에 사용된다.

④ 네오프렌(neoprene, 합성 고무의 일종)은 천연고무보다 더 거칠게 취급할 수 있고 더 우수한 저온 특성을 가지고 있다. 또한, 오존, 햇빛, 시효에 대한 특별한 저항성을 가지고 있다. 네오프렌은 고무처럼 보이고 그렇게 느껴진다. 그러나 네오프렌은 부틸이나 부나보다 몇 가지 특성에서 고무와 같은 특성이 좀 부족하다. 인장 강도, 신장력 등과 같은 네오프렌의 물리적 특성은 천연고무와 같지 않고 한정된 범위에서만 유사성을 가진다. 마모 저항과 마찬가지로 균열 저항도 천연고무보다는 조금 부족하다. 비록 변형에 대한 회복은 완전하게 이루어지나 천연고무처럼 신속하지 못하다. 네오프렌은 오일에 대해 우수한 저항성을 갖는다. 비록 비방향족 가솔린 계통(nonaromatic gasoline system)에는 좋은 재료이지만 방향족 가솔린 계통(aromatic gasoline system)에는 저항력이 약하다. 네오프렌은 주로 기밀용 실, 창문틀(window channel), 완충 패드(bumper pad), 오일 호스, 카뷰레터 다이어프램(carburetor diaphragm)에 주로 사용한다. 이것은 또한 프레온(freon)이나 규산염 에스테르(silicate ester) 윤활제와 함께 사용하기도 한다.

⑤ 다황화 고무(poly-sulfide rubber)로도 알려진 티오콜(thiokol)은 노화에 가장 높은 저항력을 갖지만, 물리적 성질에 있어서는 최하위를 차지한다. 일반적으로 티오콜은 석유(petroleum), 탄화수소(hydrocarbon), 에스테르(ester), 알코올(alcohol), 가솔린, 또는 물에 대하여 심각한 영향을 받지 않는다. 티오콜은 압축 방향, 인장 강도, 탄성, 그리고 인열 마멸 저항과 같은 물리적 성질에서 하위 등급을 차지한다. 티오콜은 오일 호스(oil hose), 방향족 항공기용 가솔린(AV-gas)을 위한 탱크 내벽(tank lining), 개스킷, 실(seal) 등에 사용한다.

⑥ 실리콘 고무(silicone rubber)는 규소(silicon), 수소, 탄소로 만들어진 플라스

틱 고무 재질에 속한다. 실리콘 고무는 우수한 열 안정성과 저온에서의 유연성을 갖는다. 이 고무는 개스킷, 실(seal) 또는 600°F까지의 고온이 작용하는 곳에 사용하기 적합하다. 실리콘 고무는 또한 −150°F에 이르는 저온에 대한 저항력을 갖는다. 실리콘 고무는 이 온도 범위에 걸쳐 경화되거나 점착(gumminess)되지 않으며, 유연성과 유용성이 유지된다. 비록 이 재료가 오일에는 우수한 저항력을 갖지만, 방향족 가솔린이나 비방향족 가솔린에는 좋지 못한 반응을 보인다. 가장 잘 알려진 실리콘 고무 중 한 가지인 실라스틱(silastic)은 전기 계통과 전자 장비의 절연에 사용된다. 폭넓은 온도 범위에 걸쳐 유연하고 잔금이 생기지 않기 때문에 절연 특성이 우수하고 특정 오일 계통의 개스킷이나 실(seal)로 사용하기도 한다.

Q 296

BMS5−95 B1/2 sealant에서 1/2의 의미는 무엇인가?

해답▶ application time으로 1/2시간(30분)을 의미한다.

Q 297

복합 소재의 종류에 대하여 설명하시오.

해답▶ ❶ **유리 섬유(glass fiber)** : 내열성과 내화학성이 우수하고 값이 저렴하여 강화 섬유로서 가장 많이 사용되고 있다. 유리 섬유의 형태는 밝은 흰색의 천으로 식별할 수 있고, 첨단 복합 소재 중 가장 경제적인 강화재이다.

❷ **탄소 섬유(carbon/graphite fiber)** : 열팽창 계수가 작기 때문에 사용 온도의 변동이 있더라도 치수 안정성이 우수하다. 그러므로 정밀성이 필요한 항공 우주용 구조물에 이용되고 있다. 탄소 섬유는 검은색 천으로 식별할 수 있다.

❸ **아라미드 섬유(aramid fiber)** : 다른 강화 섬유에 비하여 압축 강도나 열적 특성은 나쁘지만 높은 인장 강도와 유연성을 가지고 있으며 비중이 작기 때문에 높은 응력과 진동을 받는 항공기의 부품에 가장 이상적이다. 아라미드 섬유는 노란색 천으로 식별이 가능하다.

❹ **보론 섬유(boron fiber)** : 양호한 압축 강도, 인성 및 높은 경도를 가지고 있다. 그러나 작업할 때 위험성이 있고 값이 비싸기 때문에 민간 항공기에는 잘 사용되지 않고 일부 전투기에 사용되고 있다.

❺ **세라믹 섬유(ceramic)** : 높은 온도의 적용이 요구되는 곳에 사용된다. 이 형태의 복합 소재는 온도가 1200℃에 도달할 때까지도 대부분의 강도와 유연성을 유지한다.

Q 298

복합 소재의 장점 및 단점에는 어떤 것들이 있는가?

해답▶ (1) 복합 소재의 장점
① 중량당 강도비가 높다.
② 섬유 간의 응력 전달은 화학 결합에 의해 이루어진다.
③ 강성과 밀도비가 강 또는 알루미늄의 3.5~5배이다.
④ 금속보다 수명이 길다.
⑤ 내식성이 매우 크다.
⑥ 인장 강도는 강 또는 알루미늄의 4~6배이다.
⑦ 복잡한 형태나 공기 역학적 곡률 형태의 제작이 가능하다.
⑧ 결합용 부품(joint)이나 파스너(fastener)를 사용하지 않아도 되므로 제작이 쉽고 구조가 단순해진다.
⑨ 손쉽게 수리할 수 있다.

(2) 복합 소재의 단점
① 박리(delamination)에 대한 탐지와 검사가 어렵다.
② 새로운 제작 방법에 대한 축적된 설계 자료가 부족하다.
③ 비용이 비싸다.
④ 공정 설비 구축에 많은 예산이 든다.
⑤ 제작 방법의 표준화된 시스템이 부족하다.
⑥ 재료, 과정 및 기술이 다양하다.
⑦ 수리 지식과 경험에 대한 정보가 부족하다.
⑧ 생산품이 종종 독성과 위험성을 가지기도 한다.
⑨ 제작과 수리에 대한 표준화된 방법이 부족하다.

Q 299

복합 소재 부품의 수리 절차에 대하여 설명하시오.

해답▶ ① 초음파 검사나 tap test를 이용하여 손상된 부위를 검사한다.
② SRM(Structure Repair Manual), maintenance manual에 의거 손상된 skin을 절단한다(skin은 절단하려는 선과 같게 절단하고, core는 손상된 범위보다 최소 0.5인치 크게 절단한다).
③ sand paper를 사용하여 sanding한다.
④ MEK, acetone 등으로 세척한다.
⑤ 동일한 재질로 core plug를 제작한다.
⑥ 접착제 BMS 5-128, BMS 5-90을 사용하여 core plug를 장착한다.

⑦ manual을 참조하여 적층한다.
⑧ bagging 절차에 따라 진공 백을 설치한다.
⑨ manual을 참조하여 온도 및 시간을 설정한다.
⑩ NDI를 이용하여 수리 부위보다 2인치 넓게 검사한다.
⑪ control surface를 수리했을 때는 balancing check가 필요한지 manual을 참조한다.

Q 300
복합 소재를 취급할 때 주의 사항을 설명하시오.

해답▶ 복합 소재 제품은 피부, 눈, 폐 등에 매우 해로울 수 있다. 인체 건강에 단기 또는 장기적으로, 심각한 자극과 해를 입을 수 있다. 먼지 마스크는 유리 섬유 작업에 인가된 최소한의 필수품이며, 최선의 보호 방법은 먼지 필터를 갖춘 방독면을 착용하는 것이다. 만약 주위의 공기가 그대로 흡입된다면, 마스크는 착용한 사람의 폐를 보호할 수 없기 때문에, 방독면이나 먼지 마스크의 정확한 착용이 매우 중요하다. 수지 작업을 할 때, 발생하는 증기에 대한 보호를 위해 방독면을 착용하는 것은 매우 중요하다. 만약 오랜 시간 동안 유독성 물질로 작업을 해야 한다면, 두건(hood) 딸린 송풍식 마스크를 사용하는 것이 좋다. 긴 바지와 장갑까지 내려오는 긴소매를 입거나 보호 크림을 발라주면 섬유나 다른 미립자가 피부에 접촉되는 것을 방지할 수 있다. 보통 눈의 화학적인 손상은 회복될 수 없기 때문에 수지나 용제로 작업할 때는 통기구멍이 없는 누설 방지 고글을 착용하여 눈을 보호해야 한다.

Q 301
알루미늄 대신 복합 소재를 사용할 경우 얻을 수 있는 효과에는 어떤 것이 있는가?

해답▶ 인장 하중과 압축 하중에 대한 강도가 약 30% 높고, 무게를 20% 정도 감소시킬 수 있다.

Q 302
샌드위치(sandwich) 구조란 무엇인가?

해답▶ 샌드위치 구조는 두 개의 외판 사이에 가벼운 심재를 넣고 접착제로 접착시킨 구조로 심재(core)의 종류는 벌집형(honeycomb), 파형(wave), 거품형(form) 등이 있다. 보강재를 댄 외피보다 강성 및 강도가 크고 가벼워서 부분적인 좌굴(buckling)이나 피로에 강하며, 중량 경감의 효과가 크다. 또한, 음 진동에 잘 견디고 보온 방습성이 우수하나 집중 하중에 약하고 손상 상태를 파악하기 곤란하며 고온에 약하다.

Q 303

샌드위치(sandwich) 구조의 특성은 무엇인가?

해답▶ (1) 장점

① 무게에 비해 강도가 크다.　② 음 진동에 잘 견딘다.

③ 피로와 굽힘 하중에 강하다.　④ 보온 방습성이 우수하고 부식 저항이 있다.

⑤ 진동에 대한 감쇠성이 크다.　⑥ 항공기의 무게를 감소시킬 수 있다.

(2) 단점

① 손상 상태를 파악하기 어렵다.　② 집중 하중에 약하다.

Q 304

허니콤(honeycomb) 샌드위치 구조의 검사 방법은?

해답▶ ❶ **시각 검사** : 박리(delamination)를 조사하기 위해 광선을 이용하여 측면에서 본다.

❷ **촉각에 의한 검사** : 손으로 눌러 박리(delamination)를 검사한다.

❸ **습기 검사** : 비금속의 허니콤 패널 가운데에 수분이 침투되었는가 아닌가를 검사 장비를 사용하여 수분이 있는 부분은 전류가 흐르므로 미터의 흔들림에 의하여 수분 침투 여부를 검사할 수 있다.

❹ **실(seal) 검사** : 코너 실이나 갭 실이 나빠지면 수분이 들어가기 쉬우므로 만져 보거나 확대경을 이용하여 나쁜 상황을 검사한다.

❺ **금속 링(코인) 검사** : 판을 두드려 소리의 차이에 의해 들뜬 부분을 검사한다.

❻ **X선 검사** : 허니콤 패널 속에 수분의 침투 여부를 검사한다. 물이 있는 부분은 X선의 투과가 나빠지므로 사진의 결과로 그 존재를 알 수 있다.

❼ **초음파 검사** : 내부 손상을 검사할 때 이 방법을 사용한다.

Q 305

hot bonding과 cold bonding의 차이점을 설명하시오.

해답▶ (1) hot bonding

① 350℉ cure : 환경적인 요소와 온도 그리고 습기에 높은 저항력을 갖는 부분에 사용한다.

② 250℉ cure : L/E & T/E panel과 fairing 등에 사용한다.

(2) cold bonding
① 200℉ cure : permanent repair를 할 때 선택해서 사용한다.
② 150℉ cure : 현재 항공기 디자인에는 대체적으로 사용하지 않으며 temporary repair 방법으로 사용한다.

Q 306
페인팅(painting) 작업 전 절차에는 무엇이 있는가?

해답▶ ❶ cleaning : thinner. naphta, MEK 등으로 세척한다.

❷ masking : paint가 적용되지 않을 부분을 보호하기 위하여 종이와 테이프를 이용하여 가린다.

❸ 알칼리 세척 : 비눗물을 이용한다.

❹ 물 퍼짐 시험 : 완전히 세척이 안 되면 물방울이 동그랗게 맺힌다.

❺ 알로다이닝 : 알로다인 용액을 3~5분 적용 후 알루미늄 표면이 황금색으로 변할 때 씻어낸다.

Q 307
페인팅(painting) 작업의 절차에 대하여 설명하시오.

해답▶ ❶ **전처리** : 기계적 처리나 화학적 처리로 부식, 오일, 먼지 등을 제거한다.

❷ masking : paint가 적용되지 않을 부분과 세척 시 물이 들어가지 않도록 모든 틈새와 구멍을 막는다.

❸ **알칼리 및 물 세척** : 기름때, 먼지를 씻어낸다.

❹ **건조 및 솔벤트 세척** : 물 세척 후 남아 있는 기름때를 씻어낸다.

❺ **프라이머** : 부식 방지 및 페인트 접착력을 개선하기 위해 바른다.

❻ **표면을 매끄럽게 하기 위해 물 샌딩(sanding)을 한다.**

❼ top coat : 목적한 페인트를 사용해서 painting 작업을 한다.

❽ **다듬질** : 광택을 내기 위해 한다.

❾ marking : 명칭이나 필요한 심벌(symbol)을 표시한다.

※ 알로다인을 적용한 부분에 페인트를 할 경우에는 48시간 이내에 해야 하며, 48시간을 넘길 경우에는 알로다인을 제거하고 다시 알로다인을 적용시킨다.

Q 308
페인팅(painting) 작업 후 tape 작업을 하는 이유는?

해답▶ 페인트의 접착성을 테스트하기 위함이다.

Q 309
페인팅(painting) 작업을 할 때 알루미늄 합금의 경우 피복을 벗기고 프라이머 (primer)를 하기 전에 검사하는 사항은 무엇인가?

해답▶ 부식 검사를 한다.

Q 310
painting의 일반적인 두께는 얼마인가?

해답▶ 1회 coating 후 0.6~1.0mm이며 항공기의 일반적인 페인트 두께는 3~4mm 정도가 된다.

Q 311
테프론 페인트(teflon paint)란 무엇인가?

해답▶ ❶ 작동 부분에 사용되는 내마모성 페인트이다.
❷ L/E, T/E slot 부위 등 움직임으로 인해 맞닿는 곳에 사용한다.

Q 312
conductive paint란 무엇인가?

해답▶ 부도체에 생기는 정전기를 방출하기 위해 인위적으로 표면을 도체화 시켜주는 페인트로서 nose radome에 사용한다.

Q 313
날개의 연료 탱크 주변에 바르는 페인트는 무엇인가?

해답▶ corogard paint로 fuel leak 시 paint가 벗겨져 leak 부분을 쉽게 찾을 수 있다.

항공 발동기

제3장 항공 발동기

Q 1
왕복 엔진의 구비 조건은 무엇인가?

해답 ▶ ① 무게가 가벼울 것
② 신뢰성이 클 것
③ 경제성, 유연성, 평형성이 좋을 것

Q 2
왕복 엔진과 제트 엔진의 추력을 나타내는 단위는 무엇인가?

해답 ▶ ❶ 왕복 엔진 : 마력(HP)
❷ 제트 엔진 : 파운드(LBS)

Q 3
engine control 방법에 대하여 설명하시오.

해답 ▶ ❶ 왕복 엔진 : air control
❷ 제트 엔진 : fuel control

Q 4
engine 과열 시 악영향으로는 무엇이 있나?

해답 ▶ ① 혼합기의 연소 상태에 나쁜 영향을 미친다.
② 엔진 부품의 약화 및 수명을 단축시킨다.
③ 윤활 작용을 해친다.

Q 5
가솔린 엔진의 기본 사이클은 무엇인가?

해답 ▶ 오토 사이클

Q 6

마력이란 무엇인가?

해답▶ 동력을 측정하는 단위로 일의 양을 시간으로 나눈 값으로, 1초간에 75kg · m의 일을 할 때에 이것을 1마력이라 하고 1HP로 쓴다. 1마력은 75kg · m/s이다.

Q 7

제동 마력(brake horse power)이란 무엇인가?

해답▶ 엔진에 의하여 프로펠러나 혹은 다른 장치를 구동하기 위하여 얻어지는 실제적인 마력으로 지시 마력에서 마찰 마력을 뺀 마력을 말한다. 대부분의 항공기 엔진의 제동 마력은 지시 마력의 90% 정도이다.

Q 8

정격 마력(rated horse power)이란 무엇인가?

해답▶ 엔진을 보통 30분 정도 또는 계속해서 연속 작동을 해도 아무 무리가 없는 최대 마력을 말한다.

Q 9

다이너모미터(dynamometer)란 무엇인가?

해답▶ 엔진의 출력을 측정하기 위한 장치의 하나이다.

Q 10

왕복 엔진의 분류 방법은?

해답▶ ❶ **냉각 방법 :** 공랭식, 수랭식

❷ **실린더 배열 방법 :** 성형, 대향형, 직렬형, V형(요즘에는 대향형과 성형이 주로 사용됨)

Q 11

왕복 엔진의 기본 구성품은 무엇인가?

해답▶ 왕복 엔진의 기본 주요 부품은 crank case, cylinder, piston, connecting rod, valve, valve operating mechanism, crankshaft이다.

Q 12
실린더 배열에 의한 왕복 엔진의 분류는?

해답▶ 직렬형, 대향형, 성형, V형

Q 13
cylinder의 구비 조건 4가지는 무엇인가?

해답▶ ① 엔진 작동 중에 높은 온도로 인해 발생하는 내부 압력(internal pressure)에 견딜 수 있는 강도이어야 한다.
② 엔진의 중량을 줄이기 위해 경금속(lightweight metal)으로 제작되어야 한다.
③ 효율적인 냉각을 위해 열전도성이 우수해야 한다.
④ 제작, 검사 및 유지하기가 비교적 쉽고 비용이 저렴해야 한다.

Q 14
성형 엔진의 장단점은 무엇인가?

해답▶ ① 주로 중형 및 대형 항공기 엔진에 많이 사용되며, 장착된 실린더 수에 따라 200~3500마력의 동력을 낼 수 있다.
② 엔진당 실린더 수를 많이 할 수 있고 다른 형식에 비하여 마력당 무게비가 작으므로 대형 엔진에 적합하다.
③ 전면 면적이 넓어 공기 저항이 크고 실린더 열 수를 증가할 경우 뒷열의 냉각이 어려운 단점이 있다.

Q 15
공랭식 엔진의 장점은 무엇인가?

해답▶ ① 같은 마력의 수랭식 엔진보다 무게가 가볍다.
② 기온이 낮은 곳에서 작동하는 데 큰 영향을 받지 않는다.
③ 충격을 적게 받는다.

Q 16
왕복 엔진에서 총 배기량이란 무엇인가?

해답▶ 엔진의 총 배기량은 크랭크축이 2회전하는 동안 전체 피스톤이 배기한 총 용적이다.

Q 17
chock bore cylinder란 무엇인가?

해답▶ 열팽창을 고려하여 실린더 상사점 부근의 내부 직경이 스커트 끝보다 적게 만들어 정상 작동 온도에서 올바른 내경을 유지하는 실린더를 초크 보어 실린더라 한다.

Q 18
cylinder 표준 over size의 규격과 표시를 설명하시오.

해답▶ ① 질화 처리 : 청색
② 크롬 도금 : 주황색
③ 0.010인치 over size : 초록색
④ 0.015인치 over size : 노란색
⑤ 0.020인치 over size : 빨간색

Q 19
cylinder의 냉각 능력과 관련이 있는 것은?

해답▶ cylinder cooling fin의 면적

Q 20
cylinder baffle의 역할은 무엇인가?

해답▶ cylinder baffle은 공기가 모든 cylinder 주위를 고르게 흘러가도록 고안되고 배열되어 있는 금속으로 만들어진 실드(shield)이다. 균일한 공기 분배는 하나 이상의 cylinder가 다른 cylinder보다 과열되는 것을 방지한다.

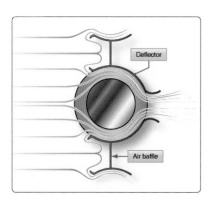

Q 21

cylinder head와 barrel의 접합 방법은?

해답▶ ① 나사 접합(threaded joint fit) : 현재 가장 많이 사용
② 수축 접합(shrink fit)
③ 스터드와 너트 접합(stud and nut fit)

Q 22

cylinder barrel 내부 표면 경화 방법은?

해답▶ 질화 처리

Q 23

valve seat의 장착 방법은?

해답▶ 재질은 청동이나 강으로 되어 있으며 밸브 시트는 드라이아이스로 수축시키고 실린더 헤드는 가열하여 shrinking 방법으로 장착하거나 혹은 나사로 실린더 헤드의 지정된 위치에 장착한다. 장착하기 전 바깥지름은 시트가 장착될 곳보다 0.007인치~0.015인치 크다.

Q 24

밸브 오버랩(valve overlap)이란 무엇인가?

해답▶ 배기 밸브와 흡입 밸브가 동시에 열려 있는 기간을 밸브 오버랩이라 한다. 배기가스의 배출 효과를 높이고 유입 혼합기의 양을 많게 하며, 유입 혼합기에 의해 실린더 내부를 냉각시키는 효과가 있으며, 체적 효율의 향상을 가져온다. 밸브 오버랩은 TDC(Top Dead Center) 전후 15° 범위를 말한다.

Q 25

밸브 오버랩(valve overlap)의 목적은 무엇인가?

해답▶ 배기가스의 배출 효과를 높이고 유입 혼합기의 양을 많게 하며, 유입 혼합기에 의해 실린더 내부를 냉각시키는 효과가 있으며, 체적 효율의 향상을 가져온다.

Q 26

밸브 오버랩(valve overlap) 시기는 언제인가?

해답▶ 배기 행정과 흡입 행정 사이

Q 27

흡입 밸브가 열리기 시작할 때는 어떤 행정인가?

해답▶ 배기 행정

Q 28

왕복 엔진에서 점화 시기는 언제인가?

해답▶ 압축 행정 중 상사점 전에서 점화 플러그에 의하여 점화되면서 연소, 폭발하게 된다.

Q 29

왕복 엔진 cylinder에서 압력이 가장 높을 때는 언제인가?

해답▶ 흡입 밸브 및 배기 밸브가 다 같이 닫혀 있는 상태에서 압축된 혼합 가스가 점화 플러그에 의해 점화되어 폭발하면 crankshaft의 회전 방향이 상사점을 지나 크랭크 각 10° 근처에서 cylinder의 압력이 최고가 되면서 피스톤을 하사점으로 미는 큰 힘이 발생한다.

Q 30

왕복 엔진에서 모든 cylinder가 폭발했을 때 crankshaft의 회전 각도는?

해답▶ 왕복 엔진은 4행정 엔진으로 crankshaft가 2회전하는 동안에 각각의 cylinder 는 한 번의 폭발이 일어난다.

Q 31

성형 엔진 하부 실린더의 유압 폐쇄(hydraulic lock) 방지하는 방법은 무엇인가?

해답▶ 긴 스커트(skirt)로 되어 있는 실린더를 사용하여 유압 폐쇄를 방지한다.

Q 32
체적 효율을 감소시키는 요인은?

해답▶ ① 밸브의 부적당한 타이밍
② 너무 작은 다기관 지름
③ 너무 많이 구부러진 다기관
④ 고온 공기 사용
⑤ 연소실의 고온
⑥ 배기 행정에서 불안전한 배기
⑦ 과도한 속도

Q 33
유압 폐쇄(hydraulic lock)란 무엇인가?

해답▶ 도립형 엔진의 실린더와 성형 엔진의 밑 부분의 실린더에 기관 정지 후 묽어진 오일이나 습기, 응축물 기타의 액체가 중력에 의해 스며 내려와 연소실 내에 갇혀 있다가 다음 시동을 시도할 때 액체의 비압축성으로 피스톤이 멈추고 억지로 시동을 시도하면 엔진에 큰 손상을 일으키는 현상으로, 이를 방지하기 위하여 긴 스커트(skirt)로 되어 있는 실린더를 사용하여 유압 폐쇄를 방지하고 오일 소모를 감소시킨다.

Q 34
piston ring의 종류 및 역할은 무엇인가?

해답▶ (1) 종류 : 압축 링, 오일 조절 링, 오일 와이퍼 링

(2) 역할
① 연소실 내의 압력을 유지하기 위한 밀폐 역할
② 과도한 윤활유가 연소실로 들어가는 것을 막는 밀봉 역할
③ 피스톤으로부터 열을 실린더 벽에 전달하는 열전도 역할

Q 35
piston head 모양의 종류는 무엇이 있는가?

해답▶ 피스톤 헤드의 모양은 평면형(flat type), 컵형(cup type), 오목형(recessed type), 돔형(dome type) 및 반원뿔형(truncated cone type) 등이 있으나 이들 중에서 평면형이 가장 널리 쓰이고 있다.

Q 36
piston ring의 장착 목적은 무엇인가?

해답 ① 연소실 내의 압력을 유지하기 위한 밀폐 역할
② 과도한 윤활유가 연소실로 들어가는 것을 막는 밀봉 역할
③ 피스톤으로부터 열을 실린더 벽에 전달하는 열전도 역할

Q 37
piston ring의 재질은 무엇인가?

해답 피스톤 링은 마멸에 잘 견디고 고온에서도 기밀을 위한 스프링 작용이 좋으며 열전도율이 좋은 고급 회주철로 만들어져 있다. 또, 압축 링의 표면에 크롬 도금을 하여 내마멸성을 크게 함으로써 수명을 연장시키기도 한다.

Q 38
piston ring의 끝 간격이란 무엇인가?

해답 피스톤 링의 끝은 엔진이 작동될 때의 열팽창을 고려하여 링 홈에 링을 끼운 상태에서 끝 간격을 가지도록 해야 한다. 피스톤 링을 장착할 때는 가스의 누설을 방지하기 위하여 끝 간격이 피스톤의 한쪽 방향으로만 일직선으로 배열되지 않도록 해야 한다. 왜냐면 끝 간격으로 압력이 누설될 염려가 있기 때문에 보통 360°를 피스톤 링 수로 나눈 각도로 엇갈리게 장착하면 된다.

Q 39
piston ring의 간격은 어떻게 측정하는가?

해답 piston ring의 간격은 끝 간격과 옆 간격을 측정하는 데 간격을 측정할 수 있는 thickness gage나 feeler gage를 이용하여 측정한다.

Q 40
piston에서 링 홈과 홈 사이의 간격을 무엇이라 하는가?

해답 홈과 홈 사이를 groove land 또는 land라 한다.

Q 41

크롬 도금한 piston ring을 사용할 때 주의 사항은?

해답 ▶ piston ring의 표면을 크롬으로 도금한 압축 링은 steel로 제작된 실린더 벽에 사용해야 하며, 크롬으로 도금한 cylinder에는 사용할 수 없다. 크롬 도금 cylinder 에는 주철 링만을 사용해야 한다.

Q 42

피스톤이 압축 행정 상사점 몇 도 전에서 점화가 일어나게끔 맞춰진 이유는 무엇 인가?

해답 ▶ 연료, 공기 혼합 가스의 완전 연소와 최대 압력을 내기 위한 시간을 허용하는 것이다.

Q 43

왕복 엔진에 가장 많이 사용되는 밸브 페이스(valve face)의 각도는?

해답 ▶ 밸브 페이스(valve face)는 보통 30°나 45°의 각도로 연마되어 있으며 어떤 엔 진에서는 흡입 밸브 페이스는 30°의 각도로 되어 있고, 배기 밸브 페이스는 45°로 되 어 있다. 30°는 공기 흐름을 잘하게 하고, 45°는 밸브로부터 밸브 시트까지 증가된 열의 흐름을 잘되게 한다.

Q 44

배기 밸브(exhaust valve)에 대하여 설명하시오.

해답 ▶ ❶ 고온에서 작동하며 혼합기의 냉각 효과를 받지 못하므로 급속히 열을 방출 하게 설계되어 있다.

❷ 열을 방출하기 위하여 밸브 스템(stem)과 헤드(head)를 비어 있게 하며, 빈 공간 에 금속 나트륨이 들어 있는데, 금속 나트륨은 200°F 이상이면 녹아서 valve stem 의 공간을 왕복하면서 열을 valve guide를 통하여 cylinder head로 방출시킨다.

Q 45

왕복 엔진에 많이 사용되는 밸브의 형태는?

해답▶ 대부분 왕복 엔진은 포핏형(poppet type)을 많이 사용하는데, 밸브 형상에 따라 버섯(mushroom) 또는 튤립(tulip) 모양이 있다.

Q 46
배기 밸브 내부에 채워진 물질과 역할은 무엇인가?

해답▶ 열을 방출하기 위하여 valve stem과 head를 비어 있게 하며, 빈 공간에 금속 나트륨이 들어 있는데, 금속 나트륨은 200℉ 이상이면 녹아서 valve stem의 공간을 왕복하면서 열을 valve guide를 통하여 cylinder head로 방출시킨다.

Q 47
배기 밸브의 내부에 금속 나트륨을 넣는 이유는 무엇인가?

해답▶ 밸브의 냉각을 위해서

Q 48
valve clearance에 대하여 설명하시오.

해답▶ ❶ 밸브 간격은 밸브 스템(valve stem)과 로커 암(rocker arm) 사이의 간격을 말한다.

❷ 밸브 간격이 규정보다 크면 밸브가 늦게 열리고 빨리 닫힌다.

❸ 밸브 간격이 규정보다 작으면 밸브가 빨리 열리고 늦게 닫힌다.

❹ 밸브의 냉간 간격은 일반적으로 열간 간격보다 작다. 열간 간격과 냉간 간격의 차이는 실린더가 푸시 로드보다 열팽창이 크기 때문이다. 보통 엔진의 열간 간격은 0.070″이고 냉간 간격은 0.010″이다.

❺ 성형 엔진의 밸브 간격 조절은 푸시 로드의 힘이 가해지지 않는 압축 행정 상사점에서 조절 나사를 돌려서 할 수 있는데, 시계 방향으로 돌리면 간격이 작아지고 반시계 방향으로 돌리면 간격이 커진다.

❻ 유압식 밸브 리프터(hydraulic valve lifter)는 오버홀(overhaul) 시기에 간격을 점검하여 간격이 너무 크면 더 긴 푸시 로드를 사용하고, 간격이 너무 작으면 더 짧은 푸시 로드를 사용하여 장착한다.

Q 49

hydraulic valve lifter가 있는 엔진의 밸브 간격의 조절은 어떻게 하는가?

해답 ▶ hydraulic valve lifter는 보통 오버홀(overhaul) 시기에 조절된다. hydraulic valve lifter는 윤활을 하지 않은 건식 상태로 조립하여 간격을 점검하고, 간격 조절은 서로 길이가 다른 푸시 로드를 사용하여 조절한다. 밸브 간격은 최소 및 최대 밸브 간격이 설정되어 있다. 이러한 최소와 최대 한계치 내의 측정된 값은 허용되지만, 대략 최대와 최소 사이의 중간값이 바람직하다.

Q 50

hydraulic valve lifter를 사용하는 이유는 무엇인가?

해답 ▶ hydraulic valve lifter는 나사 조절식에 비해 정비가 거의 필요하지 않으며, 윤활이 잘되며, 작동 소음이 작다.

Q 51

valve clearance가 있는 이유는 무엇인가?

해답 ▶ rocker arm과 valve stem 사이의 간격을 말하며 열간 간격은 0.070″, 냉간 간격은 0.010″이고 간격이 너무 작으면 밸브가 빨리 열리고 늦게 닫히고 밸브 시트에 잘 맞게 붙지 못한다. 그 결과로 엔진이 불규칙하게 작동을 하고, 밸브 간격이 너무 크게 되면 밸브가 늦게 열리고 빨리 닫히게 되므로 밸브 오버랩의 각도가 작아지는 결과를 가져온다. 또한, 밸브 작동 기구의 각 접촉부에서의 충격이 크게 되고 마모를 빠르게 하며 소음도 커지게 된다.

Q 52

valve clearance의 측정은 어떻게 하는가?

해답 ▶ 흡입 밸브와 배기 밸브의 밸브 스템과 로커 암 사이에서 thickness gage 또는 filler gage로 측정한다.

Q 53

valve clearance가 너무 크면 어떻게 되는가?

해답 ▶ 밸브 간격이 규정보다 크면 밸브가 늦게 열리고 빨리 닫히게 되므로 밸브 오버랩이 감소하여 정상보다 적은 양의 공기가 실린더 안으로 유입되기 때문에 혼합비를 농후하게 만든다. 또한, 밸브 작동 기구의 각 접촉부에서의 충격이 크게 되고 마모를 빠르게 하며 소음도 커지게 된다. 밸브 간격이 규정보다 작으면 밸브가 빨리 열리고 늦게 닫히게 되므로 밸브 오버랩이 증가하여 정상보다 많은 양의 공기가 실린더 안으로 유입되어 혼합비는 희박해진다.

Q 54
valve clearance 조절은 어느 행정에서 하는가?

해답▶ 압축 행정

Q 55
밸브 스프링(valve spring)이 2중으로 되어 있는 이유는 무엇인가?

해답▶ ❶ 밸브 스프링은 나선형으로 감겨진 방향이 서로 다르고 스프링의 굵기와 지름이 다른 2개의 스프링을 겹쳐서 사용한다.

❷ 하나의 스프링을 사용한다면 스프링의 자연적인 진동 때문에 파도치는 것과 같은 요동이 밸브에 생기는데, 두 개 이상의 스프링은 엔진이 작동할 동안 스프링 진동을 흡수하여 없앤다.

❸ 1개의 스프링이 부러지더라도 나머지 1개의 스프링이 제 기능을 할 수 있도록 2중으로 만들어 사용한다.

Q 56
왕복 엔진에 일반적으로 사용되는 베어링의 종류는?

해답▶ ball bearing, roller bearing, plain bearing

Q 57
propeller shaft의 3가지 형식은 무엇인가?

해답▶ 테이퍼(tapered), 스플라인(splined), 플랜지(flange)이다. 일반적으로 테이퍼형 propeller shaft는 구형 엔진과 소형 엔진에 사용된다. 고출력 성형 엔진의 propeller shaft는 대체로 스플라인으로 되어 있다. 플랜지형 propeller shaft는 대부분 최신 왕복 엔진과 터보프롭 엔진에서 사용된다.

Q 58
crankshaft의 재질은 무엇인가?

해답▶ 보통 crankshaft는 크롬 – 니켈 – 몰리브덴의 고강도 합금강을 단조하여 만든다.

Q 59
crankshaft에서 dynamic damper의 역할은 무엇인가?

해답▶ dynamic damper는 crankshaft의 변형이나 비틀림 및 진동을 줄여주기 위해 사용한다.

Q 60
crankshaft의 변형이나 진동을 막아주기 위해 무엇을 사용하는가?

해답▶ dynamic damper

Q 61
crank pin의 중간이 비어 있는 이유는 무엇인가?

해답▶ crankshaft의 전체 무게를 감소시키고 윤활유의 통로 역할을 하며 불순물의 저장소 역할을 할 수 있도록 가운데 속이 비어 있는 형태의 것으로 만든다.

Q 62
crankshaft의 휨 측정 시 사용하는 공구는 무엇인가?

해답▶ dial gage는 축의 변형이나 편심, 휨, 축단 이동 등을 측정하는 데 사용된다.

Q 63
대형 성형 엔진에서 추력 베어링으로 사용되는 것은?

해답▶ ball bearing

Q 64
왕복 엔진의 crankshaft에 사용되는 베어링은 무엇인가?

해답▶ roller bearing은 고출력 항공기 엔진의 crankshaft를 지지하는 주 베어링으로 많이 사용된다.

Q 65
프로펠러 감속 기어의 사용 목적은 무엇인가?

해답▶ 감속 기어의 목적은 최대 출력을 내기 위하여 고회전할 때 프로펠러가 엔진 출력을 흡수하여 가장 효율 좋은 속도로 회전하게 하는 것이다. 프로펠러는 블레이드 끝 속도가 표준 해면 상태에서 음속에 가깝거나 음속보다 빠르면 효율적인 작용을 할 수가 없다. 프로펠러는 감속 기어를 사용할 때 항상 엔진보다 느리게 회전한다.

Q 66
성형 엔진에서 가장 나중에 장탈해야 하는 실린더는?

해답▶ master connecting rod가 장착되는 실린더를 master cylindcr라 하는데, 가장 늦게 장탈하고 장착 시에는 가장 먼저 장착한다. 또한, master connecting rod는 crankshaft의 crank pin에 연결되어 정확한 원운동을 한다.

Q 67
supercharger란 무엇인가?

해답▶ 고도의 변화에 따라 밀도가 낮아지므로 공기 밀도를 보상해주고 흡입 가스를 압축시켜 많은 양의 혼합 가스 또는 공기를 실린더로 밀어 넣어 큰 출력을 내도록 하는 장치이다. 작은 출력의 기관을 장착한 소형 항공기와 고고도 비행만을 하는 항공기와 소형 기관에는 과급기가 필요 없으므로 특별한 목적 외에는 과급기를 장착하지 않는다.

Q 68
supercharger의 사용 목적은 무엇인가?

해답▶ ① 흡입 가스를 압축시켜 많은 양의 혼합 가스 또는 공기를 실린더로 밀어 넣어 큰 출력을 내기 위해
② 출력의 감소를 작게 하여 비행 고도를 높이기 위해
③ 항공기 이륙 때의 짧은 시간(1~5분) 동안 최대 마력을 증가시키기 위해
④ 매니폴드 압력 증가에 의한 평균 유효 압력의 증가를 위해

Q 69
supercharger의 종류는 무엇이 있는가?

해답 supercharger의 종류는 원심식, 루츠식 및 베인식이 있는데, 현재 항공용 왕복 엔진의 supercharger로는 원심식이 많이 사용되고 있다.

Q 70
원심식 supercharger의 종류는 무엇이 있는가?

해답 원심식 supercharger의 임펠러를 구동시키는 방법에는 크랭크축의 회전력을 기어로 전달받아 기계적 구동 방법으로 임펠러를 회전시켜 주는 기계식과 실린더 배기가스 에너지를 이용하여 터빈을 회전시키고 이 터빈과 연결된 임펠러를 구동시키는 배기 터빈식의 두 가지가 이용된다.

Q 71
대부분의 외부 구동식 supercharger는 무엇으로 구동되는가?

해답 엔진 배기가스의 에너지에서 얻은 동력으로 구동되는 외부 구동식 supercharger는 유입되는 공기를 압축시키는 impeller를 turbine이 직접 구동시킨다. 이러한 이유 때문에 외부 구동식 supercharger는 turbo supercharger 또는 turbocharger라고 부른다.

Q 72
turbo supercharger의 속도는 무엇이 조절하는가?

해답 waste gate는 turbine wheel을 통과하는 배기가스의 양을 조절하여 회전 속도를 조절한다.

Q 73
supercharger가 작동할 때 매니폴드 압력은?

해답 supercharger를 장착한 엔진의 매니폴드 압력은 30inHg 이상으로 올라간다. 즉, 매니폴드 압력이 30inHg 이상일 때 과급된 것으로 간주한다.

제3장 항공 발동기 159

Q 74

왕복 엔진의 매니폴드 압력이 증가하면 어떤 현상이 일어나는가?

해답 ❶ 엔진 실린더에 공급되는 혼합기의 무게를 증대시킨다. 일정 온도에서 일정량의 혼합기의 무게는 혼합기의 압력에 의하여 결정된다. 만약 일정량의 가스의 압력이 증가하면 그 가스의 무게는 밀도가 증가하기 때문에 증가한다.

❷ 압축 압력을 증가시킨다. 특정한 엔진에서 압축비는 일정하다. 그러므로 압축 행정 초기에 혼합기의 압력이 크면 압축 행정 끝에 혼합기의 압력이 더 커져서 압축 압력은 더 크게 된다.

Q 75

왕복 엔진을 시동할 때 cowl flap의 위치는 어떻게 되는가?

해답 cowl flap은 cylinder 온도에 따라 open/close 할 수 있도록 조종석과 기계적 또는 전기적 방법으로 연결되어 있다. 냉각 공기의 유량을 조질함으로써 엔진의 냉각 효과를 조절하는 장치이다. 더 많은 냉각을 위해 cowl flap을 펼쳤을 때 항력을 발생시키고 공기의 정상적인 흐름을 방해한다. 따라서 이륙 시에는 엔진을 온도 상한선 이하로 유지할 만큼만 cowl flap을 open한다. 지상 작동 시에는 항력이 문제되지 않으므로 냉각이 최대로 되도록 cowl flap을 full open한다.

Q 76

cowl flap을 열면 어떻게 되는가?

해답 cowl flap을 열면 출구 면적이 증가하여 cylinder 위로 흐르는 냉각 공기의 흐름이 증가하여 많은 열을 흡수하여 방출하기 때문에 엔진 온도가 감소하는 경향을 보인다.

Q 77

detonation이란 무엇인가?

해답 비정상적인 연소로서 실린더 안에서 점화가 시작되어 연소, 폭발하는 과정에서 화염 전파 속도에 따라 연소가 진행 중일 때 아직 연소되지 않은 혼합 가스가 자연 발화 온도에 도달하여 순간적으로 폭발하는 현상으로, 디토네이션이 발생하면 실린더 내부의 압력과 온도가 비정상적으로 급상승하여 심한 진동이 발생하며 피스톤, 밸브 또는 커넥팅 로드 등이 손상되는 경우가 있다.

Q 78
detonation을 방지하는 방법은?

해답 ▶ 적당한 옥탄가의 연료를 쓰거나 매니폴드 압력 및 실린더 안의 온도를 낮추어 준다.

Q 79
왕복 엔진에서 압축비란 무엇인가?

해답 ▶ 피스톤이 상사점에 있을 때의 체적과 하사점에 있을 때의 체적의 비를 말한다.

Q 80
pre-ignition은 무엇인가?

해답 ▶ 정상적인 불꽃 점화가 시작되기 전에 비정상적인 원인으로 발생하는 열에 의하여 밸브, 피스톤 또는 점화 플러그와 같은 부분이 과열되어 혼합 가스가 점화되는 현상이다.

Q 81
after fire는 무엇인가?

해답 ▶ 혼합비가 과 농후 상태로 되면 연소 속도가 느려져 배기 행정이 끝난 다음에도 연소가 진행되어 배기관을 통하여 불꽃이 배출되는 현상을 말한다.

Q 82
back fire는 무엇인가?

해답 ▶ 아주 희박한 혼합 가스는 흡입 계통을 통하여 엔진에 역화 현상을 일으켜 엔진이 완전히 정지하는 수가 있다. 역화(back fire)는 불꽃의 전파 속도가 느리기 때문에 일어나는데, 이 현상은 연료와 공기의 혼합물이 엔진 사이클이 끝났을 때에도 타고 있기 때문에 흡입 밸브가 열려서 들어오는 새로운 혼합 가스에 불꽃을 붙여 주어 불꽃이 매니폴드나 기화기 안의 혼합 가스로까지 인화될 수 있다. 불꽃의 전파 속도가 느린 것은 혼합 가스가 희박하기 때문이다.

Q 83
back fire의 원인은 무엇인가?

해답 ▶ 희박한 혼합비에 의해 발생한다.

Q 84
knocking 현상이란 무엇인가?

해답 ▶ 혼합 가스를 연소실 안에서 연소시킬 때에 압축비를 너무 크게 할 경우 점화 플러그에 의해서 점화된 혼합 가스가 연소하면서 화염면이 정상적으로 전파되다가 나머지 연소되지 않은 미연소 가스가 높은 압력으로 압축됨으로써 높은 압력과 높은 온도 때문에 자연 발화를 일으키면서 갑자기 폭발하는 현상을 말한다. 노킹이 발생하면 노킹음이 발생하고 실린더 안의 압력과 온도가 비정상적으로 급격하게 올라가며 기관의 출력과 열효율이 떨어지고 때로는 기관을 파손시키는 경우도 발생하게 된다. 노킹은 과급 압력이 높거나 흡입 공기 온도가 높으면 발생되기 쉬우나 점화 시기를 늦추면 발생되지 않는다. 또 앤티노크성이 큰 연료를 사용하여 방지한다.

Q 85
knocking 방지법은 무엇인가?

해답 ▶ 점화 시기를 늦추거나 앤티노크성이 큰 연료를 사용하여 방지한다.

Q 86
항공용 가솔린의 구비 조건은 무엇인가?

해답 ▶ ① 발열량이 커야 한다.
② 기화성이 좋아야 한다.
③ 증기 폐쇄(vapor lock)를 잘 일으키지 않아야 한다.
④ 앤티노크성(anti-knocking value)이 커야 한다.
⑤ 안전성이 커야 한다.
⑥ 부식성이 적어야 한다.
⑦ 내한성이 커야 한다.

Q 87

kick back 현상이란 무엇인가?

해답 ▶ 혼합기가 조기 점화하여 연소 압력이 피스톤을 역방향으로 힘을 가해 크랭크 샤프트가 역회전하는 현상을 말한다.

Q 88

실린더의 압축력이 정상이 되지 못하는 이유는 무엇인가?

해답 ▶ ① 부정확한 밸브 간극
② 피스톤 링의 마멸 또는 손상
③ 피스톤 링이나 실린더 벽의 과도한 마모
④ 피스톤의 마모 또는 손상
⑤ 밸브 시트(valve seat)나 밸브 페이스(valve face)의 접촉 불량
⑥ 빠르거나 느린 밸브 개폐 시기

Q 89

항공용 가솔린 색깔이 의미하는 것은 무엇인가?

해답 ▶ 각 등급의 가솔린은 옥탄가 혹은 성능 번호를 가지며, 조종사와 정비사가 연료의 각 등급을 식별할 수 있도록 표준 색깔로 물들여져 있다. 가솔린의 색깔은 앤티노크성에 의해 정해져 있으므로 4에틸납의 함유량에 관계되며, 4에틸납이 없는 가솔린의 색깔은 무색이다.

등급	80/87	91/98	100/130	108/135	115/145
색깔	적색	청색	녹색	감색	자색
4에틸납 함유량 (1u.s gal당)	0.5mL	2.0mL	3.0mL	3.0mL	4.6mL
발열량 (kcal/kg)	10,500	10,500	10,500	10,528	10,528

Q 90

CFR 엔진이란 무엇인가?

해답 ▶ 가솔린의 앤티노크성을 측정하는 장치로 C.F.R(Cooperative Fuel Research)

이라는 압축비를 변화시키면서 작동시킬 수 있는 기관이 사용된다. C.F.R 기관은 액랭식의 단일 실린더 4행정 기관으로서, 이 기관을 이용하여 어떤 연료의 앤티노크성을 앤티노크성의 기준이 되는 표준 연료의 앤티노크성과 비교하여 측정하며 옥탄가 또는 퍼포먼스 수로 나타낸다.

Q91
옥탄가 80인데 옥탄가가 100인 연료를 사용하지 못하는 이유는?

해답▶ 제폭성, 즉 연료의 이상 폭발 현상이 일어나는 것을 방지하는 것에 대하여 차이가 있기 때문에 사용할 수 없다.

Q92
옥탄가 70은 무엇을 의미하는가?

해답▶ 가솔린은 이소옥탄과 노말 헵탄으로 구성되는데, 옥탄가가 70이라는 말은 이소옥탄이 70%를 차지하고 나머지 30%는 노말 헵탄으로 구성되어 있다.

Q93
퍼포먼스 수(performance number)란 무엇인가?

해답▶ ❶ 일정한 압축비에서 흡기관 압력을 증가시키면서 이소옥탄만으로 이루어진 표준 연료로 작동했을 때, 노킹을 일으키지 않고 낼 수 있는 최대 출력과 같은 압축비에서 흡기관 압력을 증가시키면서 어떤 시험 연료를 사용하여 노킹을 일으키지 않고 낼 수 있는 최대 출력과의 비를 백분율로 표시한 것이다.

❷ 일반적으로 퍼포먼스 수는 100 이상의 수치로 나타나게 되며, 100 이상의 값은 그만큼 앤티노크성이 증가된 것이다. 옥탄가는 100 이상은 없으나 퍼포먼스 수는 100 이상 또는 이하의 수로 앤티노크성을 나타낼 수 있다.

❸ 예들 들면, 같은 엔진 작동 조건, 같은 엔진에서 이소옥탄의 퍼포먼스 수를 100으로 잡고 앤티노크제인 4에틸납을 섞은 시험 연료로 흡기관 압력을 증가시켜 작동시킨 결과 30% 더 많은 출력을 냈다면 이때의 퍼포먼스 수는 130이다.

❹ 같은 연료를 사용하여 작동하더라도 희박 혼합 가스로 작동할 때보다 농후 혼합 가스로 작동할 때가 앤티노크성이 크다. 따라서, 옥탄가나 퍼포먼스 수는 작은 값과 큰 값의 두 개로 나타낸다. 예를 들면 91/98, 100/130, 115/145 등으로 표시한다. 이때 작은 값은 희박 혼합 가스 상태로 작동할 때의 퍼포먼스 수이며, 큰 값은 농후 혼합 가스로 작동할 때의 값을 나타낸다.

Q 94
주 미터링(main metering) 장치의 기능 3가지는 무엇인가?

해답▶ ① 연료와 공기 혼합기의 비율을 맞춘다.
② 방출 노즐의 압력을 저하시킨다.
③ 최대 전개 시 공기 흐름을 조정한다.

Q 95
혼합기 조종 장치(mixture control)의 주 기능은 무엇인가?

해답▶ ① 고고도에서 혼합기가 과도하게 농후하게 되는 것을 방지한다.
② 실린더 헤드 온도가 너무 높아지지 않는 저출력 범위 내에서 연료를 절감한다.

Q 96
이코노마이저(economizer)란 무엇인가?

해답▶ ① 엔진의 출력이 순항 출력보다 큰 출력일 때 농후 혼합비를 만들어 주기 위하여 추가적으로 충분한 연료를 공급하는 장치를 말한다.
② 이코노마이저 장치의 종류에는 니들 밸브식, 피스톤식, 매니폴드 압력식 등이 있다.

Q 97
이코노마이저(economizer)가 작동하는 시기는 언제인가?

해답▶ 엔진의 출력이 순항 출력보다 큰 출력일 때

Q 98
가속 장치(acceleration system)란 무엇인가?

해답▶ 기관의 출력을 빨리 증가시키기 위하여 스로틀 밸브를 갑자기 열어 기관을 가속시킬 때에 스로틀 밸브가 열리면서 공기량은 즉시 증가하지만 공기보다 비중이 큰 연료는 즉시 빨려 나가지 못하므로 이러한 문제점을 보완해 주기 위하여 스로틀 밸브를 갑자기 여는 순간에만 더 많은 연료를 강제적으로 분출시켜 공기량 증가에 적당한 혼합 가스가 유지될 수 있도록 한 것이다.

Q 99

AMC(Automatic Mixture Control)란 무엇인가?

해답 해당 출력에 적합한 혼합비가 되도록 연료량을 조절하거나 고도 증가에 따른 공기 밀도의 감소로 인하여 혼합비가 농후 상태로 되는 것을 방지해준다. AMC는 혼합비 조절 밸브를 고도의 증감에 따른 기압의 변화로 벨로(bellow)의 수축, 팽창을 이용하여 밸브가 열리고 닫히도록 자동적으로 해준다.

Q 100

부자식 기화기와 압력 분사식 기화기의 차이점은 무엇인가?

해답 ❶ 부자식 기화기는 비행 자세의 변화에 따라 부자실의 연료 유면의 높이가 변화하게 되어 기관의 작동 역시 불규칙하게 되고 기화기 결빙이 생긴다. 벤투리가 연료의 분무와 연료 유량 조절의 두 가지 작용을 한다.

❷ 압력 분사식 기화기는 벤투리가 단순히 연료의 유량 조절 역할을 할 뿐이며, 연료의 분무는 분사 노즐의 분사 압력에 의해 이루어진다. 장점은 벤투리의 저항이 적고, 비행 자세에 영향을 받지 않으며, 증기 패쇄가 없고, 기화기의 결빙 현상이 거의 없으며, 연료의 분무화와 혼합비의 조정이 좋다.

Q 101

압력 분사식 기화기에 대하여 설명하시오.

해답 ① 기화기의 결빙 현상이 거의 없다.

② 비행 자세에 관계없이 정상적으로 작동하고 중력이나 관성에도 거의 영향을 받지 않는다.

③ 어떠한 엔진 속도와 하중에도 연료가 정확하게 자동으로 공급된다.

④ 압력하에서 연료를 분무하므로 엔진 작동이 유연하고 경제성이 있다.

⑤ 출력 맞춤이 간단하고 균일하다.

⑥ 연료의 비등과 증기 폐쇄를 방지하는 장치가 마련되어 있다.

Q 102

기화기 결빙으로 인한 영향은 무엇인가?

해답 출력 감소, 엔진 진동, 엔진 시동 시 역화 등

Q 103

기화기의 결빙이 일어나는 원인은?

해답▶ ① 연료의 증발이 냉각 작용을 하므로
② 0℃ 이하의 엔진 부품과 접촉하는 대기 중의 수증기에 의해
③ 스로틀이나 스로틀 근처의 공기 중에 모여진 수증기의 빙결 때문에

Q 104

기화기 결빙에 대한 안전 조치에는 어떠한 것들이 있는가?

해답▶ ① 이륙 전에 기화기 히터의 작동을 점검한다.
② 활공이나 착륙하기 위하여 출력을 감소할 때에는 기화기 히터를 사용한다.
③ 결빙이 일어날 거라고 판단할 때는 언제나 기화기 히터를 사용한다.

Q 105

왕복 엔진의 연료에 쓰이는 첨가제의 종류와 첨가제를 쓰는 이유는 무엇인가?

해답▶ ❶ **첨가제의 종류** : 4에틸납, 아닐린, 요오드화 에틸, 에틸 알코올, 크실렌, 톨루엔, 벤젠

❷ **이유** : antiknock의 성질을 높이기 위하여 연료에 자연 발화가 잘 일어나지 않게 하는 앤티노크제를 섞어 인공적으로 앤티노크성을 향상시키는 방법을 사용한다.

Q 106

증기 폐쇄(vapor lock)란 무엇인가?

해답▶ ❶ 기화성이 너무 좋은 연료를 사용하면 연료 라인을 통하여 흐를 때에 약간의 열만 받아도 증발하여 연료 속에 거품이 생기기 쉽고, 이 거품이 연료 라인에 차게 되면 연료의 흐름을 방해하는 것을 말한다.

❷ 증기 폐쇄가 발생하면 기관의 작동이 고르지 못하거나 심한 경우에는 기관이 정지하는 현상을 일으킬 수 있다.

❸ 증기 폐쇄를 없애기 위해서 승압 펌프(boost pump)를 사용하는데, 고고도에서 승압 펌프를 작동함은 증기 폐쇄를 없애기 위함이다.

Q 107

증기 폐쇄(vapor lock)가 발생했을 때의 조치 사항은 무엇인가?

해답 ① 연료 온도를 낮춘다.
② 연료 압력을 높인다.
③ 연료 라인을 열 부분과 분리한다.
④ 연료의 기화성을 조절한다.
⑤ 연료 라인의 급격한 구부러짐을 피한다.

Q 108

기화성이 너무 높은 연료를 사용할 때 발생할 수 있는 문제는?

해답 fuel line에 vapor lock이 발생하여 엔진으로의 연료 흐름이 차단될 수 있다.

Q 109

승압 펌프(boost pump)의 기능은 무엇인가?

해답 압력식 연료 계통에서 주 연료 펌프는 기관이 작동하기 전까지는 작동되지 않는다. 따라서, 시동할 때나 또는 엔진 구동 주 연료 펌프가 고장일 때와 같은 비상시에는 수동식 펌프나 전기 구동식 승압 펌프가 연료를 충분하게 공급해 주어야 한다. 또한, 이륙, 착륙, 고고도 시 사용하도록 되어 있다.

Q 110

승압 펌프(boost pump)의 형식은?

해답 전기식 승압 펌프의 형식은 대개 원심식이다.

Q 111

왕복 엔진 main fuel pump의 형식은 무엇인가?

해답 vane type

Q 112

fuel pump의 윤활은 무엇으로 하는가?

해답 연료 자체로 윤활을 한다.

Q 113
fuel pump의 relief valve가 열리면 연료는 어디로 가는가?

해답▶ relief valve는 출구 쪽 압력이 정해 놓은 압력보다 높을 때 연료를 pump inlet 쪽으로 되돌려 보내 연료 압력을 일정하게 유지하는 역할을 한다.

Q 114
왕복 엔진 시동 시 연료를 농후하게 하여 시동을 쉽게 해주는 장치는 무엇인가?

해답▶ 프라이머(primer) : 항공기 엔진을 정지시킬 때에는 연료 공급을 차단하여 정지 시키므로 시동 시에는 실린더 안에 연료가 거의 남아 있지 않게 된다. 프라이머는 기관을 시동할 때에 흡입 밸브 입구나 실린더 안에 연료 탱크로부터 프라이머 펌프를 통하여 직접 연료를 분사시켜 농후한 혼합 가스를 만들어줌으로써 시동을 쉽게 하는 장치이다.

Q 115
엔진 시동 시 과도한 프라이밍(priming)을 하면 어떠한 현상이 발생하는가?

해답▶ priming이 과도한 경우 또는 priming 부족으로 몇 번이나 시동이 반복되면 실린더 내에 액체 연료가 쌓이고, 실린더 벽이나 피스톤 링에서 유막을 제거시켜 실린더 벽 손상과 피스톤 고착 발생의 원인이 된다.

Q 116
연료 탱크에 vent system이 있는 목적은 무엇인가?

해답▶ vent system은 연료 탱크의 상부 여유 부분을 외기와 통기시켜 탱크 내외의 압력 차가 생기지 않도록 하여 탱크 팽창이나 찌그러짐을 막음과 동시에 구조 부분에 불필요한 응력의 발생을 막고, 연료가 탱크로 유입되는 것과 탱크로부터 유출되는 것을 쉽게 하여 연료 펌프의 기능을 확보하고 엔진으로의 연료 공급을 확실히 하는 데 있다.

Q 117
직접 연료 분사 계통(direct fuel injection system)에 대하여 설명하시오.

해답▶ ① 비행 자세에 의한 영향을 받지 않고, 기화기 결빙의 위험이 거의 없으며 흡입공기의 온도를 낮게 할 수 있으므로 출력 증가에 도움을 준다.

② 연료의 분배가 되므로 혼합 가스를 각 실린더로 분배하는 데 있어 분배 불량에 의한 일부 실린더의 과열 현상이 없다.

③ 흡입 계통 내에서는 공기만 존재하므로 역화가 발생할 우려가 없다.

④ 시동, 가속 성능이 좋다.

⑤ 연료 분사 펌프, 주 조정 장치, 연료 매니폴드 및 분사 노즐로 이루어져 있다.

Q 118

direct fuel injection system은 연료가 언제 실린더로 분사되는가?

해답▶ 분사 노즐(injection nozzle)은 실린더 헤드 또는 흡입 밸브 부근에 장착되어 있는데, 스프링 힘에 의하여 연료의 흐름을 막고 있다가 흡입 행정 시 연료의 분사가 필요할 때에 연료의 압력에 의해 밸브가 열려서 연소실 안으로 직접 연료를 분사한다.

Q 119

ADI(Anti-Detonation Injection)란 무엇인가?

해답▶ ADI 장치는 물 대신에 물과 소량의 수용성 오일을 첨가한 알코올을 혼합한 것을 사용한다. 알코올은 차가운 기후나 고고도에서 물의 빙결을 방지하고 오일은 계통 내 부품이 녹스는 것을 방지하는 데 도움이 된다. ADI의 사용으로 이륙 마력의 8~15% 증가를 허용한다. ADI는 짧은 활주로나 비상시에 착륙을 시도한 후 복행할 필요가 있을 때 이륙에 필요한 엔진 최대 출력을 내기 위하여 사용한다.

Q 120

배기 muffler 내부 결함으로 인한 결과는 무엇인가?

해답▶ 배기가스의 흐름을 방해하여 엔진의 일부 또는 전체 출력을 상실하게 된다.

Q 121

점도 지수란 무엇인가?

해답▶ 점도 지수는 온도 변화에 따른 오일의 점도 변화를 숫자로 나타낸 것이다. 낮은 점도 지수를 갖는 오일은 온도에 따라 상대적으로 큰 점도 변화를 갖고, 점도 지수가 높은 오일은 온도의 변화에도 점도의 변화가 적다. 점도 지수가 높은 오일은 엔진이 저온에 노출될 때 과도하게 두껍게 형성되지 않는다. 따라서 엔진 시동 시 크랭킹 속도가 빨라지고, 초기 시동 시 오일 순환을 촉진시킨다. 또한 엔진이 정상 작동 중에는 과도하게 얇게 되지 않으므로 충분한 윤활 및 베어링 하중을 보호해 준다.

Q 122
왕복 엔진 윤활유의 구비 조건은 무엇인가?

해답▶ ① 유성이 좋을 것
② 알맞은 점도를 가질 것
③ 온도 변화에 의한 점도 변화가 적을 것, 점도 지수가 클 것
④ 낮은 온도에서 유동성이 좋을 것
⑤ 산화 및 탄화 경향이 적을 것
⑥ 부식성이 없을 것

Q 123
왕복 엔진 윤활 방식은 무엇인가?

해답▶ 윤활유는 압력(pressure), 스플래시(splash), 압력-스플래시 조합 중 한 가지 방법으로 왕복 엔진 내부의 작용 부위에 보내진다. 압력 윤활은 항공기 엔진 윤활에 사용되는 주요한 방식이다. 스플래시 윤활은 항공기 엔진에서 압력 윤활과 함께 이용되지만, 단독으로는 사용하지 않는다. 항공기 엔진 윤활 시스템은 항상 압력 유형 또는 압력-스플래시 조합 유형을 사용하며, 통상적인 방법은 압력-스플래시 조합 유형이 주로 사용된다.

Q 124
압력 윤활(pressure lubrication)의 장점은 무엇인가?

해답▶ ① 베어링 부위로의 순조로운 오일 공급
② 압력에 의해 많은 양의 오일 공급과 순환으로 베어링 부위의 냉각 효과
③ 다양한 항공기 비행 자세에서의 만족스러운 윤활

Q 125
윤활유 희석 장치의 목적은 무엇인가?

해답▶ 차가운 기후에 오일의 점성이 크면 시동이 곤란하므로 필요에 따라 가솔린을 엔진 정지 직전에 oil tank에 분사하여 오일 점성을 낮게 함으로써 시동을 용이하게 하는 장치를 말한다.

Q 126
왕복 엔진 오일의 역할은 무엇인가?

해답▶ **❶ 윤활 작용** : 작동부 간의 마찰을 감소시키는 작용을 한다.

❷ 기밀 작용 : 가스의 누설을 방지하여 압력 감소 방지하는 작용을 한다.

❸ 냉각 작용 : 엔진을 순환하면서 마찰이나 엔진에서 발생한 열을 흡수하는 작용을 한다.

❹ 청결 작용 : 엔진 내부에서 마멸이나 여러 가지 작동에 의하여 생기는 불순물을 옮겨서 걸러 주는 작용을 한다.

❺ 방청 작용 : 금속 표면과 공기가 직접 접촉하는 것을 방지하여 녹이 생기는 것을 방지한다.

❻ 완충 작용 : 금속면 사이의 충격 하중을 완충시키는 작용을 한다.

Q 127
SOAP(Spectrometric Oil Analysis Program)은 어떤 검사인가?

해답▶ 엔진 오일 샘플을 채취하고 분석하여 오일에 존재하는 금속 성분을 탐색하는 오일 분석 기법이다.

Q 128
왕복 엔진 윤활 계통에서 oil pump의 형식은?

해답▶ oil pump는 gear type과 vane type이 있으며 현재 왕복 엔진에서는 gear type을 가장 많이 사용하고 있다.

Q 129
dry sump와 wet sump의 차이점은 무엇인가?

해답▶ **❶** dry sump는 oil tank가 별도로 설치되어 있어 엔진을 순환한 oil이 배유 펌프에 의해 다시 탱크에 모이고 순환된다.

❷ wet sump는 oil tank가 없고 엔진을 순환한 oil은 엔진 하부의 sump에 모이게 되고 cooler를 거쳐서 다시 순환한다.

Q 130
scavenge pump 용량이 큰 이유는 무엇인가?

해답 ▶ scavenge pump의 용량이 pressure pump보다 큰 것은 엔진에서 흘러나오는 오일은 열에 의해 용량이 커지고 거품 등이 섞여서 pressure pump를 통해 엔진에 들어오는 오일보다 더 많은 체적을 갖기 때문이다.

Q 131
호퍼 탱크(hopper tank)의 목적은 무엇인가?

해답 ▶ hopper tank는 엔진 시동 시 오일 온도 상승을 빠르게 하기 위해 마련된 별도의 탱크로 엔진의 난기 운전을 단축시킨다.

Q 132
oil filter가 막히면 oil 흐름은 어떻게 되는가?

해답 ▶ oil filter bypass valve를 통하여 걸러지지 않은 oil이 정상적으로 엔진에 공급된다.

Q 133
oil filter bypass valve의 목적은 무엇인가?

해답 ▶ oil filter가 막혔을 때 bypass valve가 열려서 oil filter를 거치지 않고 직접 엔진으로 공급되게 한다. 비록 filter를 거치지 않은 oil이지만 엔진에 오일 공급이 중단되는 것을 방지한다.

Q 134
왕복 엔진 시동 후 가장 먼저 확인해야 하는 계기는?

해답 ▶ 왕복 엔진은 시동되었을 때 오일 계통이 안전하게 기능을 발휘하고 있는가를 점검하기 위하여 오일 압력 계기를 관찰하여야 한다.

Q 135
엔진 오일 온도계는 어디의 온도를 지시하는가?

해답▶ dry sump system에는 오일 온도 감지 장치(oil temperature bulb)가 오일 탱크와 엔진 사이의 oil inlet line 어디에나 있을 수 있다. wet sump system은 오일 냉각기를 지난 후 오일의 온도를 감지할 수 있는 곳에 오일 온도 감지 장치가 위치한다. 어느 시스템이나 오일이 엔진 고열 부분으로 들어가기 전에 오일 온도를 측정한다.

Q 136
왕복 엔진에서 오일을 주기적으로 교환해주는 이유는 무엇인가?

해답▶ oil system의 각종 부품의 마모로 인한 불순물 및 유해 물질의 제거를 위하여 엔진 오일을 주기적 교환한다.

Q 137
저압 점화 계통에 대하여 설명하시오.

해답▶ 저압 점화 계통에서는 1차 코일에 유기되었던 전류가 배전기로부터 각 실린더의 점화 플러그로 분전된다. 이 전류는 점화 플러그에 인접해 있는 승압 코일의 1차 코일에 흐르고 2차 코일에 고전압을 유기시키는데, 회로의 대부분이 저전압이므로 저압 점화 계통이라고 부른다. 저압 점화 계통의 장점은 다음과 같다.
① flash over의 손상이 적다.
② 케이블 용량, 즉 커패시턴스(capacitance)의 문제가 적어진다.
③ 공기 중의 습기에 의한 누전이 적다.
④ 코로나의 손상도 감소한다.

Q 138
왕복 엔진 시동 시 oil pressure가 1분이 지나도록 정상적으로 상승하지 못하면?

해답▶ 보통 oil pressure는 시동 후 30초 이내에 상승하므로 안전을 위하여 엔진을 정지시켜야 한다.

Q 139
왕복 엔진 점화 계통의 종류는 무엇이 있는가?

해답▶ 배터리 점화 계통, 마그네토 점화 계통(저압 점화 계통, 고압 점화 계통)

Q 140
마그네토 점화 계통의 종류를 설명하시오.

해답▶ ❶ **저압 점화 계통(low tension ignition system)** : 마그네토의 1차 코일에서 유도된 비교적 낮은 전압을 각 실린더마다 하나씩 설치된 변압기에서 승압시킨 다음 점화 플러그로 전달하는 방법으로, 고고도에서 전기 누설이 없어 고고도 비행에 적합하다.

❷ **고압 점화 계통(high tension ignition system)** : 마그네토의 1차 코일에서 유도된 낮은 전압을 자체에 장착되어 있는 2차 코일에서 고전압으로 승압시킨 다음 마그네토에 부착된 배전기를 통해 점화 플러그에 전달하는 방법으로 고고도에서 전기 누설이 많다.

Q 141
고압 점화 계통을 고고도에서 사용할 때 고장의 원인은 무엇이 있는가?

해답▶ ❶ **플래시 오버(flash over)** : 항공기가 고고도에서 운용될 때 공기의 밀도가 낮기 때문에 절연이 잘 안되어 배전기 내부에서 고전압이 튄다.

❷ **커패시턴스(capacitance)** : 전자를 저장하는 도체의 능력으로, 점화 플러그의 간격을 뛰어 넘을 수 있는 불꽃을 내기에 충분한 전압이 될 때까지 도선에 전하가 저장되는데 불꽃이 튀어 점화 플러그의 간격에 통로가 형성될 때 전압이 상승하는 동안 도선에 저장된 에너지가 열로서 발산된다. 에너지의 방전이 비교적 낮은 전압과 높은 전류의 형태이기 때문에 전극이 소손되고 점화 플러그가 손상된다.

❸ **습기(moisture)** : 습기가 있는 곳에는 전도율이 증가되어 고압 전기가 새어 나가는 통로가 생긴다.

❹ **고전압 코로나(high voltage corona)** : 고전압이 절연된 도선의 전도체와 도선 근처 금속 물체에 영향을 미칠 때 전기 응력이 절연체에 가해진다. 이 응력이 반복해서 작용하면 절연체 손상의 원인이 된다.

Q 142
코로나(corona)란 무엇인가?

해답▶ 고전압이 걸리는 절연체에서 발생하는 전기 응력의 상태를 나타내는 데 사용되는 용어를 말한다. 이 응력이 반복해서 작용하면 절연체 손상의 원인이 된다.

Q 143
magneto 점화 계통 콘덴서(condenser)의 기능은 무엇인가?

해답 ① 1차 코일과 콘덴서는 병렬로 연결되어 있다.
② 브레이커 포인트에 생기는 아크(arc)를 흡수하여 브레이커 포인트 접점 부분의 불꽃에 의한 마멸을 방지하고 철심에 발생했던 잔류 자기를 빨리 없애준다.
③ 콘덴서의 용량이 너무 적으면 아크를 발생시켜 접점을 태우고 용량이 너무 크면 전압이 감소하여 불꽃이 약해진다.

Q 144
왕복 엔진에서 마그네토와 점화 플러그는 어떻게 연결되어 있는가?

해답 (1) 대항형 기관
① 우측 마그네토 : 우측 실린더의 상부 점화 플러그와 좌측 실린더의 하부 점화 플러그와 연결되어 있다.
② 좌측 마그네토 : 좌측 실린더의 상부 점화 플러그와 우측 실린더의 하부 점화 플러그와 연결되어 있다.

(2) 성형 기관
① 우측 마그네토 : 앞쪽 점화 플러그와 연결되어 있다.
② 좌측 마그네토 : 뒤쪽 점화 플러그와 연결되어 있다.

Q 145
E-gap이란 무엇인가?

해답 마그네토의 회전 자석이 중립 위치를 약간 지나 1차 코일에 자기 응력이 최대가 되는 위치를 E-gap 위치라 한다. 이것은 중립 위치로부터 브레이커 포인트가 떨어지려는 순간까지 회전 자석의 회전 각도를 크랭크축의 회전 각도로 환산하여 표시하고, 이 각도를 E-gap이라 한다. 설계에 따라 다르긴 하나 보통 5~7° 사이이며, 이때 접점이 떨어져야 마그네토가 가장 큰 전압을 얻을 수 있다

Q 146
E-gap을 주는 이유는 무엇인가?

해답 마그네토에서 가장 큰 전압을 얻어 가장 강한 불꽃을 만들기 위해서이다.

Q 147
timing light와 time rite의 차이점은 무엇인가?

해답 ▶ ❶ timing light : 내부 점화 시기(E-gap)를 맞추기 위한 장비

❷ time rite : 실린더의 피스톤을 상사점(압축 행정)에 맞추기 위한 장비

Q 148
내부 점화 시기와 외부 점화 시기란 무엇인가?

해답 ▶ ❶ 내부 점화 시기는 마그네토의 E-gap 위치와 브레이커 포인트가 열리는 순간을 맞추어 주는 작업을 말한다.

❷ 외부 점화 시기는 기관이 점화 진각에 위치할 때 크랭크축과 마그네토 점화 시기를 맞추어 주는 작업을 말한다.

Q 149
마그네토 타이밍(magneto timing)이란 무엇인가?

해답 ▶ 마그네토는 정확한 순간에 점화를 위한 불꽃을 발생시키기 위하여 내부적으로 타이밍이 맞추어져야 하는데, 이를 위해서 마그네토 접점의 자기 회로에 자장 강도가 가장 클 때 열리도록 타이밍이 맞추어져 있다.

Q 150
임펄스 커플링(impulse coupling)의 역할은 무엇인가?

해답 ▶ 대향형 엔진의 시동 보조 장치로 시동할 동안 magneto의 로터에 순간적으로 고회전 속도를 주어 magneto coming in speed 충족시켜준다. 또한, 일정 각도 동안 점화를 지연시켜 킥백(kick back)을 방지한다.

Q 151
승압 코일(booster coil)의 목적은 무엇인가?

해답 ▶ 초기의 성형 엔진 시동 보조 장치로 magneto가 고전압을 발생시킬 수 있는 회전속도에 이를 때까지 spark plug에 점화 불꽃을 일으키게 만들어 주는 역할을 한다.

Q 152

magneto distributor에 기록되어 있는 숫자는 무엇인가?

해답 ▶ distributor의 숫자는 엔진 실린더 번호가 아니고 magneto가 점화되는 순서를 나타낸다. 즉, '1'로 표시한 distributor 전극은 1번 실린더에 있는 spark plug로 연결되고, '2'로 표시한 distributor 전극은 점화되는 두 번째 실린더에, '3'으로 표시한 distributor 전극은 점화되는 세 번째 실린더에 연결된다.

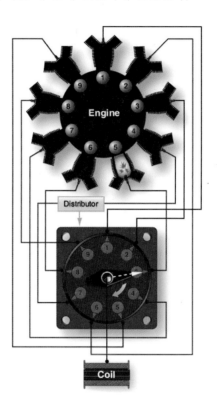

Q 153

마그네토 기호 DF18-RN을 설명하시오.

해답 ▶ D F 18 - R N

- **D** : double magneto(S : single magneto)
- **F** : flange mounted(B : base mounted)
- **18** : 18기통
- **R** : clockwise rotation(L : counter clockwise rotation)
- **N** : bendix(제작사)

Q 154

왕복 엔진 시동 보조 장치는 무엇이 있는가?

해답 booster coil, impulse coupling, induction vibrator

Q 155

magneto drop check란 무엇인가?

해답 왕복 엔진에서 점화 계통을 검사하는 것으로 정비 매뉴얼에 명시된 엔진 회전수 (RPM)에 도달한 후, 회전수(RPM)가 안정화되도록 하고 다음을 수행한다.

① 점화 스위치를 우측(right) 위치에 놓고 회전 속도계(tachometer)의 회전수 강하 (RPM drop)를 확인한다.

② 점화 스위치를 양쪽(both) 위치로 되돌린 후, 회전수(RPM)가 안정화되도록 몇 초 동안 기다린다.

③ 점화 스위치를 좌측(left) 위치에 놓고 다시 회전수 강하(RPM drop)를 기록한다.

④ 양쪽(both) 위치로 점화 스위치를 되돌린다.

⑤ 각각의 마그네토 위치에서 일어나는 회전수 강하량(total RPM drop)을 기록한다.

⑥ magneto drop은 양쪽 마그네토에서 균일해야 하며 대체로 각 마그네토에 대해 25~75RPM 정도의 낙차가 발생한다. 항상 특정한 정보에 대해서 항공기 정비 매 뉴얼을 참조한다.

Q 156

magneto switch를 both로부터 left나 right로 돌리면?

해답 RPM이 조금 떨어진다.

Q 157

ignition switch를 off 해도 시동이 꺼지지 않는다면?

해답 P-lead는 조종석의 ignition switch와 magneto의 1차 코일을 연결하는 전선 이며, 스위치의 기능을 magneto에 전달하는 역할을 한다. P-lead가 단선(open)되 면 점화 스위치를 off 해도 엔진이 꺼지지 않고, 단락(short)되면 1차 회로가 접지 상태이므로 점화가 되지 않는다.

Q 158

ignition switch를 off 위치에 두면 ignition system은?

해답 P-lead를 통해 ignition switch 접지 상태가 magneto 1차 회로로 전달되어 ignition system은 작동을 중지하게 되므로 엔진은 정지한다.

Q 159

spark plug reach란 무엇을 말하는가?

해답 spark plug reach는 실린더의 spark plug bushing에 삽입된 나사 부분의 길이이다. 리치가 부적절한 spark plug를 사용하면 spark plug가 실린더에 달라붙거나 부절절한 연소가 일어날 우려가 있다. 극단적으로 만약 너무 긴 리치가 사용된다면, spark plug는 피스톤 또는 밸브와 접촉하게 되어 엔진을 손상시킬 수 있다.

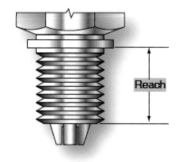

Q 160

magneto 접지선이 끊어지면 어떻게 되는가?

해답 엔진이 꺼지지 않는다.

Q 161

battery 점화 계통에 비하여 magneto 점화 계통의 장점은 무엇인가?

해답 battery 점화 계통은 엔진 작동 중 battery가 끊어지면 엔진 작동이 중지되지만, magneto 점화 계통은 자체에 전기적인 에너지원을 가지고 있어 battery에 의존하지 않는 장점이 있다.

Q 162

hot spark plug와 cold spark plug의 차이점은 무엇인가?

해답 ▶ hot spark plug는 긴 열전달 경로를 생성하는 긴 절연체(long insulator)가 있다. cold spark plug는 비교적 짧은 절연체(short insulator)가 있어 cylinder head로 열을 빠르게 전달한다. 고압축 엔진은 저온 범위의 cold spark plug를 사용하려는 경향이 있고, 저압축 엔진은 고온 범위의 hot spark plug를 사용하려고 한다. 고온으로 작동하는 엔진에 hot spark plug를 사용하면 spark plug 끝이 과열되어 조기 점화의 원인이 되고 저온으로 작동하는 엔진에 cold spark plug를 사용하면 spark plug 끝에 타지 않은 탄소가 축적되는 fouling의 원인이 된다.

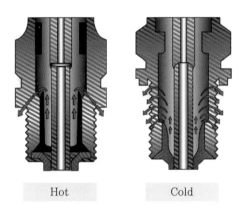

Hot   Cold

Q 163

고온으로 작동하는 engine에 고온 spark plug를 사용하면?

해답 ▶ spark plug 끝이 과열되어 조기 점화의 원인이 된다.

Q 164

왕복 엔진의 엔진 계기의 종류는 무엇이 있는가?

해답 ▶ ❶ **기화기 공기 온도계(carburetor air temperature indicator)** : 기화기 입구에서 측정되는 기화기 공기 온도는 흡입 계통의 결빙 여부를 지시하는 온도로 이용되지만 그 밖의 많은 중요한 용도에 활용된다.

❷ **연료 압력계(fuel pressure indicator)** : 연료 압력계는 비교적 저압을 측정하는 계기로, 연료 압력계가 지시하는 압력은 기화기나 연료 조정 장치로 공급되는 연료의 게이지 압력과 흡입 공기 압력과의 압력 차이 등 항공기마다 다르다.

❸ **오일 압력계(oil pressure indicator)** : 비행 중 엔진의 정상 작동 여부를 확인하는 방법은 여러 가지가 있는데, 그중에서 엔진 오일 압력이 제대로 유지가 되고 있는 지 아니면 오일 온도가 제대로 유지되는지 확인하는 것이다. 그중에서도 가장 민감하게 반응하고 철저하게 확인하는 것이 바로 엔진 오일 압력계이다. 오일 압력계는 엔진으로 들어가는 오일의 압력을 측정하여 지시하고 psi로 나타낸다.

❹ **오일 온도계(oil temperature indicator)** : 엔진으로 들어가는 오일의 온도를 측정하며 대형 왕복 엔진의 시동 과정 시 대단히 중요한 요소 중 하나로 꼽는다.

❺ **연료 유량계(fuel flowmeter)** : 연료 유량계는 엔진으로 유입되는 연료의 양을 측정한다. 연료 유량은 일반적으로 GPH(Gallons Per Hour)로 지시된다.

❻ **흡입 압력계(manifold pressure indicator)** : 왕복 기관에서 흡입 공기의 압력을 측정하는 계기로, 정속 프로펠러와 과급기를 갖춘 기관에서는 반드시 필요한 필수 계기이다. 낮은 고도에서는 초과 과급을 경고하고 높은 고도를 비행할 때에는 기관의 출력 손실을 알린다. 흡입 압력계의 지시는 절대 압력(대기압±게이지 압력)으로서 inHg 단위로 표시된다.

❼ **회전 속도계(tachometer indicator)** : 회전 속도계는 엔진 크랭크축의 분당 회전수(RPM)를 나타낸다.

❽ **실린더 헤드 온도계(cylinder head temperature indicator)** : 실린더 헤드 온도는 실린더에 부착된 열전쌍에 의해 지시되는 온도로서 엔진의 가장 뜨거운 부분을 지시한다.

❾ **토크 미터(torque meter)** : 토크 미터는 프로펠러축에 의해 유도된 토크의 크기를 ft-lb로 지시한다.

Q 165
gas turbine engine을 분류하시오.

해답 ▶ (1) 압축기 형태에 따른 분류
① 원심식 압축기 엔진 : 소형 기관이나 지상용 가스 터빈 기관에 많이 사용
② 축류식 압축기 엔진 : 대형 고성능 기관에 주로 많이 사용

(2) 출력 형태에 따른 분류
① 제트 기관 : 터보 제트, 터보 팬 기관
② 회전 동력 기관 : 터보 프롭, 터보 샤프트 기관

Q 166
왕복 엔진의 고장 탐구(engine troubleshooting)

해답 ▶

결함 현상	예상 원인	필요 조치 사항
시동 실패	연료 부족	연료 탱크 누설 여부 점검, 연료 라인, 스트레이너, 밸브 청결 유지
	언더 프라이밍	프라이밍 절차 준수
	오버 프라이밍	스로틀을 열고 프로펠러를 돌려 엔진을 "언로드" 함
	부정확한 스로틀 설정	스로틀을 그 범위의 10분의 1까지 개방
	점화 플러그 결함	점화 플러그 세척 후 재장착 또는 교환
	점화 도선 결함	테스트 후 결함 있는 도선 교환
	배터리 결함 또는 약함	충전된 배터리로 교환
	마그네토 또는 브레이커 포인트의 오작동	마그네토의 내부 타이밍 점검
	기화기 내부의 수분	기화기 및 연료 라인의 수분 배출
	내부 결함	오일 섬프 스트레이너에서 금속 입자 검출 여부 점검
	자화 임펄스 커플링(설치된 경우)	임펄스 커플링의 비자화
	점화 플러그 전극 동결	점화 플러그 교환 또는 건조
	아이들 차단에서의 혼합기 제어	혼합기 제어 오픈
정상적인 아이들 도달 실패	부정확한 기화기 아이들 속도 조정	스로틀 스톱을 조정하여 정확한 아이들 확보
	부정확한 아이들 혼합기	혼합기 조절(엔진 제작사 절차 준수)
	흡입 계통 누설	흡입 계통의 모든 연결부를 조이고, 결함이 있는 부품은 교환
	낮은 실린더 압축	실린더 압축 점검
	점화 계통 결함	전체 점화 계통 점검
	프라이머 열림 또는 누설	프라이머 잠금 또는 수리
	고도에 대한 부적절한 점화 플러그 설정	점화 플러그 간극 점검
	불결한 공기 필터	청소 또는 교체

결함 현상	예상 원인	필요 조치 사항
저출력 및 엔진 작동 불일치	과농후로 인한 느린 엔진 작동, 배기가스 불꽃 및 검은 연기 배출	프라이머 점검 기화기 혼합기 재조정
	과희박으로 인한 과열 또는 역화 현상 유발	연료 라인의 먼지 또는 다른 제한 여부 점검 및 연료 공급 점검
	흡입 계통 누설	모든 연결부를 조이고, 결함 부품 교환
	점화 플러그 결함	점화 플러그 세척 또는 교환
	부적절한 등급의 연료 사용	연료 탱크에 권장 등급의 연료 공급
	마그네토 브레이크 포인트 작동 불능	청결 상태 확인 및 마그네토 내부 타이밍 점검
	점화 도선 불량	테스트 후 결함있는 도선 교환
	점화 플러그 단자 커넥터 결함	점화 플러그 와이어의 커넥터 교환
	부정확한 밸브 간극	밸브 간극 조절 점검 및 교체 또는 수리
	배기 계통의 제한	제한 원인 해소
	부정확한 점화 시기	마그네토의 타이밍 및 동기화 확인
엔진 최대 출력 진입 실패	스로틀 레버가 조정되지 않음	스로틀 레버 조정
	흡입 계통 누설	모든 연결부를 조이고, 결함 부품 교환
	기화기 에어 스쿠프의 제한	에어 스쿠프를 검사하고 제한된 원인 해소
	부적절한 연료	연료 탱크에 권장된 연료 보급
	프로펠러 거버너가 조정에서 벗어남	거버너 조정
	점화 불량	모든 연결부를 조이고 계통 점검 및 점화 시기 점검
거친 엔진 구동	엔진 마운트 균열	엔진 마운트 수리 또는 교환
	프로펠러의 불균형	프로펠러 장탈 후 균형 점검
	장착 부싱 결함	부싱 교환
	점화 플러그의 납 침전물	점화 플러그 청소 또는 교환
	프라이머의 잠금 해제	프라이머 잠금
낮은 오일 압력	불충분한 오일	오일 공급량 점검
	불결한 오일 스트레이너	오일 스트레이너 장탈 후 청소
	오일 압력계 결함	오일 압력계 교환
	릴리프 밸브 내에 생성된 에어로크 또는 이물질	오일 압력 릴리프 밸브 장탈 후 청소

결함 현상	예상 원인	필요 조치 사항
낮은 오일 압력	흡입관 또는 압력관에서의 누설	액세서리 하우징 크랭크 케이스 사이의 개스킷 점검
	높은 오일 온도	높은 오일 온도 결함 참조
	오일 펌프 흡입 통로의 고착	오일 라인에서 방해물이 있는지 점검 흡입 스트레이너 청소
	마모 또는 스코어링된 베어링	엔진 오버홀
높은 오일 온도	공기 냉각 부족	공기 흡입구 및 배기구의 변형 또는 막힘 상태 점검
	불충분한 오일 공급	오일 탱크에 적절한 수준의 오일 보급
	오일 라인 또는 스트레이너의 막힘	오일 라인 또는 스트레이너 장탈 후 청소
	베어링 결함	섬프에 금속 입자가 있는지 검사하고, 발견된 경우에 엔진 오버홀 시행
	서모스탯 결함	서모스탯 교환
	오일 온도계 결함	오일 온도계 교환
	과도한 블로바이	엔진 오버홀
과도한 오일 소비	베어링 결함	섬프에 금속 입자가 있는지 검사하고, 발견된 경우에 엔진 오버홀 시행
	마모되거나 파손된 피스톤 링	피스톤 링 교환
	피스톤 링의 부적절한 장착	피스톤 링 교환
	외부 오일 누설	개스킷 또는 O-링에서의 오일 누설 여부 점검
	엔진 연료 펌프 벤트를 통한 누설	연료 펌프 실(seal) 교환
	엔진 브리더 또는 진공 펌프 브리더	엔진을 점검하고, 진공 펌프의 오버홀 또는 교환

Q 167
왕복 엔진에 비해 gas turbine engine의 장점은 무엇인가?

해답 ① 연소가 연속적이므로 중량당 출력이 크다.
② 왕복 운동 부분이 없어 진동이 적고 고회전이다.
③ 한랭 기후에서도 시동이 쉽고 윤활유 소비가 적다.
④ 비교적 저급 연료를 사용한다.
⑤ 비행 속도가 클수록 효율이 높고 초음속 비행이 가능하다.

Q168

제트 엔진의 추진 원리는 무엇인가?

해답 ▶ 뉴턴(Newton)의 운동 제3법칙 작용과 반작용의 법칙, 즉 작용이 있으면 반드시 그것과 크기가 같고 방향이 반대인 반작용이 있는 것을 응용한 것이다.

Q169

gas turbine engine의 기본 사이클은?

해답 ▶ 브레이턴 사이클(Brayton cycle)은 가스 터빈 기관의 이상적인 사이클로서 브레이턴에 의해 고안된 동력 기관의 사이클이다. 가스 터빈 기관은 압축기, 연소실 및 터빈의 주요 부분으로 이루어지며, 이것을 가스 발생기라 한다. 가스 터빈 기관의 압축기에서 압축된 공기는 연소실로 들어가 정압 연소(가열)되어 열을 공급하기 때문에 정압 사이클이라고도 한다.

Q170

gas turbine engine의 특징은 무엇인가?

해답 ▶ ① 소형 경량으로 큰 출력을 낼 수 있는데, 같은 중량의 엔진이라면 왕복 엔진보다 2~5배 이상의 출력을 얻을 수 있다.
② 왕복 엔진처럼 왕복 운동 부분이 없고 회전 부분만 있으므로 진동이 작다.
③ 시동이 쉽고 엔진 시동 후 엔진 warm up이 필요 없고, 즉시 최고 출력까지 가속이 가능하다.
④ 높은 옥탄가의 가솔린이 필요 없고, 윤활 부분도 왕복 엔진보다는 적어서 연료비가 싸고 오일 소비량이 작다.
⑤ 프로펠러 항공기는 시속 600km 이상에서는 충격파 발생과 효율의 급격한 하락으로 그 속도 이상으로는 비행이 불가능하지만 제트 항공기는 아음속에서부터 초음속까지 고속 비행이 가능하다.
⑥ 구조가 간단하고 정비성을 고려한 설계가 되어 있어 정비성이 좋다.

Q171

gas turbine engine의 주요 3개 부분은 무엇인가?

해답 ▶ 가스 터빈 기관은 압축기, 연소실 및 터빈의 주요 부분으로 이루어지며, 이것을 가스 발생기(gas generator)라 한다.

Q 172

gas turbine engine에서 가스 제너레이터(gas generator) 부분은 어디를 가리키는가?

해답▶ 가스 터빈의 고온, 고압가스를 발생하는 주요 구성 부분으로 compressor, combustion chamber, turbine으로 된 부분을 말하며, turbo jet의 air intake section과 exhaust nozzle을 제외한 부분, turbo fan의 air intake section과 exhaust nozzle을 제외한 부분을 각각 가리킨다.

Q 173

터보 팬 엔진과 터보 제트 엔진을 비교하여 설명하시오.

해답▶ (1) 터보 팬 엔진
① 아음속에서 추진 효율이 향상되어 연료 소비율이 낮아진다.
② 배기 소음이 적다.
③ 민간용 여객기 및 수송기에 널리 이용된다.
④ 이착륙 거리가 짧다.
⑤ 무게가 가볍고 경제성이 향상되었다.
⑥ 날씨 변화에 영향이 적다.
⑦ 팬에서 추력의 70~80%를 담당하고 나머지는 배기가스가 담당한다.

(2) 터보 제트 엔진
① 소형 경량으로 큰 추력을 낼 수 있다.
② 비행 속도가 빠를수록 추진 효율이 좋고, 천음속에서 초음속의 범위에서 우수한 성능을 지닌다.
③ 저속에서 추진 효율은 감소하고, 연료 소비율은 증가한다.
④ 배기가스를 고속으로 분출시키기 때문에 소음이 심하다.
⑤ 추력의 100%를 배기가스 흐름에서 발생시킨다.

Q 174

터보 프롭 엔진을 설명하시오.

해답▶ 터보 프롭 엔진은 감속 기어 박스를 통해 프로펠러를 회전시키는 gas turbine engine이다. 이 형식의 엔진은 300~400mph 속도 범위에서 가장 효율적이고 다른 항공기에 비해 더 짧은 활주로를 이용할 수 있다. gas turbine engine에 의해 발생되는 에너지의 약 80~85%는 프로펠러를 가동시키기 위해 사용된다. 이용 가능한 에너지의 나머지는 배기로 방출되어 추력을 만든다.

Q 175

터보 샤프트 엔진에 대하여 설명하시오.

해답▶ ① 추력의 100%를 축을 이용하여 얻고 배기가스에 의한 추력은 없다.
② free turbine 사용으로 시동 시 부하가 적다.
③ 헬리콥터에 주로 사용한다.

Q 176

터보 팬(turbo fan) 엔진의 장점은 무엇인가?

해답▶ ① 아음속에서 추진 효율이 향상되어 연료 소비율이 낮아진다.
② 배기 소음이 적다.
③ 날씨 변화에 영향이 적다.
④ 이착륙 거리가 짧다.
⑤ 무게가 가볍고 경제성이 향상되었다.

Q 177

터보 샤프트 엔진의 사용 용도는 무엇인가?

해답▶ 헬리콥터의 메인 로터 블레이드 구동용으로 사용된다.

Q 178

엔진이 모듈 개념으로 조립되는 이유는 무엇인가?

해답▶ 엔진의 정비성을 좋게 하기 위하여 설계하는 단계에서 엔진을 몇 개의 정비 단위, 다시 말해 모듈로 분할할 수 있도록 해 놓고 필요에 따라서 결함이 있는 모듈을 교환하는 것만으로 엔진을 사용 가능한 상태로 할 수 있게 하는 구조를 말한다. 그 때문에 모듈은 그 각각이 완전한 호환성을 갖고 교환과 수리가 용이하도록 되어 있다.

Q 179

터보 팬 엔진의 구성품을 순서대로 나열하시오.

해답▶ fan → compressor → diffuser → combustion chamber → nozzle guide vane → turbine → exhaust nozzle

Q 180

터보 팬(turbo fan) 엔진이 소음이 적은 이유는 무엇인가?

해답 ① 1차 공기와 2차 공기 흐름은 터보 제트(turbo jet)보다 속도가 늦다.
② 소음 흡입 라이너(liner)가 있다.
③ 팬(fan)을 통과하는 압축 공기의 대부분이 연소실로 들어가지 않고 그대로 밖으로 나간다.
④ 배기가스의 분출 속도가 느리기 때문이다.

Q 181

gas turbine engine에서 hot section과 cold section은 어디를 말하는가?

해답 ❶ hot section : combustion chamber, turbine section, exhaust section
❷ cold section : intake section, compressor section, diffuser

Q 182

N_1과 N_2의 회전수는 어떻게 나타내는가?

해답 모든 터빈 엔진은 압축기의 회전수를 최대 회전수의 백분율(%)로 나타낸다.

Q 183

gas turbine engine을 두 개의 section으로 구분하시오.

해답 hot section, cold section

Q 184

gas turbine engine의 hot section에서 일반적으로 발견되는 결함은 무엇인가?

해답 고온에 의한 균열이 일반적으로 나타난다.

Q 185

gas turbine engine hot section 검사 방법은 무엇인가?

해답 borescope inspection

Q 186
gas turbine engine의 hot section inspection을 할 때 점검해야 할 사항은?

해답▶ ❶ **연소실** : 균열, 과열, 비틀림

❷ **터빈** : 균열, 비틀림, 열점

❸ **배기 부분** : 균열, 비틀림, 열점

Q 187
gas turbine engine에서 최고 온도에 접하는 곳은 어디인가?

해답▶ 압축기를 거친 공기가 연소실로 들어가 연료와 함께 연소되면 연소실 중심에서의 온도는 약 2000℃까지 올라가지만 냉각 공기에 의하여 재료에는 고온의 가스가 접촉하지 않으므로 재료가 받는 온도는 고압 터빈의 입구가 가장 높다.

Q 188
EPR(Engine Pressure Ratio)이란 무엇인가?

해답▶ $\dfrac{Pt_7}{Pt_2}$, 즉 터빈 출구 압력을 압축기 입구 압력으로 나눈 값으로 thrust를 측정하는 값이다.

Q 189
바이패스 비(bypass ratio)란 무엇인가?

해답▶ ❶ 터보 팬 엔진에서 팬을 지나가는 공기를 2차 공기라 하고, 압축기를 지나가는 공기를 1차 공기라 하는데, 1차 공기량과 2차 공기량의 비를 바이패스 비라 한다.

$$BPR = \frac{W_s}{W_p}$$

❷ 바이패스 비가 클수록 추진 효율이 좋아지나 기관의 지름이 커지는 문제점이 있다.

Q 190
터보 팬(turbo fan) 엔진에서 1차 공기는 무엇인가?

해답▶ 팬 블레이드 안쪽을 통과하는 공기는 1차 공기 흐름을 형성하고, 압축기, 연소실, 터빈을 통과하여 배기 노즐을 통하여 배출된다.

Q 191
터보 팬(turbo fan) 엔진에서 2차 공기는 무엇인가?

해답▶ 팬을 통과하여 외부로 배출되며 엔진 추력의 대부분은 2차 공기에 의해서 만들어진다.

Q 192
공기 흡입 덕트의 종류 5가지는 무엇인가?

해답▶ ① nose inlet　　② wing inlet　　③ scoop inlet
④ annular inlet　　⑤ pod inlet

Q 193
아음속 항공기의 엔진 공기 흡입 덕트는 무엇을 사용하는가?

해답▶ gas turbine engine이 필요로 하는 공기를 압축기에 공급하는 동시에 고속으로 들어오는 공기의 속도를 감소시키면서 압력을 상승시키기 때문에 gas turbine engine의 성능에 직접 영향을 주는 중요한 부분이다. 아음속 항공기에서는 확산형을, 초음속 항공기에서는 수축–확산형을 사용한다.

Q 194
초음속 항공기에 사용되는 공기 흡입 덕트의 형태는?

해답▶ 수축–확산형을 사용한다.

Q 195
fan blade의 재료는 무엇인가?

해답▶ ① 팬 블레이드는 보통의 압축기 블레이드에 비해 크고 가장 길기 때문에 진동이 발생하기 쉽고, 그 억제를 위해 블레이드의 중간에 shroud 또는 snubber라 부르는 지지대를 1~2곳에 장치한 것이 많다.
② 팬 블레이드를 디스크에 설치하는 방식은 도브 테일(dove tail) 방식이 일반적이다.
③ 팬 블레이드의 재료에는 일반적으로 티타늄 합금이 사용되고 있다.

Q 196

compressor의 필요 조건은 무엇인가?

해답 ① 대량의 공기를 처리할 수 있어야 한다.
② 높은 압력비를 얻을 수 있어야 한다.
③ 효율이 높아야 한다.
④ F.O.D의 흡입에도 강할 정도로 견고해야 한다.
⑤ 제작이 용이하고 가격이 저렴해야 한다.

Q 197

compressor의 종류와 각각의 특징을 설명하시오.

해답 (1) 원심 압축기의 장점
① 단당 압력 상승이 크다.
② 넓은 회전 속도 범위에서 효율이 좋다.
③ 제작이 용이하고 가격이 저렴하다.
④ 무게가 가볍다.
⑤ 시동에 필요한 동력이 작다.
⑥ F.O.D에 대한 저항력이 크다.

(2) 원심 압축기의 단점
① 공기 흐름에 대한 전면 면적이 크다.
② 단계 사이의 방향 전환에 따른 손실이 있다.

(3) 축류 압축기의 장점
① 높은 압력에서 효율이 좋다.
② 공기 흐름에 대비 전면 면적이 작다.
③ 직선 흐름으로 램 효율이 좋다.
④ 단계 수를 증가하여 압력을 상승시킬 수 있다(단계 증가에 따른 손실은 무시할
수 있는 정도).

(4) 축류 압축기의 단점
① 좁은 회전 속도 범위에서만 효율이 좋다.
② 제작이 어렵고 가격이 비싸다.
③ 비교적 무게가 무겁다.
④ 시동에 필요한 동력이 크다(분리된 압축기에 의해 일부 해결).
⑤ F.O.D에 의한 손상이 쉽다.

Q 198

fan blade에 찍힘이 발생하면 어떻게 하여야 하는가?

해답▶ 허용 한계 이내라면 blending하여 수리한다.

Q 199

compressor의 목적은 무엇인가?

해답▶ ① 연소실에서 필요로 하는 충분한 공기를 공급한다.
② 엔진과 항공기에 여러 가지 목적을 위하여 bleed air를 공급하는 것이다.

Q 200

가장 보편적으로 사용되는 제트 엔진 두 가지 압축기의 형식은 무엇인가?

해답▶ 원심식과 축류식

Q 201

원심식 압축기의 구성품은 무엇인가?

해답▶ impeller, diffuser, compressor manifold

Q 202

축류식 압축기의 구성품은 무엇인가?

해답▶ rotor, stator

Q 203

고성능 gas turbine engine에 많이 사용하는 압축기의 형식은 무엇인가?

해답▶ ❶ **원심식 압축기** : 제작이 간단하여 초기에 많이 사용하였으나 효율이 낮아 요즘에는 거의 쓰이지 않는다.
❷ **축류형 압축기** : 현재 사용하고 있는 gas turbine engine은 대부분 사용한다.
❸ **원심-축류형 압축기** : 소형 항공기 및 헬리콥터 엔진 등에 사용한다.

Q 204
축류식 압축기에서 1단이란?

해답▶ 한 열의 rotor blade와 한 열의 stator blade를 합하여 1단이라 한다.

Q 205
gas turbine engine에서 surge 현상이란 무엇인가?

해답▶ 압축기 전체에 걸쳐 발생하는 compressor stall을 서지(surge)라고 한다.

Q 206
compressor stall 원인은 무엇인가?

해답▶ ① 압축기 출구 압력이 너무 높을 때(C.D.P가 너무 높을 때)
② 압축기 입구 온도가 너무 높을 때(C.I.T가 너무 높을 때)
③ 엔진의 회전 속도가 너무 낮아져 압축기 뒤쪽의 공기가 충분히 압축되지 못하기 때문에 공기가 압축기를 빠져나가지 못해 누적되는 choke 현상 발생 시
④ 공기 흡입 속도가 작을수록, 엔진 회전 속도가 클수록 발생

Q 207
compressor stall의 방지책은?

해답▶ ① 가변 안내 베인(variable inlet guide vane) 설치
② 가변 정익 베인(variable stator vane) 설치
③ 가변 바이패스 밸브(variable bypass valve) 설치
④ 다축식 압축기 사용
⑤ 블리드 밸브(bleed valve) 사용

Q 208
compressor stall의 결과로써 발생할 수 있는 것은?

해답▶ 엔진 진동, RPM 감소, E.G.T가 급상승한다.

Q 209

compressor bleed valve가 작동하는 시기는 언제인가?

해답▶ 압축기의 중간단 또는 후방에 블리드 밸브(bleed valve, surge bleed valve)를 장치하여 엔진의 시동 시와 저출력 작동 시에 밸브가 자동으로 열리도록 하여 압축 공기의 일부를 밸브를 통하여 대기 중으로 방출시킨다. 이 블리드에 의해 압축기 전방의 유입 공기량은 방출 공기량만큼 증가되므로 로터에 대한 받음각이 감소하여 실속이 방지된다.

Q 210

압축기 블레이드 장착 방법은?

해답▶ ① dove tail
② pin joint
③ fir tree

Q 211

압축기 입구에서 variable stator vane의 받음각을 변화시켜 주는 이유는?

해답▶ 유입 공기의 속도를 변화시켜 압축기 로터의 받음각을 일정하게 유지한다.

Q 212

엔진의 chocking 현상이 발생하는 이유와 방지책은?

해답▶ (1) 원인
① blade의 받음각이 작을 때
② RPM이 저속일 때
③ 공기의 유입 속도가 불균일할 때

(2) 방지책
① 가변 안내 베인(variable inlet guide vane) 설치
② 가변 정익 베인(variable stator vane) 설치
③ 가변 바이패스 밸브(variable bypass valve) 설치
④ multi spool compressor 사용
⑤ 블리드 밸브(bleed valve) 사용

Q 213

엔진에서 compressor stator에 있는 guide vane의 목적은 무엇인가?

해답▶ 유입되는 공기의 흐름 방향을 알맞은 각도가 되도록 유입시키고 속도 에너지를 감소시켜 압력 에너지를 증가시킨다.

Q 214

twin spool 엔진이 아닌 경우 compressor를 손으로 회전시키면 회전하겠는가?

해답▶ 회전하지 않는다.

Q 215

gas turbine engine의 기어 박스(gear box)를 구동하는 것은?

해답▶ 엔진 기어 박스에는 각종 보기 및 장비품 등이 장착되어 있는데, 기어 박스는 이들 보기 및 장비품의 점검과 교환이 용이하도록 엔진 전방 하부 가까이 장착되어 있고 고압 압축기 축의 기어와 수직축을 매개로 구동되는 구조로 되어 있는 것이 많다.

Q 216

engine stall 발생 후 우선적 검사해야 할 곳은 어디인가?

해답▶ 보어스코프(borescope)로 blade(fan, compressor, turbine) 검사를 실시한다.

Q 217

다축식 압축기에 대하여 설명하시오.

해답▶ ① 압축비를 높이고 실속을 방지하기 위하여 사용한다.
② 터빈과 압축기를 연결하는 축의 수와 베어링 수가 증가하여 구조가 복잡해지며 무게가 무거워진다.
③ 저압 압축기는 저압 터빈과 고압 압축기는 고압 터빈과 함께 연결되어 회전을 한다.
④ 시동기에 부하가 적게 걸린다.
⑤ N_1(저압 압축기와 저압 터빈 연결축의 회전 속도)은 자체 속도를 유지한다.
⑥ N_2(고압 압축기와 고압 터빈 연결축의 회전 속도)는 엔진 속도를 제어한다.

Q 218

다축식 압축기에서 N_1, N_2는 무엇인가?

해답 ▶ ❶ N_1 : LPC와 LPT를 구동하는 spool의 회전수

　　　❷ N_2 : HPC와 HPT를 구동하는 spool의 회전수

Q 219

엔진 회전축을 지지하는 데 사용되는 bearing의 최소 수량은 얼마인가?

해답 ▶ 하나의 ball bearing과 하나의 roller bearing이 필요하다. 적절하게 엔진 회전 축을 지지하는 데 필요한 bearing 수는 엔진 회전축의 길이와 중량에 의해 결정된다. 길이와 중량은 엔진에 사용되는 압축기 형태에 의해서 직접적으로 영향을 받는다.

Q 220

diffuser의 기능은 무엇인가?

해답 ▶ 압축기 출구와 연소실 입구에 장착되어 있으며 단면적이 넓고 중간 부분은 좁아 공기 속도는 감소되고 압력이 상승된다. 그러므로 compressor에서 나온 공기의 속 도 에너지가 압력 에너지로 변화되어 연소실로 들어간다

Q 221

diffuser의 위치는 어디인가?

해답 ▶ 압축기와 연소실 사이

Q 222

gas turbine engine의 공기 흐름 중에서 최고 압력 상승이 일어나는 곳은?

해답 ▶ 압축기의 압력비는 압축기 회전수, 공기 유량, 터빈 노즐의 출구 넓이, 배기 노 즐의 출구 넓이에 의해 결정되며, 최고 압력 상승은 압축기 바로 뒤에 있는 확산 통 로인 디퓨저(diffuser) 출구에서 이루어진다.

Q 223

gas turbine engine에서 압력이 가장 높은 곳은 어디인가?

해답 ▶ 디퓨저(diffuser) 출구

Q 224
gas turbine engine에 주로 사용되는 연소실의 형태는 무엇인가?

해답▶ 애뉼러형 연소실

Q 225
연소실의 구비 조건은 무엇인가?

해답▶ ① 연소 효율이 높을 것
② 기관의 작동 범위 내에서 압력 손실이 적을 것
③ 고공에서 재점화가 용이할 것
④ 가능한 한 소형 및 경량일 것
⑤ 출구 온도 분포가 균일할 것
⑥ 유해 물질의 배출이 적을 것

Q 226
연소실의 종류와 각각의 특성은 무엇인가?

해답▶ (1) 캔형 연소실
① 설계와 정비가 비교적 간단하다.
② 고공에서 연소가 불안정하여 연소 정지 현상이 생기기 쉽다.
③ 시동 시 과열을 일으키기가 쉽고 출구의 온도 분포가 불균일하다.

(2) 애뉼러형 연소실
① 구조가 간단하고 전장이 짧고 연소가 안정되어 출구 온도 분포가 균일하다.
② 정비가 불편하다.
③ 현재 가장 많이 사용하고 있다.

(3) 캔-애뉼러형 연소실
① 캔형과 애뉼러형의 중간 특성으로 구조가 견고하고 길이가 짧다.
② 출구 온도 분포가 균일하고, 연소 및 냉각 면적이 크다.
③ 정비가 불편하다.

Q 227
연소실에서 연소 효율을 증가시키기 위한 부품은 무엇인가?

해답▶ swirl guide vane

Q 228
연소실로 유입되는 공기 중 1차 공기와 2차 공기의 차이점은?

해답▶ 1차 공기는 연소에 사용되는 공기로 압축기에서 공급되는 공기의 25% 정도이며 실제로 연소에 사용되는 공기다. 연소실 외부로부터 들어오는 상대적으로 차가운 2차 공기 중 일부가 연소실 라이너 벽면에 마련된 수많은 작은 구멍들을 통하여 연소실 라이너 벽면의 안팎을 냉각시킴으로써 연소실을 보호하고 수명이 증가되도록 한다.

Q 229
연소실의 냉각은 어떻게 하는가?

해답▶ 연소실로 유입된 공기 중 75%는 냉각을 위해 사용되며 2차 공기라 한다.

Q 230
연소실의 냉각은 어떻게 이루어지는가?

해답▶ 연소실에 유입되는 2차 공기 흐름에 의하여

Q 231
연소실에 유입되는 공기의 속도를 줄이는 이유는 무엇인가?

해답▶ 연소 성능이 좋아지도록

Q 232
gas turbine engine에 들어오는 대부분 공기의 역할은 무엇인가?

해답▶ 엔진 냉각에 사용된다.

Q 233
swirl guide vane은 어떤 역할을 하는가?

해답▶ 연소에 이용되는 1차 공기 흐름에 적당한 소용돌이를 주어 유입 속도를 감소시키면서 공기와 연료가 잘 섞이도록 하여 화염 전파 속도가 증가되도록 한다. 따라서 엔진의 운전 조건이 변하더라도 항상 안정되고 연속적인 연소가 가능하도록 하여 연소 효율을 증가시킨다.

Q 234

연소용 공기량은 연소실을 통과하는 총 공기의 몇 %인가?

해답▶ 연소실을 통과하는 총 공기에 대한 연소에 사용되는 1차 공기의 비율은 약 25% 정도이다.

Q 235

hot spot(열점)이란 무엇인가?

해답▶ combustion chamber나 turbine blade에서 열로 인하여 검게 그을리거나 재료가 타서 떨어져 나간 형태이다.

❶ combustion chamber : 연료 노즐의 이상으로 연소실 벽에 연료가 직접 닿아서 그을리거나 검게 탄 흔적이 남는다.

❷ turbine blade : 냉각 공기 hole이 막혀서 연소실 내에서 오는 뜨거운 공기가 blade에 직접 닿아서 blade가 타거나 떨어져 나간다.

Q 236

터빈(turbine)이란 무엇인가?

해답▶ 압축기, 액세서리 및 그 밖의 필요 장비를 구동시키는 데 필요한 동력을 발생하는 부분이며, 연소실에서 연소된 고압, 고온의 연소 가스를 팽창시켜 회전 동력을 얻는다. 터빈 첫 단계 블레이드의 냉각에는 고압 압축기의 bleed air를 이용하여 냉각한다.

Q 237

터빈이 갖추어야 할 구비 조건은 무엇인가?

해답▶ ① 효율이 높아야 한다.
② 단(stage)당 팽창비가 커야 한다.
③ 제작이 쉽고 가격이 저렴해야 한다.
④ 신뢰성이 높고 수명이 길어야 한다.
⑤ 정비성이 좋아야 한다.

Q 238

터빈(turbine)의 종류는 어떤 것이 있는가?

해답▶ (1) 반지름형 터빈(radial turbine)

① 구조가 간단하고 제작이 간편하다.

② 비교적 효율이 좋다.

③ 단마다의 팽창비가 4.0 정도로 높다.

④ 단 수를 증가시키면 효율이 낮아지고 또 구조가 복잡해지므로 보통 소형 기관에만 사용한다.

(2) 축류형 터빈(axial turbine)

① 충동 터빈(impulse turbine) : 반동도가 0인 터빈으로서 가스의 팽창은 터빈 고정자에서만 이루어지고 회전자 깃에서는 전혀 팽창이 이루어지지 않는다. 따라서 회전자 깃의 입구와 출구의 압력 및 상대 속도의 크기는 같다. 다만 회전자 깃에서는 상대 속도의 방향 변화로 인한 반작용력으로 터빈이 회전력을 얻는다.

② 반동 터빈(reaction turbine) : 고정자 및 회전자 깃에서 동시에 연소 가스가 팽창하여 압력의 감소가 이루어지는 터빈을 말한다. 고정자 및 회전자 깃과 깃 사이의 공기 흐름 통로가 모두 수축 단면이다. 따라서 이 통로로 연소 가스가 지나갈 때에 속도는 증가하고 압력이 떨어지게 된다. 속도가 증가하고 방향이 바뀌어진 만큼의 반작용력이 터빈의 회전자 깃에 작용하여 터빈을 회전시키는 회전력이 발생한다. 반동 터빈의 반동도는 50%를 넘지 않는다.

③ 충동-반동 터빈(impulse-reaction turbine) : 회전자 깃을 비틀어 주어 깃 뿌리에서는 충동 터빈으로 하고 깃 끝으로 갈수록 반동 터빈이 되도록 제작하였다.

Q 239

터빈이 좋고 나쁨은 무엇으로 알 수 있는가?

해답▶ 터빈 입구와 출구의 전압의 비인 터빈 팽창비가 단(stage)당 클수록 터빈 효율이 좋다.

Q 240

turbine blade의 creep 현상은 무엇인가?

해답▶ 터빈이 고온 가스에 의해 회전하면 원심력이 작용하는데, 그 원심력에 의하여 터빈 블레이드가 저피치로 틀어지는 힘을 받아 길이가 늘어나는 현상을 말한다.

Q 241

turbine blade shroud란 무엇인가?

해답 turbine blade tip에 shroud가 붙은 구조가 많이 사용되고 있다. 이 shroud가 장착된 blade의 구조는 복잡하지만, blade의 공진을 방지할 수 있고, 가스가 새는 것을 막는 효과가 있으며, 또 blade 단면이 얇아서 공력 특성이 우수한 blade가 만들어지는 등의 이점이 있다.

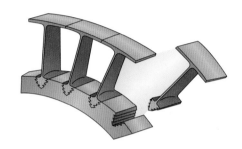

Q 242

gas turbine engine에서 creep 현상이 큰 문제가 되는 것은 무엇인가?

해답 터빈 블레이드(turbine blade)

Q 243

turbine blade의 냉각 방법은 무엇이 있는가?

해답 ❶ 대류 냉각은 터빈 블레이드 내부를 중공으로 만들어 이 공간으로 냉각 공기를 통과시켜 냉각한다.

❷ 충돌 냉각은 터빈 블레이드의 내부에 작은 공기 통로를 설치하여 이 통로에서 터빈 블레이드의 앞전 안쪽 표면에 냉각 공기를 충돌시켜 냉각한다.

❸ 공기막 냉각은 터빈 블레이드의 안쪽에 공기 통로를 만들고 터빈 블레이드의 표면에 작은 구멍을 뚫어 이 작은 구멍을 통하여 차가운 공기가 나오게 하여 찬 공기의 얇은 막이 터빈 블레이드를 둘러싸서 연소 가스가 직접 터빈 깃에 닿지 못하게 힘으로서 터빈 블레이드의 가열을 방지하고 냉각도 되게 한다.

❹ 침출 냉각은 터빈 블레이드를 다공성 재료로 만들고 블레이드 내부에 공기 통로를 만들어 차가운 공기가 터빈 블레이드를 통하여 스며 나오게 하여 냉각한다.

Q 244

turbine blade의 냉각에 사용되는 공기는 어디서 오는가?

해답 HPC의 bleed air를 이용하여 냉각한다.

Q 245

turbine blade root 형태는 무엇인가?

해답 fir tree

Q 246

nozzle diaphragm이란 무엇인가?

해답 turbine stator는 다양한 이름으로 불리고 있으며 turbine inlet nozzle vane, turbine inlet guide vane, turbine nozzle diaphragm이 일반적으로 가장 널리 사용되는 3가지 이름이다. turbine nozzle diaphragm은 터빈으로 가는 가스의 압력을 감소시키고 속도를 증가시키며 그 외에 가스가 로터에 대해 최적인 각도로 충돌하도록 흐름 방향을 부여하는 작용을 한다.

Q 247

gas turbine engine에서 가장 고온에 노출되기 쉬운 부분은 어디인가?

해답 turbine nozzle guide vane은 항상 고온, 고압에 노출되기 때문에 코발트 합금 또는 니켈 내열 합금으로 정밀 주조하여 특히, 1단 및 2단 베인에 공랭 터빈 날개 구조를 채택한 것이 많다.

Q 248

gas turbine engine의 고열 부분 점검 시 무엇으로 결함을 표시하는가?

해답 터빈 블레이드와 디스크, 터빈 베인, 연소실 라이너와 같이 엔진의 gas path에 직접 노출되는 부품 표식에는 마킹용 염료(dye) 또는 백묵(chalk)을 사용한다. 한편 가스 경로에 직접 노출되지 않은 부품 표식에는 흑색 연필(wax marking pencil)을 사용한다. 그러나 카본 함유 연필(carbon alloy or metallic pencil)은 재료 강도의 감소와 균열을 유발하는 입자 간 부식을 유발할 수 있기 때문에 사용이 금지되어 있다.

Q 249
터빈 축과 압축기 축의 연결 방법은 무엇인가?

해답 ▶ 압축기 축과 터빈 축은 스플라인(spline)으로 연결되어 있다.

Q 250
turbine disk와 turbine wheel의 차이점은 무엇인가?

해답 ▶ turbine disk는 turbine blade가 장착되지 않은 상태를 말하며 turbine blade 가 장착되면, turbine disk는 turbine wheel이 된다.

Q 251
TCCS(Turbine Case Cooling System)란 무엇인가?

해답 ▶ turbine case 외부에 공기 매니폴드를 설치하고 이 매니폴드를 동하여 냉각 공 기를 turbine case 외부에 내뿜어서 case를 수축시켜 turbine blade tip clearance 를 적정하게 보정함으로써 터빈 효율의 향상에 의한 연비의 개선을 위해 마련되어 있다. 초기에는 고압 터빈에만 적용되었으나 나중에 고압과 저압에 적용이 점차 확 대되었다.

Q 252
항공기용 제트 연료의 필요 조건은 무엇인가?

해답 ▶ ① 단위 중량당 발열량이 클 것
② 연소성이 좋고 그을림이 적을 것
③ 휘발성이 적당하고 vapor lock을 일으키지 않을 것
④ 저온에서 잘 동결되지 않을 것
⑤ 부식성이 없을 것
⑥ 인화점, 발화점이 높을 것
⑦ 대량 생산이 가능하고 가격이 저렴할 것

Q 253
제트 연료에 첨가하는 물질에는 어떠한 것들이 있는가?

해답 ▶ 산화 방지제, 부식 방지제, 결빙 방지제, 정전기 방지제, 미생물 살균제

Q 254

gas turbine engine 연료의 종류를 설명하시오.

해답 ▶ (1) 군용 연료

① JP-4 : JP-3의 증기압 특성을 개량하기 위하여 개발한 것으로 항공 가솔린의 증기압과 비슷한 값을 가지고 있으며, 등유와 낮은 증기압의 가솔린의 합성 연료이며 군용으로 주로 쓰인다.

② JP-5 : 높은 인화점과 낮은 증기압의 등유계 연료로서 인화성이 낮아 폭발 위험성이 거의 없기 때문에 항공 모함의 벙크 탱크에 저장하기 위하여 개발된 연료로 함재기에 많이 사용된다.

③ JP-6 : 초음속기의 높은 온도에 적응하기 위하여 개발된 것으로 낮은 증기압 및 JP-4보다 더 높은 인화점을 가지고 있으며 JP-5보다 더 낮은 어느 점을 가지고 있다.

④ JP-8 : JP-8은 JP-4보다 열적 안정성이 더 우수하고 인화점이 높다.

(2) 민간용 연료

① JET A 및 A-1형 : JP-5와 비슷하지만 어느 점이 약간 높다.

② JET B형 : JP-4와 비슷하지만 어느 점이 약간 높다.

Q 255

제트 연료의 기본 2가지 종류는 무엇인가?

해답 ▶ ❶ 와이드 컷계 : JET B, JP-4

인화점이 낮고 발화점이 높으며 휘발성이 높고 가격이 비싸다.

❷ 케로신계 : JET A, JET A-1, JP-5, JP-8

인화점이 높고 발화점이 낮으며 휘발성이 낮고 가격이 싸다.

Q 256

boost pump의 형식은 무엇인가?

해답 ▶ 전기식 boost pump의 형식은 대개 원심식이다.

Q 257

boost pump의 기능은 무엇인가?

해답 ▶ ① 엔진 시동 시 연료를 공급하며 고고도나 이착륙 동안에 적당한 연료 압력을 유지하기 위하여 작동한다.

② 연료 탱크의 연료를 다른 쪽 연료 탱크로 이송시킬 때에도 사용한다.

③ 고고도에서 vapor lock을 방지한다.

Q 258
main fuel pump 종류는 무엇이 있는가?

해답 ▶ main fuel pump는 원심 펌프, 기어 펌프 및 피스톤 펌프가 있으며, 그중에서 주로 기어 펌프가 많이 사용된다.

Q 259
main fuel pump에서 계통 내의 압력을 일정하게 해주는 밸브는 무엇인가?

해답 ▶ main fuel pump 출구 압력이 규정값 이상으로 높아지면 relief valve가 열려서 연료를 펌프 입구로 되돌려 보낸다.

Q 260
main fuel pump relief valve의 과도한 압력은 어디로 돌아가는가?

해답 ▶ pump inlet

Q 261
fuel tank에서 연소실까지 fuel flow를 설명하시오.

해답 ▶ fuel tank → boost pump → shut off valve → fuel pump → fuel filter → fuel control unit → fuel flow transmitter → fuel oil cooler → P&D valve → fuel manifold → fuel nozzle → combustion chamber

Q 262
fuel filter에 대하여 설명하시오.

해답 ▶ ① 연료 계통 내의 불순물을 걸러내기 위하여 여러 곳에 사용한다.

② 필터가 막혀서 연료가 잘 흐르지 못할 때 엔진에 연료를 계속 공급하기 위하여 규정된 압력차에서 열리는 바이패스 밸브가 함께 사용된다.

③ cartridge type, screen type, screen-disk type이 있다.

Q 263
fuel control unit의 기본적인 2가지 종류는 무엇인가?

해답▶ ① 유압 기계식(hydro-mechanical type)
② 전자식(electronic type)

Q 264
FCU(Fuel Control Unit)의 기능은 무엇인가?

해답▶ FCU(Fuel Control Unit)는 모든 엔진 작동 조건에 대응하여 엔진으로 공급되는 연료 유량을 적절하게 제어하는 장치이다.

Q 265
FCU(Fuel Control Unit)는 어떠한 것들을 감지해서 작동하는가?

해답▶ ① 엔진의 회전수(RPM)
② 압축기 출구 압력(Compressor Discharge Pressure : CDP)
③ 압축기 입구 온도(Compressor Inlet Temperature : CIT)
④ 압축기 입구 압력(Compressor Inlet Pressure : CIP)
⑤ 동력 레버의 위치(Power Lever Angle : PLA)

Q 266
FCU(Fuel Control Unit)는 trim 할 때 무엇을 조절하는가?

해답▶ idle RPM 조절과 maximum RPM 조절

Q 267
engine trim의 목적은 무엇인가?

해답▶ 제작 회사에서 정한 정격에 맞도록 엔진을 조절하는 행위를 말하며, 또 다른 정의는 엔진의 정해진 RPM에서 정격 추력을 내도록 연료 조정 장치(FCU)를 조정하는 것으로도 정의된다.

Q 268
engine trim은 어떤 상태에서 언제 하는가?

해답▶ ❶ 제작 회사의 지시에 따라 수행하여야 하며 습도가 없고 무풍일 때가 좋으나 바람이 불 때는 항공기를 정풍이 되도록 한다. 배풍 상태에서는 엔진에서 배출된 뜨거운 공기가 다시 흡입될 수 있으므로 engine trimming을 해서는 안 된다.

❷ 트림 시기는 엔진 교환 시, FCU 교환 시, 배기 노즐 교환 시이다.

Q 269
전자식 연료 조정 계통의 trim은 어떻게 수행하는가?

해답▶ 대부분의 전자식 연료 조정 계통에서는 trimming 또는 기계적인 조절이 필요 없다. 보통 EEC software의 교환이나 EEC 교환을 통해 이루어진다.

Q 270
fuel nozzle의 기능 및 종류는 무엇이 있는가?

해답▶ (1) 연료 노즐은 여러 가지 조건에서도 빠르고 확실한 연소가 이루어지도록 연소실에 연료를 미세하게 분무하는 장치이다.

(2) 연료 노즐의 종류는 분무식과 증발식이 있다.
 ① 분무식은 분사 노즐을 이용해서 고압으로 연소실에 연료를 분사시키는 것이다.
  ㉮ 단식 노즐 : 구조가 간단한 장점이 있으나 연료의 압력과 공기 흐름의 변화에 따라 연료를 충분하게 분사시켜 주지 못하여 현재는 거의 사용하지 않는다.
  ㉯ 복식 노즐 : 분무식 노즐에 주로 사용되는데, 1차 연료가 노즐 중심의 작은 구멍을 통하여 분사되고 2차 연료는 가장자리의 큰 구멍을 통해 분사되도록 되어 있다. 1차 연료는 시동할 때에 넓은 각도로 이그나이터에 가깝게 분사되고 2차 연료는 연소실 벽에 직접 연료가 닿지 않고 연소실 안에서 균등하게 연소되도록 비교적 좁은 각도로 멀리 분사되며 완속 회전 속도(idle RPM) 이상에서 작동된다.
 ② 증발식은 연료가 1차 공기와 함께 증발관을 통과하면서 연소 열에 의하여 가열, 증발되어 연소실에 혼합 가스를 공급하는 것이다.

Q 271
1차 연료와 2차 연료를 분배하는 역할을 하는 것은 무엇인가?

해답▶ P&D valve(Pressurized & Dump valve)

Q 272

P&D valve(Pressurized & Dump valve)의 역할은 무엇인가?

해답▶ ❶ fuel control unit과 fuel manifold 사이에 위치하여 연료의 흐름을 1차 연료와 2차 연료로 분리시킨다.

❷ engine이 정지되었을 때 fuel manifold나 fuel nozzle에 남아있는 연료를 외부로 방출하여 다음 시동을 할 때 과열 시동을 방지한다.

❸ 연료의 압력이 일정 압력 이상이 될 때까지 연료의 흐름을 차단하는 역할을 한다.

Q 273

복식 노즐에 대하여 설명하시오.

해답▶ 분무식 노즐에 주로 사용되는데, 1차 연료가 노즐 중심의 작은 구멍을 통하여 분사되고, 2차 연료는 가장자리의 큰 구멍을 통해 분사되도록 되어 있다. 1차 연료는 시동할 때에 넓은 각도로 이그나이터에 가깝게 분사되고, 2차 연료는 연소실 벽에 직접 연료가 닿지 않고 연소실 안에서 균등하게 연소되도록 비교적 좁은 각도로 멀리 분사되며 완속 회전 속도 (idle RPM) 이상에서 작동된다.

Q 274

복식 노즐에서 연료 분사 각도는?

해답▶ 1차 연료는 2차 연료 분사 각도보다 비교적 넓은 각도로 분사된다.

Q 275

순항 시 연료 분사는 어떻게 되는가?

해답▶ 순항 시에는 1차, 2차 연료가 모두 분사가 되나 1차 연료의 압력에 비하여 2차 연료의 압력이 크므로 1차 연료를 감싸서 연료 분사는 좁게 된다.

Q 276

연소실에서 열점(hot spot) 현상의 원인은 무엇인가?

해답▶ fuel nozzle의 이상으로 연소실 벽에 연료가 직접 닿아서 그을리거나 검게 탄 흔적이 남는다.

Q 277

fire handle을 당기면 fuel flow는 어떻게 되는가?

해답▶ 해당 엔진의 fuel flow는 차단된다.

Q 278

EEC(Electronic Engine Control)의 기능은 무엇인가?

해답▶ 모든 비행 상태에서 조종사 요구에 부응하여 최적의 엔진 조정을 수행하기 위하여 입력 신호를 전산 처리하여 작동 부분품을 일괄 조정하는 기능을 한다.

Q 279

EEC를 교환할 때 programming plug는 어떻게 하는가?

해답▶ programming plug는 엔진의 추력 정격에 들어맞는 EEC software를 선택한다. plug는 엔진 fan case에 lanyard로 묶여 있어 EEC를 교환할 때, plug는 엔진에 남게 된다.

Q 280

FADEC이란 무엇인가?

해답▶ Full Authority Digital Engine Control이며, 가장 최신의 터빈 엔진 모델에서 연료 유량을 제어하기 위해 개발되어졌다. FADEC은 엔진 parameter의 정보를 전자감지기 신호를 이용하여 EEC(Electronic Engine Control)로 보내서 fuel flow를 조정한다.

Q 281

gas turbine engine 오일의 구비 조건은 무엇인가?

해답▶ ① 점성과 유동점이 어느 정도 낮을 것
② 점도 지수는 어느 정도 높을 것
③ 윤활유와 공기의 분리성이 좋을 것
④ 산화 안정성 및 열적 안정성이 높을 것
⑤ 인화점이 높을 것
⑥ 기화성이 낮을 것
⑦ 부식성이 없을 것

Q 282
gas turbine engine oil의 종류에는 어떤 것이 있는가?

해답▶ ① Type 1 : 에스테르기, 초기의 합성유로 1960년대까지 이용되었다.
② Type 2 : 에스테르기, 내열성이 뛰어나며 카본의 축적이 적다. 현재 사용되고 있다.

Q 283
gas turbine engine에 사용하는 oil은 무엇인가?

해답▶ 합성유(synthetic oil)를 사용하며 인화점이 높고 내열성이 뛰어나다.

Q 284
gas turbine engine oil system의 3가지 종류는 무엇인가?

해답▶ ① pressure system
② scavenge system
③ breather system

Q 285
oil flow에 대하여 설명하시오.

해답▶ oil tank → main oil pump → main oil filter → pressure regulator → fuel oil cooler → oil nozzle → scavenge pump → oil tank

Q 286
oil pump 종류는 무엇이 있는가?

해답▶ oil pump에는 기어형(gear type), 베인형(vane type), 지로터형(gerotor type) 등이 사용되는데, 기어형과 지로터형 펌프를 많이 사용한다

Q 287
oil pressure pump relief valve의 과도한 압력은 어디로 돌아가는가?

해답▶ pump inlet

Q 288
hot tank와 cold tank의 차이점은 무엇인가?

해답▶ ❶ hot tank는 scavenge된 뜨거운 oil이 냉각되지 않은 채로 tank로 돌아온 후 tank에서 system으로 가기 전에 cooler를 거치는 방식

❷ cold tank는 scavenge된 뜨거운 oil이 cooler를 거쳐서 tank로 돌아오는 방식

Q 289
oil tank에서 연료 냄새가 날 때 조치 사항은 무엇인가?

해답▶ fuel oil cooler를 먼저 교환해야 하며, oil system을 flushing 하여야 한다.

Q 290
fuel oil cooler 내부에 구멍이 나서 연료가 오일과 섞였다면 어떤 현상이 일어나는가?

해답▶ fuel pressure가 oil pressure보다 높기 때문에 oil에 fuel이 들어와 oil의 양이 증가하고 묽어져 점도가 낮아진다.

Q 291
oil cooler의 thermal bypass valve의 기능은 무엇인가?

해답▶ 시동할 때와 같이 oil 온도가 낮을 때 oil은 oil cooler를 bypass하고, 엔진 작동 중 oil이 뜨거워지면 oil cooler를 통과시켜 oil의 열을 감소시킨다.

Q 292
oil cooler의 bypass valve가 열려 있다면 어떤 상태인가?

해답▶ oil의 온도가 낮기 때문에 bypass valve가 열려 oil은 cooler를 통하지 않고 그냥 bypass 된다.

Q 293
oil tank의 팽창 공간은 얼마인가?

해답▶ oil tank는 oil의 열팽창에 대비하여 탱크 용량의 10%의 팽창 공간이 있어야 한다.

Q 294
oil pressure가 낮다면 그 원인은 무엇인가?

해답▶ ① oil pump의 고장
② oil quantity 부족
③ oil pump 공급 계통에 큰 저항
④ oil supply line의 느슨함

Q 295
oil tank에 팽창 공간이 있는 이유는 무엇인가?

해답▶ oil이 작동 중에 열에 의해 뜨거워지거나 거품이 섞여 체적이 증가하기 때문이다.

Q 296
oil scavenge pump의 용량이 pressure pump보다 큰 이유는?

해답▶ 엔진 내부에서 공기와 혼합되어 체적이 증가하기 때문에 scavenge pump가 pressure pump보다 용량이 더 커야 한다.

Q 297
fuel oil cooler의 목적은 무엇인가?

해답▶ fuel oil cooler의 일차적인 목적은 오일이 가지고 있는 열을 연료에 전달시켜 오일을 냉각시키는 것이고, 이차적인 목적은 연료를 가열하는 것이다.

Q 298
gas turbine engine main bearing은 어떤 방식으로 윤활을 하는가?

해답▶ 오일 펌프에 의해 가압된 오일을 oil jet를 통해 분무 형태로 공급하여 베어링을 윤활한다.

Q 299
bearing sump를 가압하는 데 사용되는 공기는 무엇인가?

해답▶ compressor bleed air

Q 300
engine shaft bearing에 사용되는 oil seal의 형태는 무엇인가?

해답 ▶ 통상적인 oil seal은 labyrinth type 또는 thread type이다. 이들 seal은 compressor shaft를 따라 오일이 누설되는 것을 최소화하기 위해 여압을 한다. labyrinth type은 보통 여압되지만, thread type seal은 역방향의 나사에 의존하여 오일 누설을 방지하고 있다. 두 형태의 oil seal은 매우 비슷하며, 다만 나사의 크기가 다르고 labyrinth type seal은 여압을 한다는 것이 다를 뿐이다. 근래 개발된 엔진에 사용되는 다른 형태의 oil seal은 carbon seal로 보통 스프링에 의해서 힘을 받고 있다.

Q 301
breather system의 목적은 무엇인가?

해답 ▶ bearing compartment의 공기를 제거해 주는 것으로, oil 중의 공기를 분리하여 밖으로 배출시키는 것이다.

Q 302
oil system 마지막에 장착된 필터의 위치는 어디인가?

해답 ▶ oil이 nozzle에서 bearing으로 들어가기 직전에 고운 메쉬로 된 last chance filter가 있다. 이 필터는 각각의 bearing에 장착되어서 오염 물질을 걸러 oil nozzle이 막히지 않도록 도와준다.

Q 303
low oil pressure light가 on 되는 시기는 언제인가?

해답 ▶ oil pressure가 규정 값 한계 이하로 낮아졌을 때 들어온다.

Q 304
oil이 정상보다 적게 공급될 때 조종실에서 어떻게 알 수 있는가?

해답 ▶ oil pressure가 낮고, oil temperature가 높은 것으로 알 수 있다.

Q 305
oil pressure는 어디에서 감지하는가?

해답▶ oil pump에서 압력 시스템으로 들어가는 oil pressure를 측정한다.

Q 306
oil system에서 deaerator의 기능은 무엇인가?

해답▶ breather air에 포함된 oil을 분리하고 공기를 외부로 방출한다.

Q 307
MCD란 무엇인가?

해답▶ Magnetic Chip Detector이며 oil scavenge 부분에 자석으로 만들어진 plug를 장착하여 자성 성분의 chip을 모아 엔진의 이상 상태를 알아내는 장치이다.

Q 308
oil level 점검은 언제 하는가?

해답▶ 엔진마다 차이는 있지만, 일반적으로 oil tank의 oil level 점검은 엔진 정지 5분 후부터 30분 이내에 이루어져야 정확한 오일량을 확인할 수 있다.

Q 309
1 quarter는 얼마인가?

해답▶ 1/4 gallon.

Q 310
엔진에 보급하고 남은 oil은 어떻게 하여야 하는가?

해답▶ 보급하고 남은 oil은 폐기하여야 한다.

Q 311
소음(noise)이란 무엇인가?

해답▶ 들어서 좋지 않은 음의 총칭이며 음의 크기, 시끄러움, 짜증남으로 정의된다. 항공기가 발생하는 소음에는 엔진이 발생하는 엔진 소음과 날개의 플랩이나 바퀴가 발생하는 기체 소음의 2가지로 나눌 수 있다.

Q 312
엔진 소음(engine noise)의 종류에는 어떤 것들이 있는가?

해답▶ fan noise와 turbine noise가 있으며, 각각은 다시 blade의 회전에 의한 소음과 대기와의 마찰에 의한 소음으로 나누어진다.

Q 313
배기가스의 소음 감소 장치에는 어떤 것들이 있는가?

해답▶ 다수 튜브 제트 노즐형(multiple tube jet nozzle)이나 주름살형(corrugated perimeter type, 꽃 모양형)의 노즐을 사용하거나 소음 흡수 라이너(sound absorbing liners)를 부착한다.

Q 314
소음 감소 장치는 소음을 어떻게 감소시킬 수 있는가?

해답▶ 일반적으로 배기 소음 감소 장치는 분출되는 배기가스에 대한 대기의 상대 속도를 줄이거나 배기가스가 대기와 혼합되는 면적을 넓게 하여 배기 노즐 가까이에서 대기와 혼합되도록 함으로써 저주파 소음의 크기를 감소시킨다.

Q 315
배기 노즐(exhaust nozzle)의 종류는?

해답▶ ❶ **아음속 항공기** : 수축형 배기 노즐을 사용하여 배기가스의 속도를 증가시켜 추력을 얻는다.

❷ **초음속 항공기** : 수축 확산형 배기 노즐을 사용하는데, 터빈에서 나온 고압, 저속의 배기가스를 수축 통로를 통하여 팽창, 가속시켜 최소 단면적 부근에서 음속으로 변환시킨 다음 다시 확산 통로를 통과하면서 초음속으로 가속시킨다. 이것은 아음속에서는 확산에 의하여 속도 에너지가 압력 에너지로 변환되지만 반대로 초음속에서는 확산에 의하여 압력 에너지가 속도 에너지로 변하기 때문이다.

Q 316
배기 노즐(exhaust nozzle)의 목적은 무엇인가?

해답▶ 배기 노즐은 배기가스의 속도를 증가시켜 추력을 얻는 역할을 한다.

Q 317
초음속기에 사용하는 배기 노즐의 형태는 무엇인가?

해답▶ 수축 확산형 배기 노즐을 사용한다.

Q 318
배기 콘(exhaust cone)의 목적은 무엇인가?

해답▶ 아음속기의 터보 팬이나 터보 프롭 기관에는 배기 노즐의 면적이 일정한 수축형 배기 노즐이 사용되며 내부에는 정류(축 방향으로 가스 흐름을 일직선이 되도록 하기 위해)의 목적으로 원뿔 모양의 tail cone이 장착되어 있다.

Q 319
turbo fan engine이 turbo jet engine보다 소음이 적은 이유는?

해답▶ turbo jet engine은 배기가스의 분출 속도가 turbo fan engine에 비하여 상당히 빠르므로 배기 소음이 특히 심하다.

Q 320
ignition system의 종류는 무엇이 있는가?

해답▶ ❶ **왕복 엔진** : 배터리 점화 계통, 마그네토 점화 계통(저압 점화 계통, 고압 점화 계통)

❷ **제트 엔진** : 직류 유도형, 교류 유도형, 직류 고전압 용량형, 교류 고전압 용량형

Q 321
gas turbine engine ignition system의 전원은 무엇을 이용하는가?

해답▶ DC 28V 또는 AC 115V 400Hz를 사용하고 있으며 ignition system은 엔진의

시동 및 비행 중에 flame out이 생길 때의 재점화를 위해 사용되며 일단 엔진이 정상 작동 상태로 되면 작동이 정지된다. 그 외에 이륙 중과 착륙 중 및 icing 기상 상태 및 악기류 속에서 연소 정지를 방지하기 위해 연속해서 사용된다.

Q 322
gas turbine engine에 사용되는 2가지 ignition system은 무엇인가?

해답▶ ❶ 유도형 점화 계통은 초창기 gas turbine engine의 점화 장치로 사용되었다.

❷ 용량형 점화 계통은 강한 점화 불꽃을 얻기 위해 콘덴서에 많은 전하를 저장했다가 짧은 시간에 흐르도록 하는 것으로 대부분의 gas turbine engine에 사용되고 있다.

Q 323
대부분의 gas turbine engine에 사용되는 ignition system의 형식은 무엇인가?

해답▶ 고에너지, 커패시터형 점화 계통(high energy, capacitor type ignition system)을 갖추고 있으며, 팬 공기 흐름에 의해 냉각되는 방식이다.

Q 324
jet engine ignition system이 왕복 엔진보다 불리한 점은 무엇인가?

해답▶ 연소실 내의 와류 현상과 빠른 공기 속도 때문에 시동 시 점화가 어렵다. 또 jet engine의 연료는 기화성이 낮고 혼합비가 희박하여 점화가 쉽지 않다.

Q 325
jet engine ignition system이 작동되는 때는 언제인가?

해답▶ 시동 시와 연소 정지(flame out)가 우려될 경우에만 작동하도록 되어 있다.

Q 326
ignition vibrator의 역할은 무엇인가?

해답▶ gas turbine engine ignition system에서 28V DC를 받아 스프링의 힘과 vibrator coil의 자장에 의해 진동하면서 변압기 역할을 하는 점화 코일의 1차 코일에 맥류를 공급한다.

Q 327
jet engine ignition system의 구성은 어떻게 되는가?

해답 ▶ ❶ ignition exciter : igniter에서 고온 에너지의 강력한 전기 불꽃이 발생하도록 항공기의 저전압 전원을 고전압으로 변환하는 장치

❷ high tension lead : exciter와 igniter를 연결하여 주는 고압 전선

❸ igniter : 연소실 내의 혼합 가스에 전기 불꽃을 발생시켜 점화시켜 주는 장치

Q 328
gas turbine engine ignition system이 왕복 엔진과의 차이점은 무엇인가?

해답 ▶ ① 시동할 때만 점화가 필요하다.
② 점화 시기 조절 장치가 필요 없기 때문에 구조와 작동이 간편하다.
③ igniter의 교환이 빈번하지 않다.
④ igniter가 엔진에 두 개 정도만 필요하다.
⑤ 교류 전력을 이용할 수 있다.

Q 329
gas turbine engine은 몇 개의 igniter를 가지고 있는가?

해답 ▶ engine에 2개의 igniter가 장착되어 있다.

Q 330
gas turbine engine의 igniter가 왕복 엔진에 비해 수명이 긴 이유는 무엇인가?

해답 ▶ 시동할 때와 연소 정지를 방지하기 위한 경우에만 사용되므로 사용 시간이 짧아서 왕복 엔진에 비하여 수명이 길다.

Q 331
jet engine의 물 분사(water injection)란 무엇이며 언제 사용하는가?

해답 ▶ 압축기의 입구와 출구인 디퓨저 부분에 물이나 물-알코올의 혼합물을 분사함으로써 높은 기온일 때 이륙 시 최대 출력이 필요할 때, 짧은 활주로에서 또는 비상시 착륙 시도한 후 복행할 때 추력을 증가시키기 위한 방법으로 이용된다. 대기의 온도

가 높을 때는 공기의 밀도가 감소하여 추력이 감소하는데, 물을 분사시키면 물이 증발하면서 공기의 열을 흡수하여 흡입 공기의 온도가 낮아지면서 밀도가 증가하여 많은 공기가 흡입된다. 물 분사를 하면 이륙할 때에 기온에 따라 약 10~30% 정도의 추력 증가를 얻을 수 있다.

Q 332
jet engine의 물 분사(water injection)에 알코올을 사용하는 이유는?

해답▶ 알코올을 사용하는 것은 물이 쉽게 어는 것을 막아주고, 또 물에 의하여 연소 가스의 온도가 낮아진 것을 알코올이 연소됨으로써 추가로 연료를 공급하지 않더라도 낮아진 연소 가스의 온도를 증가시켜 주기 위한 것이다.

Q 333
후기 연소기(after burner)에 대하여 설명하시오.

해답▶ ❶ 엔진의 전면 면적의 증가나 무게의 큰 증가 없이 추력의 증가를 얻는 방법이다.

❷ 터빈을 통과하여 나온 연소 가스 중에는 아직도 연소 가능한 산소가 많이 남아 있어서 배기 도관에 연료를 분사시켜 연소시키는 것으로 총 추력의 50%까지 추력을 증가시킬 수 있다.

❸ 연료의 소모량은 거의 3배가 되기 때문에 경제적으로는 불리하다. 그러나 초음속 비행과 같은 고속 비행 시에는 효율이 좋아진다.

❹ 후기 연소기는 후기 연소기 라이너, 연료 분무대, 불꽃 홀더 및 가변 면적 배기 노즐 등으로 구성된다.

Q 334
jet engine에서 냉각 목적으로 물 분사(water injection)를 하는 곳은?

해답▶ 압축기의 입구와 디퓨저 부분

Q 335
gas turbine engine idle RPM의 종류는?

해답▶ ① ground idle 또는 minimum idle
② flight idle 또는 approach idle

Q 336
엔진을 높은 추력으로 작동 후 엔진 정지 전에 냉각시키는 이유는 무엇인가?

해답▶ 엔진이 작동되는 동안 turbine case와 turbine wheel은 거의 같은 온도에 노출된다. 그러나 turbine case는 상대적으로 얇을 뿐만 아니라 안쪽과 바깥쪽 양쪽에서 냉각되는 반면, turbine wheel은 육중하기 때문에 엔진 정지 시 냉각 속도가 느리다. 따라서 엔진을 정지하기 전에 냉각 시간이 불충분하면 냉각 속도가 빠른 turbine case는 빨리 수축되고, 계속 회전하고 있는 turbine wheel은 수축이 늦어지게 되어 심한 경우 turbine case와 turbine wheel은 고착될 수도 있다. 이를 방지하기 위해 엔진이 일정 시간 높은 추력으로 작동되었다면 엔진 정지 전에 5분 이상 idle RPM 으로 운전하여 냉각 과정을 거쳐야 한다.

Q 337
air turbine starter의 장점은 무엇인가?

해답▶ 같은 크기의 회전력을 발생하는 electric starter에 비해서 무게가 1/4~1/2 정도로 가벼워 출력이 크게 요구되는 대형 엔진에 적합하다.

Q 338
gas turbine engine의 시동 계통의 종류는 무엇이 있는가?

해답▶ (1) 전기식 시동 계통
    ① 전동기식 시동기 : 28V 직류 직권식 전동기 사용, 소형기에 사용된다.
    ② 시동－발전기식 시동기 : 항공기의 무게를 감소시킬 목적으로 만들어진 것으로 엔진을 시동할 때에는 시동기 역할을 하고 엔진이 자립 회전 속도(idle RPM)에 이르면 발전기 역할을 한다.
(2) 공기식 시동 계통
    ① 공기 터빈식 시동기 : 같은 크기의 회전력을 발생하는 전기식 시동기에 비해 무게가 가볍다. 출력이 크게 요구되는 대형 엔진에 적합하고 많은 양의 압축 공기를 필요로 한다.
    ② 공기 충돌식 시동기 : 구조가 간단하고 가벼워 소형 엔진에 적합하며 많은 양의 압축 공기를 필요로 하는 대형 엔진에는 사용되지 않는다.
    ③ 가스 터빈 시동기 : 동력 터빈을 가진 독립된 소형 가스 터빈 엔진으로 외부의 동력 없이 엔진을 시동시킨다. 이 시동기는 엔진을 오래 공회전시킬 수 있고 출력이 높지만 구조가 복잡하다.

Q 339
gas turbine engine을 시동할 때 starter가 분리되는 시기는 언제인가?

해답 ▶ gas turbine engine의 시동은 먼저 starter가 compressor를 규정 속도로 회전시키고 ignition system이 작동하면 연료가 분사되면서 연소가 시작된다. engine이 idle RPM에 도달하면 start switch를 차단시켜 starter와 ignition system의 작동을 중지시킨다.

Q 340
dry motoring, wet motoring의 목적은 무엇인가?

해답 ▶ ❶ dry motoring : ignition off, fuel off 상태에서 starter만으로 엔진 회전하여 oil system의 기능 및 누설 점검을 위하여 실시한다.

❷ wet motoring : ignition off, fuel on(run) 상태에서 starter만으로 엔진 회전하여 fuel system의 기능 및 누설 점검을 위하여 실시한다. wet motoring 후에는 반드시 dry motoring 실시하여 잔여 연료를 blow out 하여야 한다.

Q 341
motoring의 목적은 무엇인가?

해답 ▶ motoring은 fuel system 및 oil system 작업 시 계통 내에 공기가 차므로 air locking을 방지하기 위해 엔진을 공회전시켜 공기를 빼내고 또한 계통에 hydraulic, oil이나 fuel이 누설하는지를 검사하기 위해서이다.

Q 342
dry motoring의 절차는 어떻게 되는가?

해답 ▶ ① ignition circuit breaker를 "open" 한다.
② thrust lever를 "idle" 위치에 놓는다.
③ fuel boost pump switch를 "on" 한다.
④ 연료 입구 압력 지시계가 지시하면 연료가 엔진 연료 펌프 입구로 들어가고 있음을 나타내는 것이다.
⑤ engine start switch를 "on" 시키고, 엔진이 회전하기 시작하면 오일 압력이 상승하는가를 확인한다.
⑥ engine starter를 점검에 필요한 만큼 회전시킨다.
⑦ 점검이 끝나면 engine start switch를 "off" 한다.

Q 343
jet engine starting은 무엇으로 하는가?

해답 ▶ APU에서 만들어낸 압축 공기를 이용하여 pneumatic starter를 돌린다.

Q 344
엔진 시동 시 pneumatic 공급원의 종류는 무엇이 있는가?

해답 ▶ ① 가스 터빈 압축기(GTC : Gas Turbine Compressor)
② 보조 동력 장치(APU : Auxiliary Power Unit)
③ 다른 엔진에서 cross bleed 사용

Q 345
wet motoring의 절차는 어떻게 되는가?

해답 ▶ ① ignition circuit breaker를 "open" 한다.
② thrust lever를 "idle" 위치에 놓는다.
③ fuel boost pump switch를 "on" 한다.
④ 연료 입구 압력 지시계가 지시하면 연료가 엔진 연료 펌프 입구로 들어가고 있음을 나타내는 것이다.
⑤ engine start switch를 "on"시키고, 엔진이 회전하기 시작하면 오일 압력이 상승하는가를 확인한다.
⑥ start lever를 "idle" 또는 "start" 위치로 밀면 엔진으로 연료 흐름이 시작된다.
⑦ 점검이 끝나면 start lever를 "cut off" 위치로 놓아 엔진으로 연료 흐름을 차단한다.
⑧ 연료 차단 후 최소 30초 이상 dry motoring을 실시하여 잔류연료를 제거한다.
⑨ engine start switch를 "off" 한다.

Q 346
pneumatic starter는 엔진의 어디를 돌려주는가?

해답 ▶ N2 spool

Q 347
engine starter의 장착 위치는 어디인가?

해답▶ accessory gearbox(main gearbox)

Q 348
비정상 시동 종류에 대하여 설명하시오.

해답▶ (1) 과열 시동(hot start)
① 시동할 때에 배기가스 온도(EGT)가 규정된 한계값 이상으로 증가하는 현상을 말한다.
② 연료−공기 혼합비를 조정하는 연료 조정 장치(FCU)의 고장, 결빙 및 압축기 입구부분에서 공기 흐름의 제한 등에 의하여 발생한다.

(2) 결핍 시동(hung start)
① 시동이 시작된 다음 엔진의 회전수가 완속 회전수(idle RPM)까지 증가하지 않고 이보다 낮은 회전수에 머물러 있는 현상을 말하며, 이때 배기가스 온도(EGT)가 계속 상승하기 때문에 한계를 초과하기 전에 시동을 중지시킬 준비를 해야 한다.
② starter에 공급되는 동력이 불충분하거나 엔진이 지체 가속을 시작하기 전에 starter가 분리되었기 때문이다.

(3) 시동 불능(no start)
① 엔진이 규정된 시간 안에 시동되지 않는 현상을 말한다. 시동 불능은 엔진 회전수(RPM)나 배기가스 온도(EGT)가 상승하지 않는 것으로 판단할 수 있다.
② starter의 고장, ignition system의 고장, 연료 조정 장치(FCU)의 고장, 연료 흐름의 막힘 등이 원인이 된다.

Q 349
engine idle RPM에서 흡입구의 위험 지역 전방 거리는 얼마인가?

해답▶ 25 feet

Q 350
비정상 시동이 발생하면 어떻게 하여야 하는가?

해답▶ 모든 불안정한 시동 상태에서는 fuel와 ignition system은 차단되어야 한다. 엔진에 잔류된 fuel를 제거하기 위하여 약 30초 동안 dry motoring을 실시하여야 한다. 엔진을 dry motoring 할 수 없는 경우에는 재시동을 시도하기 전에 충분한 연료 유출 기간을 두어야 한다.

Q 351
hot start란 무엇이며 원인은 무엇인가?

해답 ▶ ❶ 시동할 때에 배기가스 온도(EGT)가 규정된 한계값 이상으로 증가하는 현상을 말한다.

❷ 연료-공기 혼합비를 조정하는 연료 조정 장치(FCU)의 고장, 결빙 및 압축기 입구 부분에서 공기 흐름의 제한 등에 의하여 발생한다.

Q 352
hung start란 무엇이며 원인은 무엇인가?

해답 ▶ ❶ 시동이 시작된 다음 엔진의 회전수가 완속 회전수(idle RPM)까지 증가하지 않고 이보다 낮은 회전수에 머물러 있는 현상을 말하며, 이때 배기가스의 온도가 계속 상승하기 때문에 한계를 초과하기 전에 시동을 중지시킬 준비를 해야 한다.

❷ 시동기에 공급되는 동력이 불충분하거나 엔진이 자체 가속을 시작하기 전에 시동기가 분리되었기 때문이다.

Q 353
no start란 무엇이며 원인은 무엇인가?

해답 ▶ ❶ 엔진이 규정된 시간 안에 시동되지 않는 현상을 말한다. 시동 불능은 엔진 회전수(RPM)나 배기가스 온도(EGT)가 상승하지 않는 것으로 판단할 수 있다.

❷ starter의 고장, ignition system의 고장, 연료 조정 장치(FCU)의 고장, 연료 흐름의 막힘 등이 원인이다.

Q 354
gas turbine engine 시동 중 화재 발생 시 조치 사항은 무엇인가?

해답 ▶ 엔진 시동 시 화재가 발생하였을 때는 즉시 연료를 차단하고 계속 starter로 엔진을 회전시킨다.

Q 355
gas turbine engine fluel flow indicator의 단위는 무엇인가?

해답 ▶ PPH(Pound Per Hour)

Q 356

gas turbine engine 정지 후 internal fire가 발생했을 때 확인 방법은 무엇인가?

해답 ▶ 엔진 정지 후 EGT가 감소하지 않는 것으로 알 수 있으며, 즉시 dry motoring 을 실시한다.

Q 357

engine thrust와 온도의 관계는 어떻게 되는가?

해답 ▶ ① 온도가 상승하면 공기 밀도 감소로 인하여 추력이 감소한다.
② 온도가 낮아지면 공기 밀도 증가로 인하여 추력이 증가한다.

Q 358

engine thrust에 영향을 미치는 요소는 무엇인가?

해답 ▶ ❶ 엔진 회전수(RPM) : 추력은 엔진의 최고 설계 속도에 도달하면 급격히 증가한다.

❷ 대기 온도 : 온도가 낮아지면 공기 밀도의 증가로 추력은 증가한다.

❸ 대기 압력 : 압력이 낮아지면 공기 밀도의 감소로 추력은 감소한다.

❹ 비행 속도 : 비행 속도 증가에 따라 추력은 어느 정도 감소하다가 다시 증가한다.

❺ 비행 고도 : 고도가 높아짐에 따라 추력은 감소한다.

Q 359

engine thrust에 고도가 미치는 영향은 무엇인가?

해답 ▶ 고도가 높아짐에 따라 대기 압력과 대기 온도가 감소한다. 따라서, 대기 온도가 감소하면 밀도가 증가하여 추력은 증가하고 대기 압력이 감소되면 추력은 감소한다. 그러나 대기 온도의 감소에서 받는 영향은 대기 압력의 감소에서 받는 영향보다 적기 때문에 결국 고도가 높아짐에 따라 추력은 감소한다.

Q 360

engine flame out이란 무엇을 의미하는가?

해답 ▶ 연소 정지 상태로 엔진이 꺼지는 것을 의미한다.

Q 361
gas turbine engine의 T.S.F.C의 의미는 무엇인가?

해답▶ Thrust Specific Fuel Consumption, 1파운드의 추력을 발생시키는 데 필요한 1시간의 연료 소비량을 말한다.

Q 362
thrust reverser의 역할은 무엇인가?

해답▶ fan reverser와 turbine reverser로 구성되어 있으며 fan을 통과한 공기와 turbine을 통과한 배기가스를 항공기 전방으로 분사시켜 항공기에 제동력을 줌으로써 착륙 거리를 짧게 한다.

Q 363
thrust reverser system에 대하여 설명하시오.

해답▶ ❶ 배기가스를 항공기의 앞쪽 방향으로 분사시킴으로써 항공기에 제동력을 주는 장치로써 착륙 후의 항공기 제동에 사용된다.

❷ turbo fan engine은 turbine을 통과한 배기가스와 fan을 통과한 공기도 항공기 반대 방향으로 분출시켜야 한다.

❸ 항공기가 착륙 직후 항공기의 속도가 빠를 때 효과가 크며, 항공기의 속도가 너무 느려질 때까지 사용하게 되면 배기가스가 engine intake로 다시 흡입되어 compressor stall을 일으키는 수가 있다. 이것을 재흡입 실속이라 한다.

❹ 역추력 장치는 항공 역학적 차단 방식과 기계적 차단 방식이 있다.

❺ 역추력 장치를 작동시키기 위한 동력은 engine bleed air를 이용하는 공압식과 유압을 이용하는 유압식이 많이 사용되고 있지만, 엔진의 회전 동력을 직접 이용하는 기계식도 있다.

❻ 역추력 장치에 의하여 얻을 수 있는 역추력은 최대 정상 추력의 약 40~50% 정도이다.

Q 364
thrust reverser의 2가지 차단 방식은 무엇인가?

해답▶ ① 기계적 차단 방식(clamshell type)
② 항공 역학적 차단 방식(cascade type)

Q 365
thrust reverser 작동 조건은 무엇인가?

해답▶ ① 항공기가 지상에 있을 때(ground mode)
② thrust lever idle position
③ thrust reverser lever를 reverser position으로 당겼을 때

Q 366
현재 사용 중인 대부분의 turbo fan engine thrust reverser 특징은 무엇인가?

해답▶ 현재 사용되고 있는 대부분의 turbo fan engine은 fan reverser만 마련되어 있다.

Q 367
대형 항공기에 사용하는 thrust reverser의 작동 동력은 무엇인가?

해답▶ ① hydraulic power
② pneumatic power

Q 368
turbine engine 시동 전 준비 사항은 무엇이 있는가?

해답▶ ① 적절한 소화기를 준비하고, 적정한 위치에 화재 감시원을 배치(소화기는 최소 5파운드 이상의 CO_2 소화기)
② engine cowl 및 모든 access door closed 확인
③ engine intake 및 engine 주위에 이물질(FOD) clean 상태 확인
④ wheel & tire chock 및 all L/G safety pin install check
⑤ watch man 위치(engine 후방 exhaust flow 위험 방지)
⑥ interphone man 위치(engine 전방 위험 area 접근 방지)
⑦ 바람 방향으로 항공기 위치
⑧ fuel, oil, hydraulic quantity check
⑨ electric power & C/B close 상태 check
⑩ pneumatic pressure check(APU, air starter)
⑪ fire warning & extinguishing system test
⑫ parking brake re-set
⑬ beacon light on

Q 369

gas turbine engine의 엔진 계기의 종류는 무엇이 있는가?

해답▶ ❶ **엔진 압력비 지시계(engine pressure ratio indicator)** : 엔진 압력비(EPR : Engine Pressure Ratio)는 터보팬 엔진에 의해 발생되는 추력을 지시하는 수단이 며 많은 항공기에서 이륙을 위한 출력을 설정하기 위해 사용된다.

❷ **토크 미터(torque meter)** : 터보 프롭 엔진은 터빈 엔진의 동력 터빈(power turbine)과 가스 발생 장치(gas generator)에 의해 회전하는 프로펠러축에 가해지 는 토크를 측정하기 위한 토크 미터(torque meter)를 장착하고 있다. 토크 미터는 동력을 설정하기 때문에 매우 중요하며 토크의 단위인 LB-FT 혹은 마력 백분율 로 지시된다.

❸ **회전 속도계(tachometer)** : gas turbine engine의 속도는 compressor와 turbine의 조합인 spool의 회전수, 즉 분당 회전 속도(RPM)로 측정된다. 대부분 의 터보팬 엔진은 서로 다른 속도로 독립적으로 돌아가는 2개 이상의 스풀(spool)을 갖추고 있다. 회전 속도계는 회전수가 각기 다른 여러 종류의 엔진을 동일한 기준 으로 비교하기 위해 보통 %RPM으로 보정된다. 터보팬 엔진을 구성하는 두 개의 축, 즉 저압 축과 고압 축을 각각 N1, N2로 표시하며 %RPM으로 회전 속도계에 지시된다.

❹ **배기가스 온도계(exhaust gas temperature indicator)** : 엔진 운용 중 각 부위에 서 감지되는 모든 온도는 엔진을 안전하게 운전하기 위한 제한 조건일 뿐만 아니라 엔진의 운전 상황 및 터빈의 기계적인 상태를 감시하는 데 사용된다.

❺ **연료 유량계(fuel flow indicator)** : 연료 유량계는 연료 제어 장치를 통과하는 연료 유량을 시간당 파운드(PPH: Pound Per Hour) 단위로 지시한다.

❻ **엔진오일압력계(engine oil pressure indicator)** : engine bearing 및 gear 등에 대한 불충분한 윤활과 냉각으로 발생될 수 있는 엔진 손상을 방지하기 위해 윤활이 필요한 중요한 부위에 공급되는 오일의 압력은 면밀히 감시되어야 한다. 오일 압 력계는 일반적으로 oil pump의 discharge pressure를 나타낸다.

❼ **엔진 오일 온도계(engine oil temperature indicator)** : 엔진 오일의 윤활 능력과 냉각 능력은 대부분 공급되는 오일의 양과 오일의 온도로부터 영향을 받는다. 따 라서 오일의 윤활 능력 및 엔진 오일 냉각기의 올바른 작동 여부를 점검하기 위해 오일의 온도를 감시하는 것은 중요한 사항이다. 오일의 온도는 오일 펌프로 들어 가는 oil inlet temperature를 지시한다.

Q 370

gas turbine engine 시동을 할 때 필요한 계기는 무엇인가?

해답 ▶ EGT indicator, RPM indicator, oil temp & press indicator

Q 371

turbo fan engine 시동 절차는?

해답 ▶ 엔진 형식에 따라 많은 차이가 있으므로 해당 엔진 형식의 제작사 매뉴얼의 세부 절차에 따라야 한다. 다음 절차는 터보팬 엔진의 시동 순서를 보여주기 위한 일반적인 지침이다.

① thrust lever를 "idle"에 놓는다.

② fuel boost pump switch를 "on" 한다.

③ 연료 입구 압력 지시계가 지시하면 연료가 엔진 연료 펌프 입구로 들어가고 있음을 나타내는 것이다.

④ engine start switch를 "on" 하고, 엔진이 회전하기 시작하면 오일 압력이 상승하는가를 확인한다.

⑤ ignition switch를 "on" 한다. 이것은 보통 start lever "idle" 또는 "start" 위치 쪽으로 밀면 레버에 연결된 마이크로 스위치가 점화를 켜준다.

⑥ start lever를 "idle" 또는 "start" 위치로 밀면 엔진으로 연료 흐름이 시작된다.

⑦ 점화가 작동되어 엔진 시동이 되고 있는 것은 배기가스 온도의 상승으로 확인할 수 있다.

⑧ two spool 엔진일 경우에는 fan 또는 N1 회전을 점검한다.

⑨ oil pressure가 적절한지 점검한다.

⑩ 적절한 속도에서 엔진 start switch를 "off" 한다(최근의 항공기는 자동적으로 start switch가 off 위치로 떨어진다).

⑪ 엔진이 idle RPM에서 안정되면 엔진 작동 한계가 초과되는 것이 없는지 확인한다.

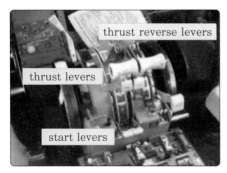

engine control lever

start switch와 ignition selector

Q 372

gas turbine engine의 고장 탐구

해답 ▶

결함 현상	예상 원인	필요 조치 사항
목표 EPR 값을 설정했으나, 엔진 RPM, EGT, 연료 유량이 낮음	엔진 EPR이 실제보다 높게 지시될 수 있음	• 엔진 흡입구 압력(Pt2)의 누설 여부를 점검 • 엔진 EPR 감지 및 지시 계통의 정확성을 점검
목표 EPR 값을 설정했으나, 엔진 RPM, EGT, 연료 유량이 높음	• 엔진 EPR이 실제보다 낮게 지시될 수 있음 – 터빈 배출부의 감지기(Pt7) 이상(잘못 연결, 균열 등) – Pt7 압력 라인의 누설 – EPR 지시 계통의 부정확 – Pt7 압력 라인에 이물질 유입	• Pt7 감지기 상태를 점검 • Pt7 라인에 대한 압력 시험 실시 • EPR 지시 계통의 정확성을 점검
목표 EPR 값 설정에서 엔진 EGT가 높고, 연료 유량이 높으나, 엔진 RPM이 낮음	터빈의 효율 저하 또는 터빈 부품의 손상 가능성	터빈 내부의 손상 여부를 확인 • 엔진이 감속될 때 이상한 소리가 나는지, 빠른지를 점검 • 엔진 후방을 통하여 강한 빛으로 터빈 후방 점검
엔진 전 RPM에 걸쳐 진동이 있으나, RPM이 감소하면 진동도 따라 감소함	터빈 내부 손상 가능성	터빈 내부의 손상 여부를 확인 • 엔진이 감속될 때 이상한 소리가 나는지, 빠른지를 점검 • 엔진 후방을 통하여 강한 빛으로 터빈 후방 점검
같은 EPR 조건에서 다른 엔진보다 RPM과 연료 유량이 높고, 진동이 있음	압축기 내부 손상 가능성	압축기 내부의 손상 여부를 점검
엔진 전 RPM에 걸쳐 진동이 있으며, 순항 및 idle 출력에서 더 심함	엔진 액세서리 부품의 흔들림	액세서리 부품의 장착 상태를 점검 • 발전기, 유압 펌프 등
어떤 출력에서 다른 파라미터는 정상이나, 오일 온도가 높음	엔진 메인 베어링 계통 이상 가능성	오일 배유부 필터와 자석식 칩 검출기(MCD)를 점검
이륙, 상승 및 순항 출력에서 EGT, 엔진 RPM, 연료 유량이 정상보다 높음	• 엔진 블리드 공기 밸브의 결함 • 터빈 배출부의 감지기(Pt7) 이상(압력 라인 누설 등)	• 엔진 블리드 공기 밸브를 점검 • Pt7 감지기 상태와 압력 라인을 점검

이륙 출력 EPR 설정에서 EGT가 높게 지시함	엔진 트림(trim) 이상 가능성	휴대용 교정 시험 장치(jetcal analyzer)로 엔진을 점검하고 필요에 따라 엔진을 트리밍 함
엔진 시동 시 및 낮은 순항 출력에서 우르릉 소리가 남	• 연료 여압 및 배출 밸브의 이상 가능성 • 공압 덕트의 균열 가능성 • 연료 조정 장치의 이상	• 연료 여압 및 배출 밸브를 교환 • 공압 덕트를 수리 또는 교환 • 연료 조정 장치를 교환
시동 시 엔진 RPM이 걸려서 올라가지 못함(hang-up)	• 영하의 외부 기온 • 압축기 내부의 손상 가능성 • 터빈 내부의 손상 가능성	• 낮은 외부 기온 때문이라면, 통상 시동 시 연료 펌프 또는 연료 레버를 조금 빨리 올리면 해결됨 • 압축기 내부의 손상 여부를 점검 • 터빈 내부의 손상 여부를 점검
오일 온도가 높음	• 배유 펌프의 결함 가능성 • 연료 가열기의 결함 가능성	• 윤활 시스템을 점검 및 배유 펌프 점검 • 연료 가열기를 교환
오일 소모량이 높음	• 배유 펌프의 결함 가능성 • 오일 섬프 압력이 높음 • 액세서리로부터의 오일 누설 가능성	• 오일 배유 펌프를 점검 • 오일 섬프의 압력을 점검 • 외부 배출부에 압력을 가하여 누설 여부를 점검
외부로 오일 유실이 있음	• 오일 탱크 내의 높은 공기 흐름 • 오일 거품 또는 오일 탱크로의 많은 량의 오일 리턴 가능성	• 과도한 오일 거품 여부를 점검 • 섬프에 대한 부압 점검(vacuum check) 실시 • 오일 배유 펌프를 점검

Q 373
정상적인 시동을 처음으로 인지할 수 있는 방법은 무엇인가?

해답▶ EGT(Exhaust Gas Temperature)의 상승

Q 374
propeller blade face는 어느 곳인가?

해답▶ propeller blade face는 blade의 평평한 쪽을 말하고, propeller blade back은 blade의 캠버로 된 면을 말한다.

Q 375
propeller blade station은 어디서부터 측정이 되는가?

해답▶ blade station은 허브(hub)의 중심으로부터 blade를 따라 위치를 표시한 것으로 일반적으로 허브의 중심에서 6인치 간격으로 blade 끝으로 나누어 표시하며 blade의 성능이나 blade의 결함, blade angle을 측정할 때에 그 위치를 알기 쉽게 한다.

Q 376
propeller에 작용하는 힘 중에서 가장 큰 것은 무엇인가?

해답▶ 원심력은 propeller 회전에 의해 일어나고 blade를 허브의 중심에서 밖으로 빠져나가게 하는 힘을 말하며, 이 원심력에 의해 propeller blade에는 인장 응력이 발생하는 데 propeller에 작용하는 힘 중 가장 크다.

Q 377
propeller 회전 속도가 증가하면 원심력 비틀림 모멘트의 경향은?

해답▶ 회전하는 propeller blade에는 공기력 비틀림 모멘트와 원심력 비틀림 모멘트가 발생한다. 원심력 비틀림 모멘트는 blade pitch를 작게 하려는 경향이 있다.

Q 378
propeller 회전 속도가 증가하면 공기력 비틀림 모멘트의 경향은?

해답▶ 회전하는 propeller blade에는 공기력 비틀림 모멘트와 원심력 비틀림 모멘트가 발생한다. 공기력 비틀림 모멘트는 blade pitch를 크게 하려는 경향이 있다.

Q 379
프로펠러 효율이란 무엇인가?

해답▶ 프로펠러 효율은 엔진으로부터 전달된 축 동력과 프로펠러가 발생한 동력의 비를 말한다.

Q 380
기하학적 피치(geometric pitch)란 무엇인가?

해답▶ propeller blade를 한 바퀴 회전시켰을 때 앞으로 전진할 수 있는 이론적 거리를 말한다.

Q 381
유효 피치(effective pitch)란 무엇인가?

해답▶ propeller blade를 1회전 시켰을 때 실제로 전진하는 거리로서 항공기의 진행 거리이다.

Q 382
목재 propeller tip에 있는 작은 구멍의 용도는 무엇인가?

해답▶ 착륙, 활주, 또는 이륙 시에 프로펠러를 보호하기 위해 각각의 blade 앞전의 대부분과 blade의 끝은 금속판 엣지를 부착하고 목재 나사 또는 리벳으로 고정한다. blade의 끝단에 있는 금속과 목재 사이에 수분이 응결될 수 있으므로 회전 시 원심력으로 배출될 수 있게 작은 구멍(drain hole)을 만든다.

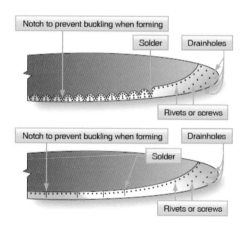

Q 383
propeller blade angle에 대하여 설명하시오.

해답▶ ❶ blade angle은 프로펠러 회전면과 시위선이 이루는 각을 말한다.

❷ blade angle은 전 길이에 걸쳐 일정하지 않고 blade root에서 blade tip으로 갈수록 작아진다.

❸ 일반적으로 blade angle을 대표하여 표시할 때는 프로펠러의 허브 중심에서 75% 되는 위치의 blade angle을 말한다.

Q 384
고정 피치 프로펠러의 최대 효율이 발생하는 때는 언제인가?

해답▶ 고정 피치 프로펠러(fixed pitch propeller)는 프로펠러 전체가 한 부분으로 만들어지며 blade angle이 하나로 고정되어 피치 변경이 불가능하다. 그러므로 순항속도에서 프로펠러 효율이 가장 좋도록 blade angle이 결정되며 주로 경비행기에 사용한다.

Q 385
controllable pitch propeller에서 착륙 시 pitch angle은 어떻게 되는가?

해답▶ controllable pitch propeller는 이륙, 착륙할 때와 같은 저속에서 low pitch를 사용하고, 순항 및 강하 비행 시에 high pitch를 사용한다.

Q 386
constant speed propeller란 무엇인가?

해답▶ constant speed propeller는 governor에 의하여 low pitch에서 high pitch까지 자유롭게 pitch를 조정할 수 있어 비행 속도나 엔진 출력의 변화에 관계없이 항상 일정한 속도를 유지하여 가장 좋은 프로펠러 효율을 가지도록 한다.

Q 387
constant speed propeller에서 pitch angle을 조절하는 것은 무엇인가?

해답▶ governor

Q 388
constant speed propeller governor의 역할은 무엇인가?

해답▶ propeller의 회전 속도를 일정하게 유지해 준다.

Q 389
constant speed propeller의 pitch angle은 어떻게 변하는가?

해답▶ 조종사가 propeller lever로 선택한 정속에 따라서 governor는 엔진 출력에 관계없이 정속을 유지하기 위하여 propeller pitch를 자동으로 조정한다.

Q390
이륙, 착륙할 때 constant speed propeller의 위치는 어디에 놓이는가?

해답▶ 항공기가 이륙, 착륙할 때에는 low pitch, high RPM에 프로펠러를 위치시킨다.

Q391
overspeed condition에서 governor fly weight의 작동은 어떻게 되는가?

해답▶ fly weight의 회전이 빨라져 밖으로 벌어지게 되어 speeder spring을 압축하여 pilot valve는 위로 올라와 프로펠러의 피치 조절은 실린더로부터 오일이 배출되어 고피치가 된다. 고피치가 되면 프로펠러의 회전 저항이 커지기 때문에 회전 속도가 증가하지 못하고 정속 상태로 돌아온다.

Q392
비행 중 대기 속도가 증가할 때 propeller 회전을 일정하게 유지하려면 blade pitch는 어떻게 되는가?

해답▶ 대기 속도가 빨라지면 propeller 회전 속도가 증가하는 데 회전 속도를 일정하게 유지하기 위해서 pitch를 증가시키면 propeller 회전 저항이 커지기 때문에 회전 속도가 증가하지 못하고 정속 회전 상태로 돌아온다.

Q393
constant speed propeller 장착 엔진의 magneto drop check 시 propeller control 위치는 어디인가?

해답▶ low pitch position

Q394
propeller blade angle은 어떻게 측정하는가?

해답▶ 만능 프로펠러 각도기로 hub에서 75% 되는 지점에서 측정하며 각도판 조절기를 돌려서 각도판의 0점과 아들자의 0점 사이의 각도를 읽으면 blade angle이 된다.

Q 395
propeller feathering system은 무엇인가?

해답 ▶ engine 고장 시에 propeller가 받는 항력을 최소화하고 풍차 현상으로 발생되는 engine의 고장 확산을 방지할 목적으로 propeller의 blade angle을 진행 방향으로 하여 수직으로 세움으로써 항력을 최소화한다.

Q 396
propeller의 anti-icing에는 무엇이 사용되는가?

해답 ▶ 방빙액으로는 확보가 용이하고 가격이 저렴한 이소프로필알코올(isopropyl alcohol)을 사용한다. 그러나 이러한 시스템은 필요한 종류가 많아 무게가 증가하고 용액 탑재 이후 사용 시한이 제한되는 단점이 있다. 그래서 현대 항공기에는 이러한 시스템을 사용하지 않고 전기적으로 방빙을 한다.

Q 397
propeller의 de-icing은 어떻게 하는가?

해답 ▶ 전기식 제빙부츠를 이용하여 제빙을 한다.

제4장

전자 · 전기 · 계기

제4장 전자 · 전기 · 계기

Q 1
전기의 발생 방법에는 무엇이 있는가?

해답 ▶ ① 마찰에 의한 전압 발생
② 압력에 의한 전압 발생
③ 열에 의한 전압 발생
④ 빛에 의한 전압 발생
⑤ 화학 작용에 의한 전압 발생
⑥ 자기에 의한 전압 발생

Q 2
자기, 자계, 자력선, 자속을 설명하시오.

해답 ▶ ❶ **자기(magnetism)** : 금속 물질을 끌어당기는 힘을 말하며 자기를 가지고 있는 물체를 자석이라 한다. 강자성체와 비자성체로 나누어지며 강자성체는 자기에 강하게 반응하는 물질로서 강철, 니켈, 연철, 코발트 등이 있고 비자성체는 자기에 거의 반응하지 않는 물질이다.

❷ **자계(magnetic field)** : 자기력이 미치는 범위를 말한다.

❸ **자력선(magnetic line of field)** : 자기의 상태를 표현하는 데 사용되는 가상의 선을 말한다. N극에서 나와 공간을 지나 S극으로 들어간다. 자력선의 방향은 자계의 방향을 나타내고, 밀도는 자계의 세기를 나타낸다. 또, 자력선은 같은 방향으로 통하고 있는 것끼리는 서로 반발하고 다른 자력선과 교차하는 일은 없다.

❹ **자속(magnetic flux)** : 자화된 자성체의 변화 상태를 표현한다.

Q 3
전기 계통에서 알아야 할 중요한 법칙은?

해답 ▶ 옴의 법칙, $I = \dfrac{E}{R}$, $E = RI$

Q 4
옴의 법칙은 무엇인가?

해답▶ 전류의 세기는 전압에 비례하고, 저항에 반비례한다.

Q 5
옴의 법칙에서 R, E, I는 무엇을 뜻하는가?

해답▶
- R : 저항(resistance)을 의미하며 단위는 [Ω](옴)
- E : 전압(voltage)을 의미하며 단위는 [V](볼트)
- I : 전류(current)를 의미하며 단위는 [A](암페어)

Q 6
금속성 도체의 저항에 영향을 주는 요인은 무엇인가?

해답▶
① 도체 재료의 유형에 따라 달라진다.
② 도체의 길이에 비례한다.
③ 단면적에 반비례한다.
④ 온도가 증가하면 저항도 증가한다.

Q 7
도선의 저항을 감소시키는 방법은 무엇인가?

해답▶ 도선의 길이를 짧게 하거나, 단면적을 증가시킨다.

Q 8
직렬 합성 저항을 구하는 공식은?

해답▶ $R = R_1 + R_2 + R_3 + \cdots$

Q 9
병렬 합성 저항을 구하는 공식은?

해답▶ $\dfrac{1}{R} = \dfrac{1}{R_1} + \dfrac{1}{R_2} + \dfrac{1}{R_3} + \cdots$

Q 10
impedance란 무엇인가?

해답▶ 교류 회로에서 전류 흐름을 방해하는 정도를 나타내는 값을 말하며 저항(R), 인덕턴스(L), 커패시턴스(C)를 모두 합한 것이다.

Q 11
교류의 저항 성분에는 어떤 것들이 있는가?

해답▶ 저항(resistance), 인덕턴스(inductance), 커패시턴스(capacitance)

Q 12
교류 회로의 총저항은 무엇인가?

해답▶ 임피던스(impedance)이며, 저항(R), 인덕턴스(L), 커패시턴스(C)를 모두 합한 것으로, Z로 표시하며 단위는 [Ω]을 사용한다.

Q 13
Y결선과 Δ결선의 차이점은 무엇인가?

해답▶ (1) Y결선
　① 선간 전압은 상전압의 1.73배이다.
　② 위상은 상전압보다 30° 앞선다.
　③ 선간 전류의 크기나 위상은 상전류와 같다.

(2) Δ결선
　① 선간 전압의 크기와 위상은 상전압과 같다.
　② 위상은 상전류보다 30° 늦다.
　③ 선전류는 상전류의 1.73배이다.

Q 14
capacitance의 단위와 기호는 무엇인가?

해답▶ 단위는 패럿(farad)이며 [F]로 나타내고, 기호는 C로 표시한다.

Q 15
inductance의 단위와 기호는 무엇인가?

해답▶ 단위는 헨리(henry)이며 [H]로 나타내고, 기호는 L로 표시한다.

Q 16
mA는 몇 ampere를 말하는가?

해답▶ 0.001A

Q 17
megaohm은 몇 Ω을 말하는가?

해답▶ 1,000,000 Ω

Q 18
킬로와트(kilowatt)는 몇 Watt를 말하는가?

해답▶ 1,000Watt

Q 19
항공기의 electric power는 어디에서 얻는가?

해답▶ ① GPU(Ground Power Unit)
② APU generator
③ engine generator

Q 20
항공기에 사용하는 electrical power의 전압과 주파수는 얼마인가?

해답▶ ① 교류 : 115V, 3상, 400Hz
② 직류 : 28V(대형기), 14V(소형기)

Q 21
AC를 주전원으로 하는 항공기에서 DC를 위한 구성품은 무엇이 있는가?

해답 ▶ ① battery
② battery charger
③ TRU(Transformer Rectifier Unit)

Q 22
AC 115V 400Hz란 무엇을 의미하는가?

해답 ▶ 교류가 1번 변하는 것을 주기 또는 cycle이라 한다. 주파수란 이러한 cycle이 1초에 몇 번 발생하는가를 Hz 단위로 나타낸 것이다. 예를 들면 AC 115V 400Hz 전원은 최대 +115V, 최소 −115V로 1초에 400번 반복되는 전압이다.

Q 23
항공기 주파수는 어떤 이유로 400Hz를 사용하는가?

해답 ▶ ① 부품의 소형, 경량화로 항공기 무게 감소
② 무선 저항 감소
③ RPM이 적당

Q 24
교류를 사용하는 이유는 무엇인가?

해답 ▶ 항공기가 대형화가 되고 정밀, 고급화됨에 따라 전력 수요가 많아지게 되어 전압이나 전류를 높여야 하는데, 전압을 높이기 어려운 직류는 큰 전류가 필요하고, 그에 따라 도선이 굵어지게 되어 무게가 증가하게 되는 단점 때문에 전압을 높이기 쉬운 교류를 사용한다.

Q 25
교류(AC)와 직류(DC)의 차이점은 무엇인가?

해답 ▶ ❶ 교류(AC)는 전압이 직류보다 높으므로 전선이 가늘게 되고 동일 용량의 직류 기구보다 30% 정도 가볍고 항공기의 대형화, 고급화에 따라 전력 수요가 급증하므로 교류를 채택하였다.

❷ 직류(DC)를 사용하게 되면 승압, 감압이 어려워 큰 전류가 필요하게 되므로 전기를 공급하기 위한 도선이 굵어야 하므로 같은 용량을 가진 교류보다 계통이 차지하는 무게가 무겁다.

Q 26
단상 교류에 비교하여 3상 교류의 장점은 무엇인가?

해답▶ 3상 교류는 단상에 비해 효율이 우수하고 결선 방식에 따라 전압 전류에서 이득을 가지며 높은 전력의 수요를 감당하는 데 적합하다.

Q 27
wire 번호와 굵기는 어떤 관계가 있는가?

해답▶ 숫자가 작을수록 와이어의 굵기는 굵어진다.

Q 28
wire의 굵기를 재는 데 사용하는 공구는 무엇인가?

해답▶ wire gage(AWG : American Wire Gage)를 이용하여 측정한다.

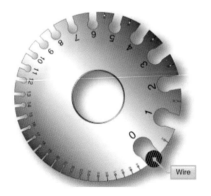

Q 29
10번 wire를 사용해야 하는데 wire가 없다면 어떻게 하는가?

해답▶ 항공기 전선은 미국 전선 규격(American Wire Gage)으로 알려진 표준 크기로 제조되고, 규격 번호가 클수록 전선 직경은 작아진다. 항공기에서는 짝수 번호를 사용하므로 10번이 없다면 직경이 조금 더 큰 8번을 사용한다.

Q 30
10번 wire가 필요한 곳에 12번 wire를 사용할 수 있는가?

해답 ▶ 12번 wire는 10번 wire보다 직경이 작기 때문에 사용할 수 없다.

Q 31
항공기에 aluminum wire를 주로 사용하는 이유는?

해답 ▶ 알루미늄은 구리의 전도율에 약 60%를 갖지만, 가벼워 긴 전선 제작이 가능하게 하고 저렴하기에 광범위하게 사용된다.

Q 32
전기 계통에서 wire size 선택을 할 때 고려해야 할 사항은 무엇인가?

해답 ▶ ① 회로 내에 흐르는 전류의 크기
② 회로의 저항으로 인한 전압 강하

Q 33
wire 식별 표식 배치 방법은 어떻게 되는가?

해답 ▶ 식별 표식은 wire의 양쪽 끝단과 wire의 길이를 따라 최대 15인치 간격으로 배치되어야 한다. 길이 3인치 미만의 wire는 식별할 필요가 없다. 길이 3~7인치 wire는 중앙에서 식별하면 된다.

Q 34
wire bundle을 장착할 때 굴곡 반경은 얼마나 되어야 하는가?

해답 ▶ wire bundle에서 굴곡부의 최소 반경은 가장 굵은 wire 또는 cable의 외경 10배 이하가 되어서는 안 된다. wire가 적절하게 지탱된 곳에서 반경은 wire 또는 cable 외경의 3배가 되게 한다. 동축 케이블(coaxial cable) 및 3축 케이블(triaxial cable) 같은 RF cable은 케이블의 외경 6배 이상의 반경으로 구부려야 한다.

Q 35
wire를 장착할 때 적정 clamp 간격은 얼마인가?

해답▶ wire와 cable은 24인치 이하의 간격으로 적절히 고정되어야 한다.

Q 36
terminal stud에 연결할 수 있는 최대 전선 수는 몇 개인가?

해답▶ 1개의 terminal stud에 연결할 수 있는 최대 전선 수는 4개이다.

Q 37
도선의 접속 방법 중에서 장탈착이 가장 쉬운 방법은 무엇인가?

해답▶ connector : 항공기 전기 회로나 장비 등을 쉽고 빠르게 장탈착 및 정비하기 위하여 만들어진 것으로, 취급 시 가장 중요한 것은 수분의 응결로 인해 connector 내부에 부식이 생기는 것을 방지하는 것이다.

Q 38
condenser의 기능은 무엇인가?

해답▶ condenser는 정전 유도 작용을 이용하여 많은 전기량을 저장하기 위한 장치이다. 2개의 금속판 사이에 절연체를 넣어 외부에서 압력을 가했을 때 전기량을 받아들이는 장치로 용량은 판의 면적과 유전율에 비례하고 판 사이의 간격에 반비례한다.

Q 39
relay의 사용 목적은 무엇인가?

해답▶ 릴레이는 적은 전류를 이용하여 큰 전류의 흐름을 제어하기 위해 사용된다.

Q 40
grounding이란 무엇인가?

해답▶ 정상 회로 또는 결함 회로를 안전하게 완성하기 위한 목적으로 전도성 구조물 또는 다른 전도성 귀환 경로에 전도성 물체를 전기적으로 연결하는 과정이다.

Q 41
bonding이란 무엇인가?

해답▶ 적절하게 연결되지 않은 2개 이상의 전도성 물체의 전기적 연결이다.

Q 42
junction box의 목적은 무엇인가?

해답▶ ① 도선의 시점과 종점을 마련한다.
② 전파 간섭 및 단락을 방지한다.
③ 먼지나 습기로부터 터미널 스트립(strip) 및 전기 기기를 보호한다.

Q 43
부적절한 bonding과 grounding으로 인한 결과는 무엇인가?

해답▶ 부적절한 본딩 또는 접지는 시스템의 오작동, 전자기간섭(EMI), 민감한 전자장비의 정전기 방전(electrostatic discharge) 손상, 인명의 감전 위험(shock hazard), 또는 낙뢰(lighting strike)로부터 손상을 유인할 수 있다.

Q 44
bonding wire의 목적은 무엇인가?

해답▶ bonding wire는 부재와 부재 간에 전기적 접촉을 확실히 하기 위해 구리선을 넓게 짜서 연결하는 것을 말하며 목적은 다음과 같다.
① 양단 사이의 전위차를 제거해 줌으로써 정전기 발생을 방지한다.
② 전기 회로의 접지 회로로 저 저항을 꾀한다.
③ 무선 방해를 감소하고 계기의 지시 오차를 없앤다.
④ 화재의 위험성이 있는 항공기 각 부분 사이의 전위차를 없앤다.
⑤ bonding wire 장착 시에는 접촉 저항이 0.003Ω 이하로 되도록 하고, 가동 부분의 작동을 방해하지 않도록 하여야 한다.

Q 45
static discharger의 역할은 무엇인가?

해답▶ 항공기가 고속으로 비행하면 공기 중의 먼지나 비, 눈, 얼음 등과의 마찰에 의해 기체 표면에 정전기가 생기는데, 이 정전기가 점차 축적되어 결국에는 코로나 방전이 시작된다. 코로나 방전은 매우 짧은 간격의 펄스 형태로 방전하므로 항공기의 무선 통신기에 잡음 방해를 준다. 이런 유해 잡음을 없애기 위해 약 10cm의 큰 저항체를 가진 static discharger를 장치하여 대기 중으로 정전기를 방전시킨다.

Q 46
전류계, 전압계를 측정할 회로에 연결시킬 때 어떻게 하는가?

해답▶ 전류계는 측정하고자 하는 회로와 직렬로 연결하고, 전압계는 병렬로 연결해야 한다.

Q 47
multimeter로 측정할 수 있는 것은 무엇인가?

해답▶ multimeter는 전류, 전압 및 저항을 하나의 계기로 측정할 수 있는 다용도 측정 기기이다.

Q 48
multimeter 취급 시 주의 사항은 무엇인가?

해답▶ ① 전압, 전류 측정은 극성을 고려한다.
② 전압, 전류 측정은 예상 측정값보다 높은 측정값으로 측정 범위를 정한다.
③ 전압은 회로에 병렬, 전류는 회로에 직렬로 연결하여 측정한다.
④ 저항 측정은 전류가 흐르고 있는 상태에서는 하지 않는다.

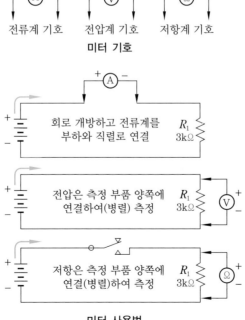

미터 기호

미터 사용법

Q 49
메가테스터(megameter) 사용법

해답 ▶ 절연 저항계(megger) 또는 메가옴메터(megohmmeter)는 수동식 발전기를 담고 있는 고범위 저항계이며, 절연 저항과 다른 높은 저항값을 측정하기 위해 사용된다. 그것은 또한 전력 계통의 접지, 연속 상태, 회로 시험에도 사용된다. 전기 저항계를 능가하는 절연 저항계의 주요 장점은 고전위, 또는 항복 전압으로 저항을 측정할 수 있다는 것이다. 이러한 유형의 시험은 절연재나 유전 물질이 잠재적 전기적 응력 하에서 단락되거나 누출되지 않았음을 보장한다.

(1) 관련 지식
① 절연 저항이란 절연(전기적으로 연결이 끊어진 상태)된 두 물체 사이에 전압을 가할 때 누설 전류가 흐르는데, 이때의 전압과 전류의 비를 의미한다.
② 절연 저항이 작다는 것은 절연 상태가 나쁘다는 것이다.
③ 용도에 따른 정격 전압은 다음과 같다.

정격 전압	용도
1,000V	절연이 큰 곳, 사용 전압이 높은 곳
500V	일반적인 절연 측정
250V 이하	저압의 배선

④ 절연 상태의 판단
㉮ 변압기는 10MΩ 이상, 발전기는 정격전압÷정격 출력 이상
㉯ 교류 전동기의 1차 권선은 1~5MΩ 이상, 2차 권선은 0.2~0.5MΩ 이상
⑤ 권선 저항이란 변압기 코일에서 발생하는 저항으로 규정값에 비해 매우 크거나 측정 기기에 반응이 없다면 부품에 단선이 있음을 의미한다. 반대로 권선 저항이 너무 낮은 경우에는 코일의 권선에 단락이 있음을 의미한다.

(2) 안전 및 주의 사항
① 로터리 스위치의 위치에 따라 피측정물에 고압의 전류가 흘러 감전 사고가 발생할 수 있으므로 측정 장비가 작동되고 있을 때는 피측정물에 신체 일부가 닿지 않도록 각별히 주의한다.
② 테스트 리드를 피측정물에서 분리하고 로터리 스위치를 off한 후, 테스트 리드와 기기를 분리한다.
③ 전원이 연결된 상태에서는 1차 측의 전류 용량이 매우 커, 사고 발생 시 손상도가 매우 크므로, 테스트 리드는 2차 측에 접속하여 측정한다.

(3) 측정 장비의 사용법

아날로그 타입과 디지털 타입

① 여기서는 디지털 타입(모델명 : IR-4051)을 기준으로 설명하겠다.
② 각 부의 명칭과 기능은 다음 그림을 참조한다.

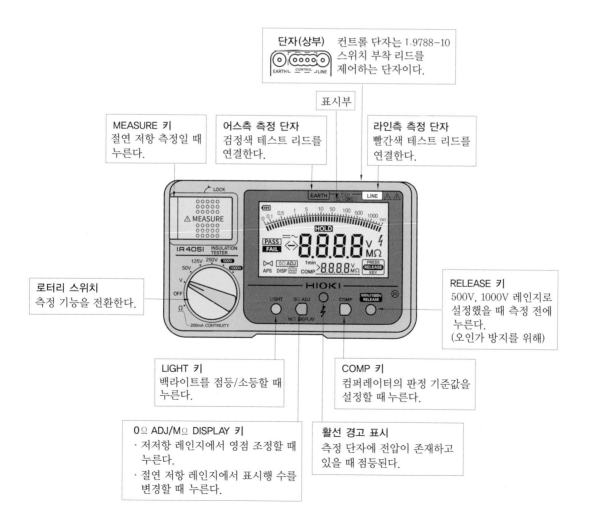

단자(상부) 컨트롤 단자는 L9788-10 스위치 부착 리드를 제어하는 단자이다.

표시부

MEASURE 키 절연 저항 측정일 때 누른다.

어스측 측정 단자 검정색 테스트 리드를 연결한다.

라인측 측정 단자 빨간색 테스트 리드를 연결한다.

로터리 스위치 측정 기능을 전환한다.

RELEASE 키 500V, 1000V 레인지로 설정했을 때 측정 전에 누른다. (오인가 방지를 위해)

LIGHT 키 백라이트를 점등/소등할 때 누른다.

COMP 키 컴퍼레이터의 판정 기준값을 설정할 때 누른다.

0Ω ADJ/MΩ DISPLAY 키
· 저저항 레인지에서 영점 조정할 때 누른다.
· 절연 저항 레인지에서 표시행 수를 변경할 때 누른다.

활선 경고 표시 측정 단자에 전압이 존재하고 있을 때 점등된다.

③ 변압기의 권선 저항 측정
　㉮ 검정색 테스트 리드를 접지(earth) 단자에 연결한다.
　㉯ 빨간색 테스트 리드를 라인 단자에 연결한다.
　㉰ 메가옴미터의 로터리 스위치를 "Ω"의 위치에 둔다.
　㉱ 테스트 리드를 교차한 상태에서 "0Ω ADJ" 버튼을 눌러 0Ω을 셋팅한다.
　㉲ 테스트 리드를 변압기의 1차 측의 단자 간에 연결하고 "MEASURE" 키를 누른다.
　㉳ 측정값을 읽고 기록한다.
　㉴ 변압기의 2차 측에서도 같은 작업을 반복하여 실시한다.
　㉵ 이상 여부를 판단한다.
④ 발전기나 전동기의 절연 저항 측정
　㉮ 테스트 리드를 연결한다.
　㉯ 검정색 테스트 리드를 회전기의 축에 물린다.
　㉰ 로터리 스위치를 "500V"의 위치에 둔다(이때, 안전을 위해 500V의 전압이 바로 출력되지 않는다).
　㉱ "RELEASE" 키를 눌러 500V를 인가시킨다.
　㉲ 빨간색 테스트 리드를 커넥터에 접촉하고, "MEASURE" 키를 누른다.
　㉳ "MEASURE" 키를 누른 상태로 측정값이 안정될 때까지 잠시 기다린다.
　㉴ 측정값이 안정되면 값을 기록한다.
　㉵ 이상 여부를 판단한다.

교류 발전기의 절연 저항 측정

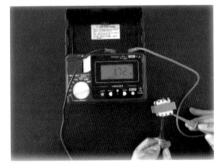
변압기의 권선 저항 측정

Q 50
megaohmmeter는 언제 사용하는가?

해답▶ 절연 저항 또는 높은 저항을 측정하기 위해서 사용된다.

Q 51
회로 보호 장치의 종류는 무엇이 있는가?

해답 ▶ ❶ **퓨즈(fuse)** : 규정 이상으로 전류가 흐르면 녹아 끊어짐으로써 회로에 흐르는 전류를 차단하는 장치이다.

❷ **전류 제한기(current limiter)** : 비교적 높은 전류를 짧은 시간 동안 허용할 수 있게 한 구리로 만든 퓨즈의 일종이다(퓨즈와 전류 제한기는 한번 끊어지면 재사용이 불가능하다).

❸ **회로 차단기(circuit breaker)** : 회로 내에 규정 이상의 전류가 흐를 때 회로가 열리게 하여 전류의 흐름을 막는 장치이다(재사용이 가능하고 스위치 역할도 한다).

❹ **열 보호 장치(thermal protector)** : 열 스위치라고도 하고, 전동기 등과 같이 과부하로 인하여 기기가 과열되면 자동으로 공급 전류가 끊어지도록 하는 스위치이다.

Q 52

circuit breaker의 역할은 무엇인가?

해답 ▶ 회로 내에 규정 이상의 전류가 흐를 때 회로가 열리게 하여 전류의 흐름을 막는 장치로 보통 퓨즈 대신에 많이 사용되며 스위치 역할까지 하는 것도 있다. 회로 차단기의 정상 작동을 점검하기 위해서는 규정 용량 이상의 전류를 보내서 접점이 떨어지는지를 확인하고 다시 정상 전류가 공급된 상태로 한 다음 푸시 풀(push pull) 버튼을 눌렀을 때 그대로 있는지를 점검해야 한다.

Q 53

fuse와 circuit breaker는 어디에 장착하는가?

해답 ▶ fuse는 부하 앞에 장착하고, circuit breaker는 전원부 가까운 곳에 장착되어 있다.

Q 54

fuse와 비교할 때 circuit breaker의 장점은 무엇인가?

해답 ▶ fuse는 규정 용량 이상의 전류가 흐를 때 녹아 끊어져 재사용이 불가하지만, circuit breaker는 재사용이 가능하다.

Q 55

circuit breaker가 없는 항공기 계통은 어디인가?

해답 ▶ 시동 계통

Q 56

limit switch란 무엇이며 사용되는 곳은 어디인가?

해답▶ limit switch는 micro switch로 더 많이 불리며 아주 작은 움직임으로도 회로를 개방하거나 또는 접속시킬 수 있다. micro switch는 착륙 장치, 플랩, 스포일러 등에 위치를 탐지하거나 가동부의 왕복 운동을 제한하기 위해 사용되며 주로 limit switch로 사용된다.

Q 57

switch의 종류에는 어떤 것이 있는가?

해답▶ ❶ rotary switch : switch를 돌리면 한 개의 회로만 개방되고 다른 회로는 동시에 닫히게 하는 역할을 하며, 여러 개의 switch 역할을 한번에 담당할 수 있다.

❷ toggle switch : 항공기에 가장 많이 사용하는 switch로 조종실의 각종 조작 스위치로 사용된다.

❸ proximity switch : 기계적인 가동 부분이 없고, 스위치에 접촉하지 않더라도 물체를 가까이 하기만 하면 그것을 전기적으로 검출하여 동작하는 스위치로 항공기의 출입문이나 착륙 장치의 위치를 지시하는 데 사용된다.

❹ push button switch : 계기 패널에 많이 사용되며 조종사가 식별하기 쉽도록 문자로 표시되어 있다. 스위치 설계는 다수의 형태가 있는데, 가장 일반적인 2가지는 교체 동작(alternate action)과 순간 동작(momentary action)이다.

❺ limit switch : limit switch는 micro switch로 더 많이 불리며 아주 작은 움직임으로도 회로를 개방하거나 또는 접속시킬 수 있다. micro switch는 착륙 장치, 플랩, 스포일러 등에 위치를 탐지하거나 가동부의 왕복 운동을 제한하기 위해 사용되며 주로 limit switch로 사용된다.

Q 58

항공기에 가장 많이 쓰이는 switch는 무엇인가?

해답▶ toggle switch

Q 59

wire 계통 부호에 대하여 설명하시오.

해답▶ ① C : 조종 계통　　　　　② D : 방빙 계통
③ E : 엔진 계기　　　　　④ F : 조종 계기
⑤ G : 착륙 장치　　　　　⑥ H : 난방, 환기 계통
⑦ J : 점화 계통　　　　　⑧ K : 엔진 조종 계통
⑨ L : 조명 계통　　　　　⑩ M : 기타 계통
⑪ P : 전원 계통　　　　　⑫ Q : 연료, 오일 계통
⑬ R : 통신, 항법 계통　　　⑭ W : 경고 장치 계통

Q 60
battery의 사용 용도는 무엇인가?

해답▶ 항공기 배터리는 APU starting 및 emergency power로 사용한다. 배터리 충전기가 배터리를 충전하고 항시 충전 상태를 유지하고 있다. 대부분 소형 및 구형 항공기는 lead acid battery를 사용하고, 대형 항공기는 nickel cadmium battery를 사용한다.

Q 61
항공기에 사용되는 일반적인 battery 2가지는 무엇인가?

해답▶ lead acid battery, nickel cadmium battery

Q 62
대형 항공기에 사용되는 대부분의 battery는 무엇인가?

해답▶ Ni-Cd battery로 비중의 변화가 거의 없고 충전 시간이 짧다.

Q 63
항공기에 사용되는 battery의 용량 표시는 어떻게 하는가?

해답▶ battery의 용량은 AH(Ampere Hour)로 나타내는데, 이것은 battery가 공급하는 전류값에다 공급할 수 있는 총 시간을 곱한 것이다. 예를 들어, 이론적으로 50AH battery는 50A의 전류를 1시간 동안 흐르게 할 수 있고, 25A의 전류를 2시간 동안 흐르게 할 수 있다.

Q 64
battery 직렬 연결과 병렬 연결의 차이점은 무엇인가?

해답 병렬로 배터리를 연결하면 전체 전압은 증가하지 않고 용량(AH : Ampere Hour)을 증가시키지만, 직렬로 배터리를 연결하면 전체 전압을 증가시키지만, 용량은 증가시키지 못한다.

Q 65
battery를 장탈할 때 먼저 분리해야 하는 단자는 무엇인가?

해답 "−" 단자를 먼저 분리하고 "+" 단자를 분리한다. 장착은 "+" 단자를 먼저 장착하고 "−" 단자를 장착한다.

Q 66
battery는 비상 전원을 얼마 동안 공급할 수 있어야 하는가?

해답 30분

Q 67
항공기에 사용되는 battery는 몇 시간 방전율을 적용하는가?

해답 battery의 용량을 일관성 있게 하려면 방전 시간율을 정할 필요가 있는데, 항공기의 battery에는 5시간 방전율(5 hour discharge rate)을 적용하고 있다.

Q 68
12V, 24V lead acid battery는 몇 개의 cell이 있는가?

해답 12V battery는 6개의 cell, 24V battery는 12개의 cell을 가지고 있다.

Q 69
lead acid battery의 결빙 방지법은 무엇인가?

해답 전해액의 비중은 21~32℃에서는 변화가 적기 때문에 수정할 필요가 없고, 겨울철에는 결빙 방지를 위해서 충전을 한다.

Q 70

완전 충전된 lead acid battery의 전해액 비중은 얼마인가?

해답▶ ① 완전 충전 : 1.300

② 고 충전 : 1.300~1.275

③ 중 충전 : 1.275~1.240

④ 저 충전 : 1.240~1.200

Q 71

lead acid battery의 비중 측정은 무엇으로 하는가?

해답▶ lead acid battery의 충전 상태는 전해액의 비중으로 나타낼 수 있고, 비중계 (hydrometer)로 측정한다.

Q 72

lead acid battery 전해액이 넘쳤다면 어떻게 하는가?

해답▶ 탄산수소 나트륨을 사용하여 새어 나온 황산을 중화시켜 닦아 내거나 암모니아 수나 붕산 나트륨수를 사용해서 닦는다.

Q 73

Ni−Cd battery의 특징은 무엇인가?

해답▶ ① 셀(cell) 교체가 가능하므로 정비가 용이하다.

② 20개의 셀(cell)로 구성되어 있다.

③ 수명이 길다.

④ 가스의 발생이 적다.

⑤ 저온에서 방전 특성이 양호하다.

⑥ 고전류 사용 시에도 전압 변동이 없다.

⑦ 전해액 보충은 배터리가 완전 충전된 이후 일정 시간 경과 후 실시한다(2~4시간).

⑧ 셀(cell) 전압은 1.2~1.25V이며 정상 전압은 24V이다.

Q 74

battery에 거품이 생기는 이유는 무엇인가?

해답▶ battery의 과충전으로 인하여 battery 전해액이 끓어서 생긴다.

Q 75
Ni-Cd battery 전해액의 높이는 어떻게 측정하는가?

해답 ▶ battery를 완전히 충전하고 2시간 이상 경과 후 전해액의 높이는 눈으로 확인하고, 비중은 전압계로 확인한다.

Q 76
Ni-Cd battery의 충전 상태는 어떻게 확인하는가?

해답 ▶ 전해액의 비중으로는 충전 상태를 알 수 없고 전압계를 사용하여 cell 전압을 측정하여 판단한다.

Q 77
정전압 충전의 특징은 무엇인가?

해답 ▶ 일반적으로 항공기에 사용하는 방법으로 전압이 일정하게 조절된 전원을 battery에 공급하는 방법이다. 충전 완료 시간을 알 수 없으며, 여러 개의 battery를 동시에 충전할 경우 용량에 관계없이 병렬로 연결하여 사용한다.

Q 78
정전류 충전의 특징은 무엇인가?

해답 ▶ 정전류 충전법은 각 battery의 전압에 구애받지 않고 직렬로 연결하여 충전하는 것으로 최대 충전율은 battery 용량의 10% 정도로 잡는다. 충전 완료 시간을 미리 예측할 수 있으나 지나치면 과충전될 염려가 있다.

Q 79
유도 전동기의 특징은 무엇인가?

해답 ▶ 유도 전동기는 교류 전동기 중의 하나로 교류에 대한 작동 특성이 좋아 시동이나 계자, 여자에 있어 특별한 조치가 필요치 않고 부하의 감당 범위도 넓으며, 정확한 회전수를 요구하지 않을 때는 비교적 큰 부하를 감당할 수 있다. 대형 항공기에서 비교적 작은 부하의 작동기로 사용되기도 한다.

Q 80
motor와 generator의 차이점은 무엇인가?

해답 ① motor는 전기적인 에너지를 기계적인 에너지로 바꿔주며 플레밍의 왼손 법칙을 사용한다.
② generator는 기계적인 에너지를 전기적인 에너지로 바꿔주며 플레밍의 오른손 법칙을 사용한다.

Q 81
DC motor의 종류 및 특성은 무엇인가?

해답 ❶ **직권형 전동기** : 시동할 때에 계자에도 전류가 많이 흘러 시동 토크가 크다. 회전 속도는 부하의 크기에 따라 변화하므로 부하가 작으면 매우 빠르게, 부하가 크면 천천히 회전한다. 직권형 전동기는 부하가 크고 시동 토크가 크게 필요한 엔진의 시동용 전동기, 착륙 장치, 플랩 등을 움직이는 전동기로 사용한다.

❷ **분권형 전동기** : 같은 크기의 직권 전동기보다 시동 토크가 작고 부하에 따른 속도의 변화가 작다. 따라서 분권 전동기는 부하의 변화에 대한 일정한 속도가 요구되는 곳에 사용한다

❸ **복권 전동기** : 직권 전동기와 복권 전동기의 중간 특성을 갖는다. 시동 토크가 크고 무부하가 되어도 직권형 전동기와 같이 속도가 빨라지지 않아서 위험하지 않다.

Q 82
DC motor 중에서 시동 토크가 가장 큰 것은 무엇인가?

해답 직권형 전동기

Q 83
DC motor의 회전 방향을 바꾸려면 어떻게 하는가?

해답 DC motor의 회전 방향을 바꾸려면 전기자(armature) 또는 계자(field)의 극성 중 어느 하나의 극성을 바꾸어야 한다. 만약 두 개의 극성을 모두 바꾸게 되면 회전 방향은 바뀌지 않는다.

Q 84
AC motor의 장점은 무엇인가?

해답 ① 일반적으로 AC motor는 다른 DC motor보다 저렴하다.
② 많은 경우 AC motor는 brush와 정류자(commutator)를 사용하지 않으므로 brush에서 스파크가 발생하지 않는다.
③ AC motor는 신뢰할 수 있으며 유지 보수가 거의 필요하지 않다.
④ AC motor의 주요 부분은 고정자(stator), 회전자(rotor)로 구성되어 있고 종류는 유도형, 동기형, 유니버설형이 있다.

Q 85
AC motor의 종류는 무엇이 있는가?

해답 ① 만능 전동기(universal motor)
② 동기 전동기(synchronous motor)
③ 유도 전동기(induction motor)

Q 86
전동기 전기자(armature) 단락 시험을 할 수 있는 것은 무엇인가?

해답 그로울러(growler) 위에 전기자를 놓고, 다시 그 위에 실톱 또는 얇은 철판을 대고서 전기자를 천천히 돌리면 전기자 코일이 단락된 부분에서 과전류에 의한 자기력 증가로 실톱이 전기자로 끌리면서 부르르 떤다. 그로울러는 단락 시험뿐만 아니라 단선과 접지 시험 모두 가능하다. 단선과 정비 시험은 멀티 테스터 등 다른 계기로도 가능하지만, 단락 시험은 그로울러 테스터만 가능하다.

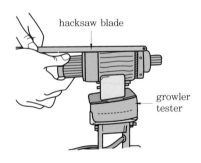

hacksaw blade

growler
tester

Q 87
brushless motor의 장점은 무엇인가?

해답 ① AC motor이며 brush의 교환이 필요 없다.
② arc 발생이 적고 유지 보수가 쉽다.
③ 기계적으로 간단하다.
④ 수명이 길다.

Q 88
DC generator의 종류는 무엇이 있는가?

해답 ❶ **직권형 DC generator** : 전기자와 계자 코일이 서로 직렬로 연결된 형식으로 부하도 이들과 직렬이 된다. 그러므로 부하의 변동에 따라 전압이 변하게 되므로 전압 조절이 어렵다. 그래서 부하와 회전수의 변화가 계속되는 항공기의 발전기에는 사용되지 않는다.

❷ **분권형 DC generator** : 전기자와 계자 코일이 서로 병렬로 연결된 형식으로 계자 코일은 부하와 병렬 관계에 있다. 그러므로 부하 전류는 출력 전압에 영향을 끼치지 않는다. 그러나 전기자와 부하는 직렬로 연결되어 있으므로 부하 전류가 증가하면 출력 전압이 떨어지므로 이와 같은 전압의 변동은 전압 조절기를 사용하여 일정하게 할 수 있다.

❸ **복권형 DC generator** : 직권형과 분권형의 계자를 모두 가지고 있으며 부하 전류가 증가할 때 출력 전압이 감소한다. 일반적으로 많이 이용되는 DC generator이다.

Q 89
DC generator를 장탈할 때 주의 사항은 무엇이 있는가?

해답 모든 power switch를 off하고 battery와 generator 단자를 제거한다.

Q 90
3상 AC generator의 장점은 무엇인가?

해답 ① 효율이 우수하다.
② 구조가 간단하다.
③ 보수와 정비가 용이하다.
④ 높은 전력의 수요를 감당하는 데 적합하다.

Q 91
brushless generator의 장점에는 어떤 것들이 있는가?

해답 ▶ ① slip ring과 brush가 없기 때문에 마멸되지 않아 정비 유지비가 적게 든다.
② 출력파형이 안정적이다.
③ brush가 없어 arc가 발생하지 않기 때문에 고공 비행 시 우수한 기능을 발휘할 수 있다.

Q 92
generator 단자에는 무엇이 있는가?

해답 ▶ ① 입력 단자
② 출력 단자
③ 접지 단자
④ equalizer 단자

Q 93
generator brush 마모 허용치는 얼마인가?

해답 ▶ 75% 이상 마모되면 교환하여야 한다

Q 94
generator brush spring 장력이 클 때와 작을 때 일어나는 현상은?

해답 ▶ ❶ **장력이 클 때 :** brush의 조기 마모
❷ **장력이 작을 때 :** brush의 되튀게 하기(bounding)

Q 95
generator brush spring 장력은 얼마인가?

해답 ▶ brush spring 장력은 보통 32~36온스(ounce)로 조정되지만, 장력은 각각의 특정한 발전기마다 조금씩 다르다.

Q 96
APU generator의 기능은 무엇인가?

해답 ▶ 지상에서 항공기에 electric power 제공, 비행 중 engine generator가 고장난 경우에 사용하기 위한 back up 기능을 한다.

Q 97
2개 이상의 generator를 병렬 운전하기 위한 조건은 무엇인가?

해답 ▶ 직류 발전기의 병렬 운전은 출력 전압만 맞추어 주면 되지만, 교류 발전기일 경우는 전압 외에 주파수, 위상차를 규정 값 이내로 맞추어야 하기 때문에 병렬 운전이 복잡해진다.

Q 98
generator field flashing이란 무엇인가?

해답 ▶ generator가 처음 발전을 시작할 때에는 남아있는 계자, 즉 잔류 자기(residual magnetism)에 의존하게 되는데, 만약 잔류 자기가 전혀 남아있지 않아 발전을 시작하지 못할 때 외부 전원으로부터 계자 코일에 잠시동안 전류를 통해주는 것을 field flashing이라고 한다.

Q 99
reverse current relay란 무엇인가?

해답 ▶ generator의 출력 쪽과 버스 사이에 장착하여 generator의 출력 전압이 낮을 때 battery로부터 generator로 전류가 역류하는 것을 방지하는 장치이다.

Q 100
voltage regulator의 종류 및 특징은 무엇인가?

해답 ▶ ❶ **진동형(vibrating type)** : 계속적이지 못하고 단속적으로 전압을 조절하기 때문에 일부 소형 항공기에서만 사용한다.

❷ **카본 파일형(carbon file type)** : 스프링의 힘을 이용하여 탄소판에 가해지는 압력을 조절하여 저항을 가감함으로써 출력 전압을 조절하고, generator의 여자 회로에 직렬로 연결되어 있다.

Q 101
voltage regulator란 무엇인가?

해답 ▶ 전압 조절기로서 engine RPM 변화에 따른 출력 전압 변화와 부하 변화에 따른 단자 전압 변동을 수정하여 항상 발전기 출력을 일정하게 유지하는 장치이다.

Q 102
inverter란 무엇인가?

해답 ▶ inverter는 rectifier와 반대로 직류 전원을 교류 전원으로 변환시켜주는 장치다. AC generator 고장 시에 battery의 직류 전원을 공급받아 교류 전원으로 변환시켜 최소한의 교류 장비를 작동시킨다. 두 가지 기본적인 유형의 인버터가 있는데, 회전형과 고정형이 있다. 회전형은 출력에 비해 무겁고, 회전하기 때문에 정기적인 점검이 필요하다. 반면, 고정형은 회전형에 비해 작은데도 고출력이며, 정비가 간단하고, 긴 수명을 가지며 조용하게 작동하는 특징이 있다.

Q 103
static inverter의 특징은 무엇인가?

해답 ▶ ① 고효율
② 적은 정비 요구, 긴 수명
③ 작동할 수 있는 상태가 되는 기간이 필요 없음
④ 작동 시 소음이 적음

Q 104
AC generator가 모두 고장났을 때 교류를 얻기 위해 반드시 작동되어야 할 장비는?

해답 ▶ inverter는 AC generator가 고장났을 때와 직류를 주 전원으로 하는 항공기에서 교류 장비를 작동시키기 위한 전원 장치이다.

Q 105
AC generator의 작동이 원활하지 못할 때 GCB를 trip 시키는 것은?

해답 ▶ GCU(Generator Control Unit) : 해당되는 generator가 정상 작동하지 않을 때 GCB(Generator Circuit Breaker)를 trip시켜 bus로부터 분리시킨다.

Q 106
transformer란 무엇인가?

해답▶ transformer는 교류 전압을 승압 또는 감압하는 장치이고, dynamotor는 직류 전압을 승압 또는 감압하는 장치이다.

Q 107
rectifier란 무엇인가?

해답▶ 전류 흐름 방향을 한쪽으로만 흐르게 함으로써 교류를 직류로 바꾸는 장치이다. 현대 항공기에서는 TRU(Transformer Rectifier Unit)라는 115V 교류 전원을 28V 교류 전원으로 낮춰 주는 변압기와 교류 전원을 직류 전원으로 정류시켜주는 정류기를 합친 장치를 사용한다.

Q 108
CSD(Constant Speed Drive)란 무엇인가?

해답▶ 엔진은 성능에 따라 출력과 회전수가 변화하기 때문에, generator에 일정한 주파수를 제공하기 위해서는 AC generator와 engine gearbox 사이에 정속 구동 장치(CSD)를 연결해야 한다. CSD(Constant Speed Drive)는 generator의 출력 속도를 일정하게 유지하고 교류 주파수를 400Hz로 유지한다.

Q 109
AC generator가 엔진의 회전수에 관계없이 일정한 주파수를 발생할 수 있도록 하는 장치는?

해답▶ CSD(Constant Speed Drive)는 generator의 출력 속도를 일정하게 유지하여 교류 주파수를 400Hz로 유지한다.

Q 110
GCU(Generator Control Unit)의 기능은 무엇인가?

해답▶ 엔진 구동 발전기 IDG의 상태, 출력 등을 모니터하고 제어하는 기능을 하고 GCB(Generator Circuit Breaker)도 제어한다.

Q 111
AC generator의 출력 전압을 일정하게 조절하는 방법은?

해답▶ 일반적으로 AC generator는 엔진에 의해 구동되므로 엔진의 회전수나 부하의 변화에 따라 출력 전압이 변한다. 따라서 출력 전압을 일정하게 하기 위하여 회전 계자의 전류를 조절함으로써 출력 전압이 일정하도록 한다.

Q 112
IDG(Integrated Drive Generator)란 무엇인가?

해답▶ CSD(Constant Speed Drive)와 generator를 합친 대형 항공기 AC generator로 brush가 없는 타입이어서 slip ring 같은 마모 부품이 없어 정비가 간단하며, 유지비도 적게 들고, 항공기 무게 감소에 효과적이다.

Q 113
diode의 정류 작용이란 무엇인가?

해답▶ 전류를 한쪽으로만 흐르게 함으로써 교류를 직류로 바꾸는 작용이다.

Q 114
zener diode의 특징은 무엇인가?

해답▶ zener diode는 정방향에서는 일반적인 diode처럼 작동하지만, 역방향으로 전압을 걸면 특정 전압 이상이 가해질 때만 전류가 통과되도록 설계되어 있어서 회로에 공급되는 전압을 안정화하기 위한 정전압원과 같은 역할을 한다. 전류가 흐르기 시작하는 때의 전압을 항복 전압이라 한다.

Q 115
휘트스톤 브리지(Wheatstone bridge) 사용법에 대하여 설명하시오.

해답▶ 휘트스톤 브리지(Wheatstone bridge)는 알고 있는 저항을 이용하여 모르는 저항을 측정하는 장치이다. 휘트스톤 브리지는 저항을 알고 있는 2개의 저항, 1개의 가변 저항, 검류계로 구성되어 있다. 2개의 저항값은 이미 알고 있으므로 검류계가 0mA를 가리킬 때까지 가변 저항기를 조절한 후에 측정하고자 하는 미지의 저항값을 읽는다.

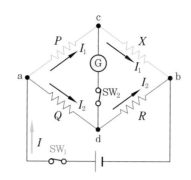

휘트스톤 브리지(Wheatstone bridge)

　그림과 같이 4개의 저항을 대칭으로 연결하고 검류계를 설치하여 전압을 가하면 회로에 전류가 흘러 각 저항에 전압 강하가 발생한다. 검류계가 설치된 중간 지점인 c−d에 전압이 같아지면 전위차가 0이 되어 전류는 흐르지 않아 검류계는 중간을 지시한다. 이때 전위는 평형이 되었다 한다. 각 저항의 전압 강하는 저항의 크기에 비례하여 발생되므로, 저항의 비례는 전압의 비례가 되므로 이것을 이용하여 미지의 저항을 구한다. 가변 저항을 조절해서 검류계에 전류가 흐르지 않으면 c와 d의 전위가 같아지므로 $Vc=Vd$가 된다. 따라서 $Vac=Vad$, $Vbc=Vbd$이므로 다음과 같은 관계가 성립된다.

$I_2P=I_2Q$, $I_2X=I_2R$

여기서, $I_1=\dfrac{Q}{P}I_2$, $I_1=\dfrac{R}{X}I_2$이므로 다음과 같이 정리할 수 있다.

$PR=QX$, 이는 저항값을 서로 대각선으로 곱하는 것과 같다.

P, Q, R의 저항값을 알고 있으므로 X의 값을 구하면 된다.

Q 116

반도체에 사용되는 가장 일반적인 재료 2가지는 무엇인가?

해답▶ 게르마늄(germanium)과 실리콘(silicon)

Q 117

납땜 작업 절차에 대하여 설명하시오.

해답▶ ❶ 납땜할 부분을 먼지 등 이물질이 없도록 깨끗이 닦는다.

❷ 부품의 다리를 구부려 기판 구멍에 끼운 다음, 기판을 거꾸로 뒤집는다. 부품의 다리를 밖으로 살짝 구부려 기판을 뒤집어도 부품이 안 빠지게 한다.

❸ 본격적인 납땜에 앞서 부품 다리와 기판의 연결 부분에 인두 팁을 1초 정도 대고 있으면서 납땜할 부분을 데운다. 이렇게 하면 납땜 주변부가 뜨거워져서 납을 대면 자연스럽게 녹아서 붙게 된다.

❹ 인두 팁을 대고 있는 상태에서 연결부에 납을 천천히 대고, 납이 부품과 기판에 균일하게 덮이면 손을 뗀다. 부품 다리와 기판에 땜납이 제대로 붙었는지 확인한다. 납은 인두 팁에 바로 대지 말고 부품 다리나 기판 쪽에 대야 한다. 뜨거운 인두 팁에 납을 직접 대면 일명 냉납(cold solder joint) 현상이 일어난다. 납땜은 열에 의한 작용이다. 납땜하는 부분과 주변부 온도가 균일하지 않으면 땜납이 제대로 골고루 붙지 않는다. 냉납이 되면 시간이 지나면서 연결 부분이 느슨해지고 부식이 발생한다.

❺ 땜납이 잘 퍼져서 붙었으면 손을 떼고, 납이 식어서 굳기를 1~2초 정도 기다린다. 납이 굳을 동안 부품을 건드리면 안 된다. 납땜 연결 부분이 매끄러워야 한다. 표면이 매끄럽지 않다면 연결부를 다시 가열한 후에 납을 조금 더 붙인다.

❻ 납땜이 끝났으면 부품 다리를 자른다. 기판 아래로 튀어나온 부품 다리 때문에 회로가 단락될 수 있기 때문에 납땜 부분 밖으로 나온 다리 여분을 바짝 자른다.

❼ 납땜이 끝나면 검사를 하여 결과가 좋으면 스프레이로 코팅한다. 대부분 용제는 부식을 유발하기 때문에 작업이 완료된 후에 깨끗이 제거해야 한다.

① 접합 부분을 예열한다.

② 땜납을 인두에 대고 녹인다.

③ 적당량의 땜납이 녹으면 땜납을 분리한다.

④ 땜납이 동판에 완전히 녹아 붙으면 인두를 분리한다.

Q118

터미널 크림핑(crimping) 방법에 대하여 설명하시오.

해답 ▶ ① wire의 절연체를 벗긴다.

② 터미널 크림핑 공구의 다이를 열어놓는다.

③ 사용하고자 하는 터미널 배럴을 다이의 중앙에 위치시킨다.

④ 터미널이 고정될 때까지 크림핑 공구의 손잡이를 살짝 잡는다. 그러나 이때 터미널 배럴이 변형되지 않아야 한다.

⑤ 절연체가 벗겨진 wire를 터미널 배럴보다 조금 더 나오거나, 적어도 같을 때까지 밀어 넣는다.

⑥ 터미널 크림핑 공구의 핸들을 끝날 때까지 닫는다.

⑦ 터미널 크림핑 공구의 래칫이 풀릴 때까지 힘껏 누른다.

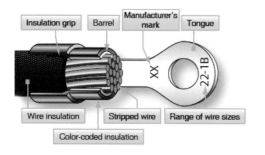

와이어 터미널(wire terminal)

크림핑 툴(crimping tool)

Q 119

hand stripper로 wire의 절연체를 벗기는 절차에 대하여 설명하시오.

해답 ▶ ① 벗기고자 하는 wire 크기의 절단 구멍(cutting slot)의 중앙에 정확히 wire를 삽입한다. 각 구멍(slot)에는 wire 크기 번호가 표시되어 있다.

② 손잡이를 최대한 닫는다.

③ wire holder가 open position으로 되돌아갈 수 있도록, 핸들을 놓는다.

④ 벗겨진 wire를 wire stripper로부터 빼낸다.

Q 120

계기의 구비 조건은 무엇이 있는가?

해답 ▶ ① 가능한 소형 및 경량일 것
② 내구성이 좋을 것
③ 오차가 적고 정확할 것

Q 121

스플라이스(splice) 크림핑(crimping) 방법에 대하여 설명하시오.

해답 ① wire의 절연체를 벗긴다.

② 스플라이스 크림핑 공구의 다이를 열어놓는다.

③ 사용하고자 하는 스플라이스를 다이의 중앙에 위치시킨다.

④ 스플라이스가 고정될 때까지 크림핑 공구의 손잡이를 살짝 잡는다. 그러나 이때 배럴이 변형되지 않아야 한다.

⑤ 절연체가 벗겨진 wire를 스플라이스에 wire의 끝이 닿을 때까지 밀어 넣고 점검 창을 통하여 확인한다.

⑥ 스플라이스 크림핑 공구의 핸들을 끝날 때까지 닫는다.

⑦ 스플라이스 크림핑 공구의 래칫이 풀릴 때까지 힘껏 누른다.

⑧ 스플라이스의 반대편도 같은 절차로 크림핑한다.

 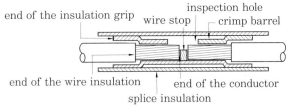

Q 122

조종실 light 색깔 종류와 의미는 무엇인가?

해답 ① red light : 경고(warning)

② amber light : 주의(caution)

③ green light : 정상 상태(on)

④ blue light : 주로 valve position을 지시(off : valve open, bright : valve in-transit 또는 valve/switch position disagreement, on : valve close)

Q 123

항공 계기를 용도에 따라 4가지로 구분하시오.

해답 ❶ flight instrument : 항공기의 비행 자세, 속도, 고도 등을 지시하고 항공기를 조종하는 데 실시간으로 사용하는 계기를 flight instrument라 한다. 고도계, 속도계, 승강계, 선회 경사계, 자이로 수평 지시계 등이 있다.

❷ engine instrument : 엔진 작동 상태를 나타내는 계기로 엔진 제작사에 따라, 제트 엔진과 왕복 엔진에 따라 계기 이름과 지시부가 다양하다. 엔진 회전계, 배기가스 온도계, 흡입 압력계, 연료 압력계, 오일 압력계, 오일 온도계, 연료 흐름양 계기, 실린더 헤드 온도계, 기화기 온도계 등이 있다.

❸ navigation instrument : 비행 계획에 따라 정해진 항로로 비행하는 조종사에게 현재의 위치, 방향 및 필요한 정보를 계속적으로 제공하는 것이 navigation instrument이다. 자기 나침반, 비행 방향계, 대기 온도계, 전파 고도계, ADF, VOR, DME, INS, GPS, weather radar 등이 있다.

❹ **기타 계기** : 비행 계기, 항법 계기 및 엔진 계기로 분류되지 않는 계기들을 편의상 기타 계기라고 한다. 전압계, 전류계, 객실 고도계, 산소 압력계, 공압 계기, 유압 계기, 조종면 지시 계기, 착륙 장치 및 도어 위치 지시계, APU 계기 등이 있다.

Q 124
계기를 크게 구분하면 어떻게 구분하는가?

해답 ▶ 수감부, 확대부, 지시부

Q 125
계기판 color marking의 의미는 무엇인가?

해답 ▶ ❶ **적색 방사선(red radiation)** : 최대 및 최소 운용 한계를 나타내며, 붉은색 방사선이 표시된 범위 밖에서는 절대로 운용을 금지해야 함을 나타낸다.

❷ **녹색 호선(green ARC)** : 안전 운용 범위, 계속 운전 범위를 나타내는 것으로서 운용범위를 의미한다.

❸ **황색 호선(yellow ARC)** : 안전 운용 범위에서 초과 금지까지의 경계 또는 경고 범위를 나타낸다.

❹ **백색 호선(white ARC)** : flap 조작에 따른 항공기의 속도 범위를 나타내는 것으로서 속도계에만 사용이 된다. 최대 착륙 무게에 대한 실속 속도로부터 flap을 내리더라도 구조 강도에 무리가 없는 flap 내림 최대 속도까지를 나타낸다.

❺ **청색 호선(blue ARC)** : 기화기를 장비한 왕복 기관에 관계되는 기관 계기에 표시하는 것으로서, 연료와 공기 혼합비가 auto lean일 때의 상용 안전 운용 범위를 나타낸다.

❻ **백색 방사선(white radiation)** : 계기 앞면의 유리판에 표시하였을 경우에 흰색 방사선은 유리가 미끄러졌는지를 확인하기 위하여 유리판과 계기의 케이스에 걸쳐 표시한다.

Q 126
수감부와 확대부의 형식은 무엇이 있는가?

해답▶ ❶ **수감부의 형식** : aneroid, diaphragm, bellows, burdon tube

❷ **확대부의 형식** : DC selsyn, magnesyn, autosyn

Q 127
속도계에서 white arc가 의미하는 것은 무엇인가?

해답▶ 최대 착륙 무게에 대한 실속 속도로부터 flap을 내리더라도 구조 강도에 무리가 없는 flap 내림 최대 속도까지를 나타낸다.

Q 128
제트 항공기의 계기나 계기판에 설치된 vibrator의 목적은 무엇인가?

해답▶ 계기의 작동 기구가 원활하게 움직이지 못하여 발생하는 마찰 오차를 줄이기 위하여 설치되어 있다. 진동이 많은 왕복 항공기는 오히려 진동으로부터 오차를 줄이기 위해서 shock absorber가 된 계기판을 사용한다.

Q 129
절대 압력과 게이지 압력의 차이를 설명하시오.

해답▶ ❶ **절대 압력(PSIA : Pound per Square Inch Absolute)** : 절대 진공(absolute vacuum)을 기준으로 측정하는 압력

❷ **게이지 압력(PSIG : Pound per Square Inch Gauge)** : 대기압을 "0"psi로 보고 측정하는 압력

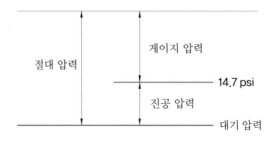

대기압, 절대 압력, 게이지 압력의 관계

Q 130
계기에서 wire를 꼬아서 사용하는 이유는 무엇인가?

해답 ▶ 전선을 꼬아서 사용함으로써 형성되는 자장을 상쇄시켜 계기의 자장에 의한 오차를 최소화하기 위해서이다.

Q 131
항공 계기에 사용되는 압력 수감부의 종류는 무엇이 있는가?

해답 ▶ ① 아네로이드(aneroid) : 정압 측정 – 고도계의 주요 수감부

② 다이어프램(diaphragm) : 동압 측정 – 속도계의 주요 수감부

③ 벨로즈(bellows) : 중압 측정 – 오일 압력. 연료 압력 등 중압 수감부

④ 버든 튜브(burdon tube) : 고압 측정 – 작동유 계통 등에 사용되는 고압 수감부

Q 132
고도의 종류는 무엇이 있는가?

해답 ▶ ① 기압 고도(pressure altitude) : 표준 대기압 기준선(29.92inHg일 때 해면)으로부터 항공기까지 고도이다.

② 진 고도(true altitude) : 실제 해면상에서부터 항공기까지의 고도이다.

③ 절대 고도(absolute altitude) : 지형(활주로)에서부터 항공기까지 고도이다.

④ 밀도 고도(density altitude) : 기압 고도에서 비표준 온도와 압력을 수정해서 얻은 고도이다. 표준 대기압 상태에서는 기압 고도와 밀도 고도가 일치한다.

⑤ 객실 고도(cabin altitude) : 객실 내 압력을 해당하는 고도의 압력으로 계산하여 환산한 고도이다.

Q 133
고도계의 보정 방식은 무엇이 있는가?

해답 ▶ QNE 보정, QNH 보정, QFE 보정

Q 134

QNE, QNH, QFE에 관하여 설명하시오.

해답 ① QNE 보정 : 고도계의 기압을 해면의 표준 대기압인 29.92inHg를 맞추어 표준 기압면으로부터 고도를 지시하게 하는 방법이다. 이때 지시하는 고도는 기압고도이다. 14,000ft 이상의 높은 고도의 비행일 때 사용한다.

② QNH 보정 : 일반적으로 고도계의 보정은 이 방식을 말한다. 14000ft 미만의 고도에서 사용하는 것으로 활주로에서 고도계가 활주로 표고를 가리키도록 하는 보정이고, 진고도를 지시한다.

③ QFE 보정 : 활주로 위에서 고도계가 "0"을 지시하도록 고도계의 기압을 비행장의 기압으로 맞추는 방식이다.

Q 135

pitot static tube의 원리는 무엇인가?

해답 정압(static pressure)과 전압(total pressure)을 감지하여 항공기의 고도와 속도를 결정하기 위한 것이다.

Q 136

pitot static tube와 관련된 계기는 무엇이 있는가?

해답 고도계, 속도계, 승강계, 마하계

Q 137

pitot static tube와 pitot tube의 차이점은 무엇인가?

해답 pitot static tube는 전압과 정압을 측정하고, pitot tube는 전압만을 측정한다.

Q 138

pitot static tube가 얼어서 구멍이 막혔다면 어떻게 되겠는가?

해답 정압과 전압을 이용할 수 없으므로 고도계, 승강계, 속도계, 마하계가 작동하지 못한다.

Q 139
pitot tube의 결빙 방지 방법은 무엇인가?

[해답]▶ electrical heater를 이용하여 가열한다.

Q 140
static port가 동체 좌우에 설치된 이유는 무엇인가?

[해답]▶ 항공기 비행 자세 등에서 오는 정압 차이를 보상하기 위한 것이다.

Q 141
정압 계기를 교환 후 점검하여야 할 사항은 무엇인가?

[해답]▶ 정압 계통의 누설 점검을 하여야 한다.

Q 142
고도계의 원리는 무엇을 이용하는가?

[해답]▶ 아네로이드(aneroid)를 이용하여 고도를 지시한다.

Q 143
고도계 오차의 종류는 무엇이 있는가?

[해답]▶ ❶ 눈금 오차 : 일정한 온도에서 진동을 가하여 기계적 오차를 뺀 계기 특유의 오차이다. 일반적으로 고도계의 오차는 눈금 오차를 말하며, 수정이 가능하다.

❷ 온도 오차
① 온도의 변화에 의하여 고도계의 각 부분이 팽창, 수축하여 생기는 오차이다.
② 온도 변화에 의하여 공합과 그 밖에 탄성체의 탄성률의 변화에 따른 오차이다.
③ 대기의 온도 분포가 표준 대기와 다르기 때문에 생기는 오차이다.

❸ 탄성 오차 : 히스테리시스(histerisis), 편위(drift), 잔류 효과(after effect)와 같이 일정한 온도에서의 탄성체 고유의 오차로서 재료의 특성 때문에 생긴다.

❹ 기계적 오차 : 계기 각 부분의 마찰, 기구의 불평형, 가속도와 진동 등에 의하여 바늘이 일정하게 지시하지 못함으로써 생기는 오차이다. 이들은 압력의 변화와 관계가 없으며 수정이 가능하다.

Q 144
정압만을 이용하는 계기는 무엇이 있는가?

해답▶ 고도계(altimeter), 승강계(vertical speed indicator)

Q 145
동압만 받는 계기는 무엇이 있는가?

해답▶ 동압만 받는 계기는 없다. 동압을 이용하는 계기는 전압과 정압을 모두 받아서 차압인 동압을 이용한다.

Q 146
static port의 일반적인 위치는 어디인가?

해답▶ static port의 위치는 공기의 와류가 가장 적고 영향이 적은 곳에 장착되는데, 대체적으로 pitot static tube에 함께 있거나 아니면 전방 동체 옆 부위 양쪽에 장착되어 있다. 이 부위는 특별 페인트나 표식을 하고 특별 관리를 한다. 기류의 어떤 영향을 미칠 수 있는 페인트 등을 칠해서도 안 되고 공기의 흐름을 방해하는 어떠한 기체 편평함이 변형되는 정비 작업을 해서도 안 된다.

Q 147
고도가 변화됨에 따라 진고도를 지시하지 못하는 이유는 무엇인가?

해답▶ 고도가 변하면 공기 밀도가 변하기 때문이다.

Q 148
속도계와 고도계의 원리는 무엇인가?

해답▶ ① 속도계 : 전압과 정압의 차이인 동압을 이용
② 고도계 : 정압을 이용

Q 149
항공기의 속도의 종류는 무엇이 있는가?

해답▶ ❶ **지시 대기 속도(IAS: Indicated Air Speed)** : 피토관 및 정압공에서 받은

공기압의 차이 압력으로 통상 속도계가 지시하는 속도로 구형 항공기 속도계가 지시하는 속도이다.

❷ **수정 대기 속도(CAS : Calibrated Air Speed)** : 지시 대기 속도에서 피토 정압관의 장착 위치와 계기 자체에 의한 오차를 수정한 속도로, 현대 디지털 항공기의 주 비행 계기(PFD)에 지시하는 것이 수정 대기 속도(CAS)이다.

❸ **등가 대기 속도(EAS : Equivalent Air Speed)** : 수정 대기 속도에서 공기의 압축성 효과(forced air correction)를 수정한 속도이다.

❹ **진 대기 속도(TAS : True Air Speed)** : 등가 대기 속도에서 다시 대기 밀도를 보정한 속도로, 실제 비행 시간을 계산할 수 있는 것으로 디지털 항공기 항법 계기(ND)에 지시하여 비행 시간 및 도착 시간 등을 계산하는 데 사용하는 속도이다.

Q 150
속도계의 원리는 무엇을 이용하는가?

해답▶ 다이어프램(diaphragm)을 이용하여 속도를 지시한다.

Q 151
승강계의 목적은 무엇인가?

해답▶ 승강계의 목적은 항공기가 상승 또는 하강할 때 분당 몇 피트로 상승 또는 하강하는지를 지시하는 것으로, 단위는 FPM(Feet Per Minute)이다.

Q 152
피토 정압 계통의 시험 및 작동 점검은 어떻게 하는가?

해답▶ ❶ 피토 정압 계통의 시험 및 작동 점검을 위해서는 피토 정압 시험기(MB-1 tester)가 사용되며 피토 정압 계통이나 계기 내의 공기 누설을 점검하는 데 주로 이용된다. 이 시험기에 부착된 계기들이 정확할 경우에는 탑재된 속도계와 고도계의 눈금 오차도 동시에 시험할 수 있다. 이 밖에도 피토 정압 계기의 마찰 오차 시험, 고도계의 오차 시험, 승강계의 "0"점 보정 및 지연 시험, 속도계의 오차 시험 등을 실시한다.

❷ 접속 기구를 피토관과 정압공에 연결해서 진공 펌프로 정압 계통을 배기하여 부압을 형성하고 가압 펌프로 피토 계통을 가압함으로써 각각의 계통의 누설 점검을 한다.

Q 153

승강계에 대하여 설명하시오.

[해답]▶ 정압을 이용하여 상승 및 하강할 때 고도의 변화를 변화율(FPM : Feet Per Minute)로 나타내는 계기로서, 이러한 승강계는 모세관의 원리를 이용하는 것이다. 모세관의 원리는 홀의 크기가 작으면 작을수록 고도 상승률에 대한 지시치는 정확해지기는 하나 바늘의 움직임이 둔해진다. 모세관이 크게 된다면 바늘의 움직임은 빠르게 제자리로 돌아오도록 되어 있다. 지시계에서 바늘이 시계 방향으로 움직이면 항공기의 분당 상승률이 지시되고, 바늘이 반시계 방향으로 움직이면 항공기의 분당 하강률이 지시된다.

Q 154

계기 비행 인가를 받은 항공기의 동정압 계통 점검 주기 및 누설 허용량은 얼마인가?

[해답]▶ ❶ IFR 인가를 받은 항공기라면 24개월마다 시험하여야 한다.

❷ 고도계가 1000피트를 지시하도록 부압을 형성한 후 1분 동안 누설 여부를 관찰하여 최대 허용치는 100피트 이하이다.

Q 155

원격 지시 계통은 무엇으로 구성되어 있는가?

[해답]▶ ❶ **수감부** : 압력, 온도, 양 등을 측정하거나 감지하는 부분이다(센서 또는 감지기).

❷ **트랜스미터(transmitter)** : 수감부 센서에서 보내오는 기계적인 신호를 전기 신호로 변환하여 지시부로 전달하는 장치(수감부가 내장되어 있기도 함)이다.

❸ **지시부** : 조종석 계기로서, 계기 내부에 수감부 또는 트랜스미터에서 보내오는 신호를 받아 재생하는 수신기가 내장되어 있다.

Q 156

원격 지시 계기 동기기(synchro)의 종류는 무엇이 있는가?

[해답]▶ ① 셀신 동기기(selsyn synchro) : 직류 전원
② 오토신 동기기(autosyn synchro) : 교류 전원
③ 마그네신 동기기(magnesyn synchro) : 교류 전원

Q 157

지자기의 3요소는 무엇인가?

해답 ▶ ❶ **편차** : 지축과 지자기 축이 일치하지 않아 생기는 지구 자오선과 자기 자오선 사이의 오차각

❷ **복각** : 지자기의 자력선이 지구 표면에 대하여 적도 부근과 양극에서 기울어지는 각

❸ **수평 분력** : 지자기의 수평 방향의 분력

Q 158

편차란 무엇인가?

해답 ▶ 지축과 지자기 축이 일치하지 않아 생기는 지구 자오선과 자기 자오선 사이의 오차각

Q 159

magnetic compass의 자차란 무엇인가?

해답 ▶ ① magnetic compass 주위에 설치된 전기 기기와 그것에 연결되어 있는 전선의 영향에 의한 오차이다.
② 기체 구조재 중의 자성체의 영향에 의한 오차이다.
③ 조종석에 설치된 magnetic compass에 비교적 크게 나타나며 자기 보상 장치로 어느 정도 수정이 가능하다.

Q 160

magnetic compass 자차 수정 시기는 언제인가?

해답 ▶ magnetic compass 자차 수정은 보통 비행 누적 시간 또는 일정한 시간 간격으로 이루어진다. 그리고 대체적으로 대수리나 중정비(heavy maintenance)를 수행하고 나서 수행하기도 하고 새로운 무선 장비 또는 전기식 작동 구성품이 magnetic compass 주위, 즉 조종석에 추가 장착이 되었을 때 magnetic compass에 영향을 주기 때문에 오차가 발생하게 되고 이를 수정하기 위해 수행한다. 또한 지시에 이상이 있다고 의심이 갈 때 수행한다. 자차 수정을 위한 compass swing 절차는 해당 매뉴얼에서 찾아볼 수 있다.

Q 161
원격 지시 컴퍼스란 무엇인가?

해답▶ 수감부는 자기의 영향이 작은 날개 끝이나 동체 끝에 설치하고 지시계만 조종석에 설치하여 원격으로 지시하여 자차를 줄이고 자성체의 영향을 감소시킬 수 있는 이점이 있다.

Q 162
magnetic compass의 오차는 어떤 것이 있는가?

해답▶ (1) 정적 오차
① 반원차 : 항공기에 사용되고 있는 수평 철재 및 전류에 의해서 생기는 오차
② 사분원차 : 항공기에 사용되고 있는 수평 철재에 의해서 생기는 오차
③ 불이차 : 모든 자방위에서 일정한 크기로 나타나는 오차로 컴퍼스 자체의 제작상 오차 또는 장착 잘못에 의한 오차

(2) 동적 오차
① 북선 오차 : 자기 적도 이외의 위도에서 선회할 때 선회각을 주게 되면 컴퍼스 카드면이 지자기의 수직 성분과 직각 관계가 흐트러져 올바른 방위를 지시하지 못하게 되는데, 북진하다가 동서로 선회할 때에 오차가 가장 크기 때문에 북선 오차라고 하고, 선회할 때 나타난다고 하여 선회 오차라고도 한다.
② 가속도 오차 : 컴퍼스의 가동 부분의 무게 중심이 지지점보다 아래에 있기 때문에 항공기가 가속 시에는 컴퍼스 카드면은 앞으로 기울고 감속 시에는 뒤로 기울게 되는데, 이 때문에 컴퍼스의 카드면이 지자기의 수직 성분과 직각 관계가 흐트러져 생기는 오차를 가속도 오차라고 한다.
③ 와동 오차 : 비행 중에 발생하는 난기류와 그 밖의 원인에 의하여 생기는 컴퍼스의 와동 때문에 컴퍼스 카드가 불규칙적으로 움직임으로 인해 생기는 오차이다.

Q 163
magnetic compass 내부에 케로신을 넣는 이유는 무엇인가?

해답▶ ① 항공기의 움직임으로 인한 컴퍼스 카드의 움직임을 제동한다.
② 부력에 의해 카드의 무게를 경감함으로써 피벗(pivot) 부분의 마찰을 감소시킨다.
③ 외부 진동을 완화시킨다.

Q 164
magnetic compass 내부에 넣는 액체는 무엇인가?

해답▶ 케로신(kerosene)과 같은 덤핑액(dumping fluid)

Q 165
마찰 오차란 무엇인가?

해답▶ 계기의 작동 기구가 원활하게 움직이지 못하여 발생하는 오차로, 엔진으로부터 오는 진동이 마찰 오차를 해소하는데 좋은 효과를 준다. 제트기에서는 엔진 진동이 거의 없어 마찰에 의한 마찰 오차의 해소 목적으로 특정한 계기에 vibrator를 장착한다.

Q 166
자이로의 특성은 무엇인가?

해답▶ ❶ **강직성** : 자이로에 외력이 가해지지 않는 한 회전자의 축 방향은 우주 공간에 대하여 계속 일정 방향으로 유지하려는 성질로 자이로 회전자의 질량이 클수록 자이로 회전자의 회전이 빠를수록 강하다. 강직성 혹은 세차성, 선행성이라고 하며 방향 자이로 지시계 등에 사용된다.

❷ **섭동성** : 자이로에 외력을 가했을 때 자이로 축의 방향과 외력의 방향에 직각인 방향으로 회전하려는 성질을 말하며 선회계 등에 사용된다.

Q 167
자이로의 성질을 이용한 계기는 무엇인가?

해답▶ ① 선회계 : 섭동성 이용
② 방향 자이로 지시계 : 강직성 이용
③ 자이로 수평 지시계 : 강직성과 섭동성 이용

Q 168
자이로 계기를 동력원의 종류에 따라 구분하면?

해답▶ ① 진공식   ② 압력식   ③ 엔진 구동 펌프식   ④ 전기식

Q 169
선회 경사계 2분계와 4분계의 차이점은 무엇인가?

해답 ➊ 2분계(2 minute turn) : 바늘이 1바늘 폭만큼 움직였을 때 $180°/min$의 선회 각속도를 의미하고, 2바늘 폭일 때에는 $360°/min$의 선회 각속도를 의미한다. $180°/min$을 표준율 선회라 한다.

➋ 4분계(4 minute turn) : 1바늘 폭의 단위가 $90°/min$이고, 2바늘 폭이 $180°/min$ 선회를 의미한다.

Q 170
엔진의 RPM은 계기에 어떻게 지시되는가?

해답 ▶ 왕복 엔진은 crankshaft의 회전 속도를 분당 회전수(RPM)로 지시하고 가스 터빈 엔진에서는 최대 출력 압축기 회전 속도를 100%로 해서 압축기 회전수를 백분율(%RPM) 단위로 지시한다.

Q 171
tachometer generator가 RPM을 지시하는 원리는 무엇인가?

해답 ▶ tachometer generator의 원리는 회전축에 generator가 물려서 돌면서 계기 바로 전에 동기 모터(synchro motor)가 있어서 회전축의 속도에 비례해서 generator가 전기를 만들어 동기 모터(synchro motor)를 돌려줌으로써 계기가 움직인다.

Q 172
왕복 엔진 tachometer의 단위는 무엇인가?

해답 ▶ crankshaft의 회전 속도를 분당 회전수(RPM)로 지시한다.

Q 173
연료량 지시계의 종류는 무엇이 있는가?

해답 ▶ 직독식 지시계(direct-reading indicator)는 연료 탱크가 조종석에 가까이 있는 경항공기 등에서 사용된다. 다른 경비행기와 대형 항공기는 전기식 지시계(electric indicator) 또는 전자 용량식 지시계(electronic capacitance type indicator)가 사용된다.

Q 174
gas turbine engine tachometer의 단위는 무엇인가?

해답 ▶ 최대 출력 압축기 회전 속도를 100%로 해서 압축기 회전수를 백분율(%RPM) 단위로 지시한다.

Q 175
엔진 계기 종류는 무엇이 있는가?

해답 ▶ ① primary parameter : EPR, N_1, EGT

② secondary parameter : N_2, fuel flow, oil press, oil quantity, oil temp 등

Q 176
연료량의 지시는 어떻게 하는가?

해답 ▶ 연료량은 무게로 지시하며 단위는 LBS이다.

Q 177
thermocouple의 원리는 무엇인가?

해답 ▶ 열전쌍 온도계로 열에너지를 기계적 에너지로 변환시키는 장치이며, 2개의 서로 다른 물질로 된 금속선의 양끝을 연결하여 접합점에 온도차가 생기게 되면 이들 금속선에 발생하는 전류를 이용하여 측정하는 것이다. 오늘날 항공기 엔진 배기가스 온도(EGT) 측정용으로 가장 많이 사용하는 thermocouple은 알루멜(alumel)과 크로멜(chromel) 재질로 제작되어 있다.

Q 178
thermocouple에 대하여 설명하시오.

해답 ▶ ① 서로 다른 금속의 끝을 연결하여 접합점에 온도차가 생기게 되면 이들 금속 선에는 기전력이 발생하여 전류가 흐른다. 이때의 전류를 열전류라 하고, 금속선의 조합을 열전쌍이라 한다.

② 왕복 엔진에서는 실린더 헤드 온도를 측정하는 데 쓰이고, 제트 엔진에서는 배기 가스의 온도를 측정하는 데 쓰인다.

③ 재료는 크로멜-알루멜, 철-콘스탄탄, 구리-콘스탄탄이 사용되고 있다.

Q 179

thermocouple에 사용되는 재료의 측정 범위를 나타내시오.

해답▶

재질	크로멜 – 아루멜	철 – 콘스탄탄	구리 – 콘스탄탄
사용 범위	상용 : 70~1,000℃ 최고 : 1,400℃	상용 : -200~250℃ 최고 : 800℃	상용 : -200~250℃ 최고 : 300℃

Q 180

thermocouple test 장비는 무엇인가?

해답▶ potentiometer

Q 181

jumpering이란 무엇인가?

해답▶ 계기를 보관할 때 충격에 의한 armature의 흔들림을 방지하기 위해 계기 뒷면의 두 단자를 굵은 도선으로 연결 보관하는 것을 말한다.

Q 182

avionic이란 무엇인가?

해답▶ 항공 전기, 전자, 계기 계통을 통틀어서 avionic이라 한다.

Q 183

ESDS(Electro–Static Discharge Sensitive)에 대하여 설명하시오.

해답▶ (1) ESDS device는 소자 혹은 소자 표면의 정전기 방전에 의해 소자 자체가 가지고 있는 물리적/전기적 특성에 영향을 미쳐 기능의 저하를 초래할 수 있는 소자 등을 말한다.

(2) 16,000V 이하로 손상될 수 있는 모든 구성품은 ESD에 민감한 것으로 간주된다.
① class 1 : 0~2,000V의 매우 민감한 범위
② class 2 : 2,000V~4,000V의 민감한 범위
③ class 3 : 4,000V~16,000V의 덜 민감한 범위

(3) ESDS 장비의 식별

항공기에 장착된 정전기에 민감한 부품들은 취급주의를 위하여 정전기 방전에 민감한 부품이 장착되어 있는 장착대, 금속제 케이스의 LRU, card file 등에 "Caution Static Sensitive" label(황색 바탕에 검정문자)이 부착되어 있으며 ESDS 부품의 장탈시 conductive dust cover를 connector에 장착하여 정전기가 충전된 물체와 esds 부품 connector pin의 접촉을 방지한다. esds 부품을 포함하는 모든 LRU는 외부 눈에 띄기 쉬운 곳(connector 부위, 또는 LRU 상부)에 ESDS caution label이 부착되어 있어야 한다.

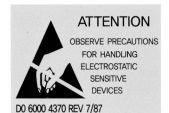 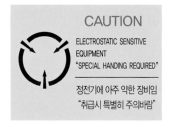 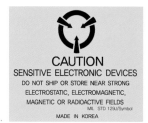

(4) 정전기 보호 장비(ESD protection equipment)

① wrist strap : 인체로부터 발생된 정전기를 접지시켜 정전기를 방전함으로써 정전기에 민감한 IC, 전자제품 등을 보호하는 데 사용된다. 손목에 밴드를 차고, 그 밴드는 도선을 이용하여 접지선에 연결함으로써 인체를 접지하는 기구로, 접지 저항이 250kΩ~1.5MΩ이어야 하며, 저저항 wrist strap을 끼고 고전압 장비를 접촉할 경우 전기적 쇼크 위험이 있다.

② ionized blower : 정전기가 빠져나가도록 접지를 할 수 없거나 플라스틱과 같이 절연체에 남아 있는 정전기를 소멸시키려고 할 때 사용되는데, 공기를 이온화시켜 절연체에 남아 있는 정전기와 극성이 반대인 공기 이온이 서로 결합하도록 함으로써 정전기를 소멸시킨다. 적당한 접지나 방지책이 없는 경우에 사용한다.

③ floor mat : 작업대에 인접한 인체로부터 정전기를 흘려보내서 작업대 위의 부품을 보호해주고, wrist strap 착용을 하지 않은 작업자에게서 발생하는 정전기로 인한 피해도 막아주는 역할을 한다.

④ table mat : mat 위에 놓여진 모든 물체의 정전기를 계속적으로 접지시켜 작업자와의 전위차를 없애주고, 정전기 방지에 대한 완벽한 작업 공간을 마련해준다.

⑤ ground cord : floor mat와 table mat를 접지시켜 주는 역할을 한다. 모든 접지선에는 작업의 안전을 위하여 1MΩ의 저항을 연결하여 준다.

Q 184
analog system의 정의 및 장단점은 무엇인가?

해답 ▶ (1) 아날로그 시스템의 정의

아날로그 시스템은 아날로그 신호로 표현되는 물리적인 양을 다루는 장치이며, 아날로그 데이터(analog data)란 원래의 정보와 물리적인 표현 방법을 연속적으로 정확하게 관련지어 나타내는 연속적인 데이터(continuous data)를 의미하며, 아날로그 신호는 온도, 부피, 속도, 전압, 전류, 음량, 높이 및 압력 등과 같이 시간의 흐름에 따라 연속적으로 변해가는 신호로서 자연 상태의 정보 그 자체라 할 수 있다.

(2) 아날로그 시스템의 장점

① 계측 기기로부터 전압, 전류, 온도, 압력 등과 같은 연속적인 물리량을 그대로 입력 처리한다.
② 변화의 양을 쉽게 알 수 있고, 디지털 신호로 잡아낼 수 없는 아주 미세한 신호의 변화까지도 신호로 표시할 수 있다.
③ 가장 간단하게 표현 가능하다.

(3) 아날로그 시스템의 단점

① 신호의 값이 연속적으로 처리되어 정확한 구분이 어렵고, 변질되기 쉽다.
② 데이터를 전송할 때 잡음, 왜곡 등으로 정보 전달이 쉽지 않다.
③ 정보 저장 및 보관이 용이하지 않다.
④ 동작을 프로그램 할 수 있으나 제한적이다.

Q 185
digital system의 정의 및 장단점은 무엇인가?

해답 ▶ (1) 디지털 시스템의 정의

디지털 시스템은 디지털 신호, 데이터로 표현되는 물리적인 양이나 정보를 다루기 위해 설계된 장치라고 말할 수 있다. 디지털 데이터(digital data)란 정보의 각 부분이 불연속적으로 명확하게 구별될 수 있는 이산적인(또는 불연속적인) 데이터(discrete data)를 의미한다. 디지털 전자에서는 두 가지 상태를 나타내는 회로와 시스템을 구성한다. 이 두 가지 상태는 high(1)와 low(0)의 전압 상태이다. 컴퓨터 시스템에서는 두 상태의 조합을 코드(code)라고 하며, 문자, 기호, 정보 등을 나타낼 때 사용한다. 2진(binary)은 1과 0으로 표현하여 구성된 숫자 시스템을 사용한다. 기본 게이트(AND gate, OR gate, NOT gate)를 결합하여 비교, 산술, 코드 변환, 인코딩, 디코딩, 계수, 저장, 데이터 선택 등의 기능을 가진 논리 회로를 만들 수 있다.

(2) 디지털 시스템의 장점
  ① 데이터를 읽을 때 모호한 부분이 없다.
  ② 일반적으로 디지털 시스템은 설계하기 쉽다.
  ③ 정보 저장이 용이하다.
  ④ 정확성과 정밀도를 시스템 전체를 통해서 유지하기 쉽다.
  ⑤ 동작을 프로그램 할 수 있다.
  ⑥ 잡음의 영향을 덜 받는다.
  ⑦ 디지털은 데이터를 전송할 때 정확한 전달이 가능하다.

(3) 디지털 시스템의 단점
  ① 디지털화된 신호를 처리하는 데 시간이 걸린다.
  ② 미세한 부분을 표현하기 어렵고, 변환기가 필요하다.

Q 186
ECS 계통이란 무엇인가?

해답▶ environmental control system은 항공기 기내를 안락한 상태로 만들기 위한 환경 제어 계통이다. air-conditioning system, equipment cooling system, cabin pressurization system으로 구성되어 있다.

Q 187
air-conditioning system이란 무엇인가?

해답▶ 항공기 조종실, 객실, 화물실의 공기를 쾌적한 온도로 조절하는 계통으로 항공기의 전방, 밑면 또는 상면에 설치되어 있는 air duct를 통해 cooling 또는 heating을 하는 장치이다.

Q 188
항공기에 사용되는 air-conditioning system의 2가지 종류는 무엇인가?

해답▶ ① air cycle air-conditioning system(공기 순환식)
　　　② vapor cycle air-conditioning system(증기 순환식)

Q 189
대형 항공기 air-conditioning system에서 온도 조절은 어떻게 하는가?

해답▶ 냉각시킨 공기에 더운 공기를 혼합하여 원하는 온도로 조절한다.

Q 190

air cycle machine의 작동 원리는 무엇인가?

해답▶ 공기가 압축되면 온도가 상승하고, 팽창되면 온도가 떨어지는 원리를 이용한 장치이다.

Q 191

air cycle machine에서 온도 조절은 어떻게 하는가?

해답▶ 항공기의 pneumatic manifold에서 flow control and shut off valve를 통하여 heat exchanger로 보내지는데 primary core에서 냉각된 공기는 ACM의 compressor를 거치면서 pressure가 증가한다. compressor에서 방출된 공기는 heat exchanger의 secondary core를 통과하면서 압축으로 인한 열은 상실된다. 공기는 ACM의 turbine을 통과하면서 팽창되고 온도는 떨어진다. 그러므로 터빈을 통과한 공기는 저온, 저압의 상태이다. 터빈을 지나 냉각된 공기는 수분을 포함하고 있으므로 water separator를 지나면서 수분이 제거되어 더운 공기와 혼합되어 객실 내부로 공급된다.

Q 192

air cycle air-conditioning system에서 temperature control valve의 목적은?

해답▶ air-conditioning pack에서 배출되는 공기의 온도를 조절하는 역할을 한다.

Q 193

air cycle machine에서 turbine의 역할은 무엇인가?

해답▶ heat exchanger의 secondary core를 통과하면서 냉각된 bleed air는 ACM의 turbine을 지나면서 팽창되어 온도와 압력은 떨어진다.

Q 194

water separator에서 물은 어떻게 분리되는가?

해답▶ water separator 내부 구조물은 공기와 수분을 소용돌이치게 하여 수분은 water separator의 옆쪽에 모이고 아래쪽으로 흘러 외부로 배출되고 건조 공기는 통과된다.

Q 195
vapor cycle machine에 대하여 설명하시오.

해답▶ 냉매가 기화할 때 주위의 열을 빼앗아 가는 원리를 이용한 것으로 터빈 항공기가 아니면서 air-conditioning system을 갖추고 있는 항공기에 대부분 사용되고 있으며, 이 계통은 전기로 작동하는 압축기를 사용하여 보통 ACM보다 냉각 능력이 뛰어나고, 게다가 지상에서 엔진이 작동하지 않을 때도 냉각용으로 사용이 가능하다.

Q 196
vapor cycle machine에서 condenser의 기능은 무엇인가?

해답▶ 냉매의 온도를 떨어뜨리는 역할을 하는 장치이다.

Q 197
vapor cycle machine에 사용되는 냉매의 종류는?

해답▶ R12가 주로 사용되었으나 친환경적인 R134A로 대체되었다.

Q 198
vapor cycle machine에서 냉매량 확인 방법은 무엇인가?

해답▶ sight glass를 통해 냉매량을 확인할 수 있는데, 계통에 충분한 냉매가 있을 때 sight glass로 액체가 흐른다. 냉매가 부족한 경우, sight glass에 거품이 보일 수 있다. 따라서 sight glass의 거품은 계통에 냉매가 보충되어야 함을 의미한다.

Q 199
vapor cycle machine에서 sight glass에 기포가 보일 때 조치 사항은?

해답▶ 냉매가 부족함을 의미하므로 보충하여야 한다.

Q 200
대형 항공기 객실에 공급되는 hot air는 어디에서 오는가?

해답▶ engine compressor bleed air

Q 201
객실 여압을 하는 이유는 무엇인가?

해답▶ 여압은 고고도로 비행하는 항공기의 기내에 알맞은 온도와 압력을 제공하여 승무원 및 승객에게 쾌적성과 안락감을 주는 데 있다. 또한, 고도 상승에 따른 산소 결핍을 방지하기 위해 산소를 공급한다. 여압이 되는 공간을 여압실이라 하며 조종실, 객실, 화물실이 해당된다.

Q 202
객실에 공급되는 여압의 압력은 어떻게 결정되는가?

해답▶ 항공기 기체 구조 강도에 의해서 결정된다.

Q 203
객실 차압(cabin differential pressure)이란 무엇인가?

해답▶ 객실 내부의 공기압과 객실 외부의 공기압 사이의 차이로 단위는 psid 또는 Δpsi로 표기된다.

Q 204
객실 여압에서 등압 모드(isobaric mode)란 무엇인가?

해답▶ 항공기 고도 변화에도 불구하고 단 하나의 압력에서 객실 고도를 유지하는 모드이다.

Q 205
객실 여압에서 일정 차압 모드(constant differential mode)란 무엇인가?

해답▶ 항공기 고도 변화에 관계없이, 객실 내부 공기압과 외기압 사이에 지속적인 차압을 유지하여 객실 압력을 제어하는 모드이다.

Q 206
객실 상승률(cabin rate of climb)이란 무엇인가?

해답▶ 객실 내부의 공기압 변화의 비율을 말하며, feet per minute(fpm)으로 표기된다.

Q 207
cabin pressure를 8000피트 해당 압력으로 유지하는 이유는 무엇인가?

해답▶ 항공기의 실제 고도와는 상관없이 승무원과 승객에게 추가로 산소를 공급할 필요가 없기 때문이다. 8000피트 이상의 고도에서 장시간 머물게 되면 정신적, 육체적으로 시행착오를 일으킬 수 있다(hypoxia 현상, anoxia 현상).

Q 208
객실의 압력을 일정하게 조절해 주는 장치는 어떠한 것들이 있는가?

해답▶ ❶ cabin pressure controller : 지정된 객실 압력이 되도록 outflow valve 위치를 정하고 outflow valve에 의해서 배출되는 공기 흐름을 조절한다.

❷ outflow valve : 항공기 외부와 객실 내부의 차압이 일정한 압력이 되도록 객실의 공기를 밖으로 배출시키는 밸브로 소형기에는 1개의 outflow valve를, 대형기에는 2개의 outflow valve를 사용하여 필요한 공기의 유출량을 얻기 위해 사용한다.

❸ safety valve : safety valve는 미리 정해진 차압 발생 시 열리도록 설정된 pressure relief valve이며, 설계 제한 범위를 초과하는 내부 압력을 방지하기 위해 객실 외부로 배출된다. 대부분 항공기에서 safety valve는 차압이 8~10psi에서 열리도록 설정된다.

❹ negative pressure relief valve : 항공기 외부의 기압이 객실 공기압을 초과하지 않도록 사용되며 열려서 외부의 공기가 객실 안으로 자유롭게 들어오도록 되어 있는 밸브이다.

❺ dump valve : 일부 항공기에서 사용되며 조종석에 있는 스위치에 의해 자동 또는 수동으로 작동되는 안전 밸브이며 보통 비정상 상태 또는 결함 발생 시, 또는 비상 사태에서 객실로부터 압력을 신속하게 제거하기 위해 사용된다.

Q 209
여압 장치가 마련된 항공기에서 cabin pressure 조절은 어떻게 하는가?

해답▶ outflow valve를 통해 빠져나가는 공기의 양을 조절함으로써 가능하다.

Q 210
항공기 내부 압력보다 외부 압력이 높을 때 작동하는 valve는 무엇인가?

해답▶ negative pressure relief valve

Q 211
객실 여압 계통 압축 공기 공급 방식의 종류는 무엇이 있는가?

해답 ❶ **엔진 블리드식** : 제트 엔진 항공기에 많이 사용하는 것으로 압축기에서 bleed air를 뽑아서 객실에 공급한다

❷ **공기 구동 압축기식** : 제트 엔진의 압축기에서 공급되는 압축 공기를 이용하여 원심식 터빈을 구동시키고, 이 터빈의 동력으로 원심식 소형 압축기를 구동시켜 따로 마련된 공기 흡입구를 통하여 압축된 공기를 객실에 공급한다.

❸ **기계적 구동 압축기식** : 왕복 엔진 항공기에서는 엔진의 구동력을 이용한 과급기 또는 배기가스 구동 힘을 이용한 터보 과급기에 의하여 압축된 공기를 객실에 공급한다.

Q 212
outflow valve가 정상 작동하지 않을 때 기체를 보호하는 것은 무엇인가?

해답 safety valve는 미리 정해진 차압 발생 시 열리도록 설정된 pressure relief valve이며, 설계 제한 범위를 초과하는 내부 압력을 방지하기 위해 객실 외부로 배출된다. 대부분 항공기에서, safety valve는 차압이 8~10psi에서 열리도록 설정된다.

Q 213
cabin pressurization system에 사용되는 계기의 종류는 무엇이 있는가?

해답 ① 객실 고도계(cabin altimeter)
② 객실 상승 속도계(cabin rate of climb indicator) 또는 승강계(vertical speed indicator)
③ 객실 차압계(cabin differential pressure indicator)

Q 214
cabin pressurization system의 작동 모드의 종류는 무엇인가?

해답 auto mode, standby mode, manual mode

Q 215
autopilot이란 무엇인가?

해답▶ 자동 비행 장치로서 조종사 대신 시스템의 조종을 통해 장거리 비행을 통해 오는 조종사의 업무 부담과 피로를 줄이게 되어 결국은 착륙 등 중요한 단계에서 안전한 비행을 이루는 데 목적이 있다. 여러 계통으로부터 입력 신호를 받아 항공기의 3축을 안정되게 유지하고 이륙에서 착륙에 이르기까지 항공기를 자동적으로 제어하는 장치이다.

Q 216
autopilot system의 4가지 기본 구성 요소는 무엇인가?

해답▶ ① 수감부(sensing element)
② 계산부(computing element)
③ 출력부(output element)
④ 명령부(command element)

Q 217
servo란 무엇인가?

해답▶ 전기적인 signal을 기계적인 signal로 변환시켜 주고 작은 입력 신호를 큰 출력으로 변환시킨다.

Q 218
auto trim이란 무엇인가?

해답▶ autopilot이 engage되어 pitch 축을 조절할 때 FCC(Flight Control Computer)가 horizontal stabilizer를 control하여 항력을 줄이고 speed를 개선시켜 준다.

Q 219
yawing damper system이란 무엇인가?

해답▶ dutch roll 방지와 turn coordination을 위해서 rudder를 제어하는 자동 조종 장치를 말한다.

Q 220
전파란 무엇인가?

해답▶ 전기장과 자기장이 고리 모양으로 연결되어 공간상에 물결이 치듯 방사되는 파장을 말한다.

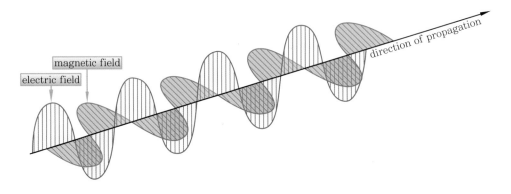

Q 221
전파를 경로에 의하여 분류하면 어떻게 되는가?

해답▶ (1) 지상파
① **지표파** : 지표면을 따라 전파(근거리 : VLF, LF, MF, HF)
② **직접파** : 송신 안테나에서 수신 안테나로 직진함(근거리 : VHF, UHF, SHF)
③ **지표반사파** : 지표에서 반사되어 수신 안테나에 도달함(근거리 : VHF, UHF)

(2) 공간파 : 공중으로 발사된 전파가 전리층 또는 대류권에 의해 반사, 굴절되어 전파됨, 대류권파를 포함(원거리 : VLF, LF, MF, HF)(원거리 대류권파 : VHF, UHF, SHF)

Q 222
안테나의 길이는 어떻게 결정되는가?

해답▶ 주파수의 파장에 따라 안테나의 길이가 결정된다. 가장 이상적인 안테나의 길이는 파장의 1/2 λ(람다)이지만 최근에는 항공기 기체 전도체를 이용해서 1/4 λ 길이까지도 안테나의 길이를 줄일 수 있다.

Q 223
fading이란 무엇인가?

해답▶ 전파 경로상의 변동에 따라 수신 전파의 강도가 시간에 따라 변화하는 현상을 말한다.

Q 224
진폭 변조(AM)란 무엇인가?

해답▶ 음성을 전파에 실어 전송할 때는 수신기에서 음성을 재현할 수 있는 방식으로 반송파에 음성 신호를 실어야 하고 이 과정은 변조라고 하는데, 전송하려는 정보에 따라 반송파의 진폭이나 강도를 변경하면 진폭변조, 즉 AM(Amplitude Modulation)이라 한다.

Q 225
통신 계통에 사용되는 주파수 범위에 대하여 설명하시오.

해답▶

명칭	주파수 범위	사용처
초장파(VLF)	30kHz 이하(100~10km)	오메가 항법
장파(LF)	30~300kHz(10~1km)	ADF, 로란C
중파(MF)	300kHz~3MHz(1km~100m)	ADF(AM 라디오), 로란A
단파(HF)	3~30MHz(100m~10m)	HF통신(ham)
초단파(VHF)	30~300MHz(10m~1m)	FM 라디오, VOR, VHF 통신, LOC, 마커비컨
극초단파(UHF)	300~3000MHz(1m~10cm)	UHF 통신, G/S, ATC, TCAS, DME, TACAN
극극초단파(SHF)	3~30GHz(10cm~1cm)	도플러 레이더, 기상 레이더, 전파 고도계
초극초단파(EHF)	30~300GHz(1cm~1mm)	우주 통신

Q 226
주파수 변조(FM)란 무엇인가?

해답▶ FM(Frequency Modulation)은 반송파의 진폭은 일정하게 한 채로 신호를 주파수의 변화로 변환해 송신하는 방법이다.

Q 227
HF란 무엇인가?

해답 ▶ HF(High Frequency)는 3~30MHz 주파수를 이용하여 원거리까지 전파되므로 항공기와 지상, 항공기와 항공기 상호 간 국제선 장거리 통신에 적합하며 VHF 통신 결함 시 비상용으로 사용된다.

Q 228
HF 주파수 대역은 얼마인가?

해답 ▶ 3~30MHz

Q 229
HF의 주요 구성품은 무엇이 있는가?

해답 ▶ HF transceiver, HF antenna, HF antenna coupler, HF 주파수를 선택할 수 있는 radio control panel, 송수신 음량 조절 및 송수신을 선택하는 audio control panel 등으로 구성되어 있다.

Q 230
VHF란 무엇인가?

해답 ▶ VHF(Very High Frequency)는 30~300MHz 주파수를 이용한 항공기의 주 통신 계통으로 가시거리 통신만 가능하므로 원거리 통신을 위해서는 중계소가 필요하다. 안정되고 깨끗한 통신이 가능하다.

Q 231
VHF 주파수 대역은 얼마인가?

해답 ▶ 30~300MHz

Q 232
VHF 비상 주파수는 얼마인가?

해답 ▶ 121.5MHz

Q 233
VHF의 주요 구성품은 무엇이 있는가?

해답▶ VHF transceiver, VHF antenna, VHF 주파수를 선택하는 radio control panel, 송수신 음량 조절 및 송수신을 선택하는 audio control panel 등으로 이루어진다.

Q 234
HF와 VHF의 차이점은 무엇인가?

해답▶ HF는 단파를 사용하여 장거리 통신에 이용되며, VHF는 초단파를 사용하기 때문에 단거리 통신에 주로 이용된다.

Q 235
transceiver란 무엇을 말하는가?

해답▶ transmitter와 receiver가 하나의 장비로 된 통신 장비를 말한다.

Q 236
UHF란 무엇인가?

해답▶ UHF(Ultra High Frequency communication)는 225~400MHz의 항공 주파수 범위에서 송신과 수신을 교대로 하는 단일 통화 방식에 의한 군용 항공기와 지상국 및 이동국, 군용 항공기 간 통신에 사용하고 있다.

Q 237
UHF 비상 주파수는 얼마인가?

해답▶ VHF 국제 비상 주파수인 121.5MHz보다 2배인 243MHz를 긴급 통신용 주파수로 사용하고 있다.

Q 238
ELT 작동 주파수는 얼마인가?

해답▶ 비상 주파수(121.5MHz, 243MHz, 406MHz)로 송신한다.

Q 239
항공기에 장착된 안테나의 종류 및 위치

해답 ▶ 다음은 B737 항공기에 장착된 안테나의 종류 및 위치를 나타낸다.

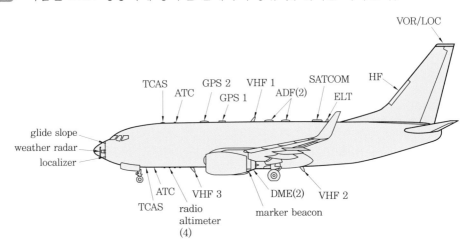

Q 240
SATCOM이란 무엇인가?

해답 ▶ satellite communication으로 위성 통신 장치는 송신국에서 수신국까지 위성 간의 중계를 통해 통신하므로 장거리 광역의 통신에 적합하며 지형에 관계없이 전송 품질이 우수하고 신뢰성이 높은 통신 방법이다.

Q 241
ELT란 무엇인가?

해답 ▶ 비상 위치 표시 장치(ELT : Emergency Locator Transmitter)는 항공기의 충돌이나, 추락 등 조난 상태의 항공기 위치를 알려주기 위해서 장착된 시스템으로 배터리가 장착되어 있어 항공기 시스템 전원을 이용하지 않고 자체의 배터리 전원으로 구조 전파를 발사한다.

Q 242
PES란 무엇인가?

해답 ▶ PES(Passenger Entertainment System)는 승객이 장시간 여행 시 좀 더 즐겁고 쾌적한 시간이 될 수 있도록 기내 음악과 영화를 제공하는 오락 시스템이다.

Q 243
PA(Passenger Address)의 우선 순위는 어떻게 되는가?

해답 ▶ ① 조종실에서 제공하는 announcement
② 객실 승무원이 제공하는 announcement
③ pre-recorded announcement
④ PES(Passenger Entertainment System) video audio
⑤ boarding music

Q 244
항공기에 사용되는 interphone system의 종류는 무엇이 있는가?

해답 ▶ ❶ flight interphone system : 비행 중 flight crew 및 observer 사이에 통화가 가능하고 지상에서 정비사와 통화가 가능하다.
❷ cabin interphone system : 객실 내 승무원끼리 사용하는 인터폰 시스템이다.
❸ service interphone system : 지상에서 정비하는 동안 항공기 곳곳에 작업을 하는 정비사들끼리 통신하는 계통으로 항공기 외부 필요한 곳에 인터폰 잭이 있어서 인터폰 헤드셋을 연결하여 통화를 할 수 있다.

Q 245
ground crew call system은 무엇인가?

해답 ▶ 조종실의 조종사와 지상에 있는 정비사 사이의 서로 상호 호출하여 통화하는 계통이다. 조종실의 조종사가 정비사를 호출하기 위하여 GRD CALL 스위치를 작동하면 항공기 nose wheel well에 있는 horn이 울린다. 반대로 지상에서 조종실의 조종사를 호출하려면 external power panel에서 PILOT CALL 스위치를 누르면 조종석에 chime과 함께 CALL light가 켜진다.

Q 246
SELCAL이란 무엇인가?

해답 ▶ SELCAL(selective calling)은 지상에서 특정 항공기를 VHF 또는 HF system을 이용하여 호출하는 시스템이다. 지상에서 호출이 오면 조종사에게 light와 chime으로 호출 신호를 알려주는 계통으로 조종사가 비행 중 계속 감시할 필요는 없는 계통이다. 항공기마다 고유의 4자리 SELCAL 코드를 가지고 있으며 SELCAL 코드는 알파벳 A~S 사이에서 I, N, O를 제외한 16개의 문자 중 4개의 문자로 구성되어 있다.

Q 247
black box는 무엇을 말하는가?

해답▶ FDR(Flight Data Recorder)과 CVR(Cockpit Voice Recorder)을 말한다. 이들의 목적은 항공기 사고 후 사고 원인을 규명하기 위해 사고 직전까지 비행 및 음성 자료를 저장한 일종의 기록 장치이다.

Q 248
ACARS란 무엇인가?

해답▶ ACARS(Aircraft Communication Addressing and Reporting System)는 항공기와 지상(항공사 및 관제사) 간의 효율적인 항공 운항 정보 통신을 위하여 VHF/HF/SATCOM 등의 무선 데이터 링크를 이용하여 메시지와 보고서 등 운항 상태 정보를 문자 위주로 통신하는 방식이다. 즉, 데이터 링크 통신 계통이다.

Q 249
escape slide란 무엇인가?

해답▶ 항공기 사고가 발생하였을 때 승객과 승무원을 안전하고 신속하게 기체 외부로 탈출시키기 위한 장치이다. slide/raft로 사용될 수 있으며 door의 lower lining 내에 pack board로 장착되어 있다. auto mode에서 arming되어 있어서 door가 open되면 pack board로부터 분리되어 자동으로 부풀어 오르게 된다. 내부에는 생존에 필요한 survival kit가 함께 들어 있다.

Q 250
조종실과 객실 seat에 대하여 설명하시오.

해답▶ ❶ flight compartment : captain seat, first officer seat, observer seat가 장착되어 있다. pilot seat는 up/down, FWD/AFT, recline 등의 조작을 할 수 있다. pilot seat는 어깨, 허리용 벨트가 장착되어 있다.

❷ passenger compartment : 객실에 장착된 좌석은 허리용 벨트만 장착되어 있으며, recline 기능만 제공한다. 객실 좌석에는 음악과 비디오를 제공하는 PES(Passenger Entertainment System), 독서 등(reading light), 승무원 호출(attendant call)을 제공하는 PSS(Passenger Service System)를 조작하기 위한

PCU(Passenger Control Unit)가 장착되어 있다. 승무원이 사용하는 attendant seat는 출입구 가까이에 장착되어 있으며 접이식으로 어깨, 허리용 벨트가 장착되어 있다.

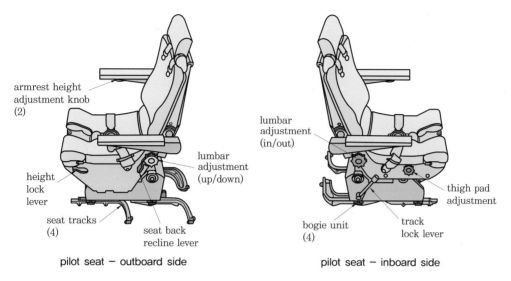

armrest height
adjustment knob
(2)

lumbar
adjustment
(in/out)

lumbar
adjustment
(up/down)

height
lock
lever

thigh pad
adjustment

seat tracks
(4)

seat back
recline lever

bogie unit
(4)

track
lock lever

pilot seat – outboard side   pilot seat – inboard side

B737 pilot seat

Q 251

화재의 등급을 구분하시오.

해답 ❶ class A : 목재, 직물, 종이, 고무 제품, 플라스틱과 같은, 통상의 가연 재료에 발생하는 화재

❷ class B : 가연성 액체, 석유계 오일, 그리스, 타르, 유성 도료, 락카, 솔벤트, 알코올, 인화성 가스에서 발생하는 유류 화재

❸ class C : 비전도성인 소화 용재의 사용이 중요한 전기 장치에서 발생하는 전기 화재

❹ class D : 마그네슘, 티타늄, 지르코늄, 나트륨, 리튬, 포타슘과 같은 가연성 금속에서 발생하는 금속 화재

Q 252

fire extinguisher는 어디에 장착되어 있는가?

해답 engine, APU, cargo, lavatory waste box

Q 253

PSU(Pax Service Unit) 기능은 무엇인가?

해답 ▶ PSU(Passenger Service Unit)는 객실 좌석 상부에 장착되어 있으며 다음의 구성품이 장착되어 있다.

① 정보를 제공하기 위한 fasten seat belt sign, no smoking sign

② 시원한 공기를 제공하는 individual air outlet(gasper)

③ 기내 방송을 제공하는 passenger address speaker

④ 승무원 호출을 위한 attendant call switch와 light

⑤ 비상시 산소 공급을 위한 oxygen mask

⑥ 비상시 산소 공급을 위한 oxygen generator(별도의 승객용 oxygen cylinder가 장착된 항공기는 oxygen generator가 PSU에 장착되지 않음)

⑦ 독서 조명을 제공하는 reading light

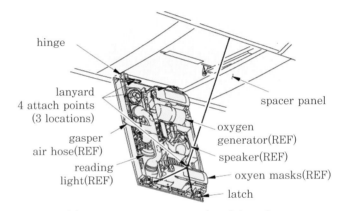

(a) Passenger Service Unit(PSU) (open)

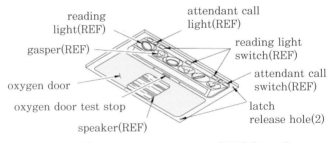

(b) Passenger Service Unit(PSU) (closed)

B737 PSU(Passenger Service Unit)

Q 254
휴대용 소화기의 종류는 무엇이 있는가?

해답 ❶ 물(water−class A) : 물은 발화 온도 이하로 재료를 차게 하고 재발화를 방지하기 위해 재료를 적신다.

❷ 이산화탄소(carbon dioxide−class B, C) : 이산화탄소(CO_2)는 차폐제로서 작용한다.

❸ 건조 화학 분말(dry chemical− class A, B, C) : 분말 화학 제품은 이들 형식의 화재에 대해 최상의 억제제이다.

❹ 할론(halon−class A, B, 또는 C) : class A, B, 또는 C 화재는 할론으로 적당히 억제된다. 그러나 class D 화재에는 할론을 사용할 수 없다. 할론은 뜨거운 금속에 활발하게 반응할 수 있다.

❺ 할로카본 크린 소화제(halocarbon clean agent−class A, B, C)

❻ 특수 건조 분말(specialized dry powder−class D) : 연소 금속과 소화제 사이에 일어날 수 있는 화학 반응 때문에 소화기 제조사의 권고에 따른다.

Q 255
대형 여객기에서 fire protection system이 마련된 곳은 어디인가?

해답 ① engine
② APU(Auxiliary Power Unit)
③ cargo compartment
④ landing gear wheel well
⑤ lavatory

Q 256
fire extinguisher bottle은 어떻게 사용 가능 여부를 검사하는가?

해답 bottle의 무게를 측정하여 규정치 이내인지 확인한다.

Q 257
조종실 및 객실에 주로 사용되는 휴대용 소화기는 무엇인가?

해답 물 소화기, halon 소화기

Q 258

continuous loop detector가 사용되는 곳은 어디인가?

해답▶ engine, APU, wheel well

Q 259

thermal switch type과 thermocouple type fire detection system의 특징은 무엇인가?

해답▶ ❶ thermal switch type : thermal switch type은 warning light의 작동을 제어하는 항공기 전력 계통과 thermal switch로 작동되는 1개 이상의 warning light를 가지고 있다. thermal switch는 서로 병렬로 연결되나 warning light와는 직렬로 연결된다. 회로의 어떤 하나의 구간에서 온도가 설정값 이상으로 상승한다면, thermal switch가 닫히고 warning light 회로를 형성하여 화재 또는 과열상태를 지시한다.

❷ thermocouple type : detector 주위에 화재가 발생하여 온도가 급속히 상승하면 thermocouple에서 전압이 발생하나 이때의 전압은 mV(밀리 볼트) 정도의 낮은 것이어서 직접 warning light를 켜지 못하고 영구 자석으로 된 접촉점을 갖는 sensing relay를 작동시켜 warning light가 켜진다.

Q 260

대형 항공기에 사용되는 fire detector의 종류는 무엇이 있는가?

해답▶ ① 온도 상승률 감지기(rate of temperature rise detector)
② 복사열 감지기(radiation sensing detector)
③ 연기 감지기(smoke detector)
④ 과열 감지기(overheat detector)
⑤ 일산화탄소 검출기(carbon monoxide detector)
⑥ 가연 혼합물 검출기(combustible mixture detector)
⑦ 섬유 광학 감지기(fiber optic detector)

Q 261

smoke detector가 장착된 곳은 어디인가?

해답▶ cargo compartment, lavatory

Q 262

smoke detector의 일반적인 2가지 형식은 무엇인가?

해답▶ ❶ 빛 반사형(light refraction type) : smoke detector의 빛 반사식은 연기 입자에 의해 반사된 빛을 감지하는 광전지(photoelectric cell)를 포함한다. 연기 입자는 광전지에서 빛을 반사하고, 이 빛을 충분히 감지할 때 warning light를 작동시키며, 이런 유형을 광전 장치라 한다.

❷ 이온화형(ionization type) : 일부 항공기는 이온화식 smoke detector를 사용한다. 객실 내에서 연기로 인한 이온 밀도에 변화를 감지하여 경보 신호를 발생시킨다.

Q 263

thermal discharge indicator(red disk)가 보이지 않으면 무엇을 의미하는가?

해답▶ fire bottle이 과도한 열로 인하여 relief valve를 통해 소화용제가 밖으로 방출되었음을 의미하여, fire bottle을 교체해야 한다.

Q 264

대형 여객기에서 engine fire handle을 잡아당기면 어떻게 되는가?

해답▶ ① engine generator 작동 중지
② engine fuel flow 중지
③ engine bleed air 차단
④ EDP hydraulic fluid 공급 중지
⑤ engine fire bottle 방출 준비

Q 265

fuel boost pump의 기능은 무엇인가?

해답▶ ① engine으로 fuel feed
② 다른 tank로 fuel transfer
③ fuel defuel
④ fuel jettison

Q 266
fuel tank rib에 장착된 baffle check valve의 목적은 무엇인가?

해답 ▶ 대부분 항공기 연료 탱크 내에는 항공기의 자세 변화에 의한 연료의 자유로운 이동을 막기 위한 baffle check valve가 장착되어 있다. 이 밸브는 연료가 탱크의 가장 낮은 부분으로 이동할 수 있도록 하며, 윗부분으로 역류하는 것을 방지하여 boost pump가 비행 자세에 관계없이 연료를 공급할 수 있도록 한다.

Q 267
fuel system에서 cross feed valve란 무엇인가?

해답 ▶ 어떤 연료 탱크에서 연료를 어느 엔진으로든 공급 가능하게 하는 것으로, 또 항공기의 적절한 무게 중심을 유지하기 위해서나 항공기 무게의 분산 목적을 위하여 어떤 연료 탱크에서 다른 연료 탱크로 연료 이송을 가능하게 한다.

Q 268
fuel transfer란 무엇인가?

해답 ▶ 하나의 탱크에서 다른 탱크로 연료를 이동시키는 것을 말한다. 절차는 받는 쪽 탱크의 refueling valve를 열고, 보내는 쪽 탱크의 boost pump를 작동시키면 된다. 경우에 따라 cross feed valve를 열어야 한다.

Q 269
대형 항공기에서 fuel jettison system을 사용하는 목적은 무엇인가?

해답 ▶ 대부분의 대형 항공기는 허용 가능한 최대 중량의 연료를 적재하고 이륙할 수 있다. 그러나 이륙 후 비상 상황으로 인하여 출발지로 회항하려 하거나 예비 비행장으로 착륙하려고 할 때, 착륙이 가능하도록 항공기의 중량을 최대 착륙 중량 이내로 낮추어 주어야 하므로 연료를 배출할 수 있는 장치를 갖추어야 한다

Q 270
fuel heater의 일반적인 종류는?

해답 ▶ ❶ air/fuel heater : 연료를 가열하기 위해 뜨거운 engine bleed air를 사용한다.

❷ oil/fuel heater : 뜨거운 엔진 오일로 연료를 가열시킨다.

Q 271
항공기 연료 주입구에는 무엇이 표시되어 있는가?

해답▶ 사용할 수 있는 연료의 종류가 표시되어 있다.

Q 272
연료 보급을 할 때 3점 접지는 어떻게 하는가?

해답▶ ① 항공기와 지면   ② 연료 급유차와 지면   ③ 연료 급유차와 항공기

Q 273
Pascal의 원리는 무엇인가?

해답▶ 밀폐된 용기에 채워져 있는 유체에 가해진 압력은 모든 방향으로 감소함이 없이
동등하게 전달되고 용기의 벽에 지가으로 자용된다.

Q 274
hydraulic fluid가 갖추어야 할 성질은 무엇인가?

해답▶ ① 윤활성이 우수할 것
② 점도가 낮을 것
③ 화학적 안정성이 높을 것
④ 인화점이 높을 것
⑤ 발화점이 높을 것
⑥ 부식성이 낮을 것
⑦ 거품성 기포가 잘 발생하지 않을 것
⑧ 독성이 없을 것
⑨ 열전도율이 좋을 것

Q 275
hydraulic system의 2가지 종류는 무엇인가?

해답▶ ❶ open center hydraulic system : 유체 흐름이 있지만, 작동 장치가 사용되
지 않을 때는 시스템 내에 압력은 없다.

❷ close center hydraulic system : pump가 작동할 때에는 항상 압력이 걸려 있다.

Q 276
hydraulic pressure를 사용하는 이유와 특징은 무엇인가?

해답▶ ❶ **이유** : 작은 힘으로 큰 힘을 전달하고 작동 부분의 운동 방향 전환이 용이하며 중량이 가볍다.

❷ **특징** : 비압축성이고 점성이 낮고 유동성이 좋다.

Q 277
hydraulic system에 합성유를 사용하는 이유는 무엇인가?

해답▶ 윤활성이 양호하고 내식성이 크며 작동 온도 범위가 넓다.

Q 278
합성유의 색깔은 무엇인가?

해답▶ 자주색

Q 279
hydraulic fluid의 종류 및 특성은 무엇인가?

해답▶ ❶ **식물성유** : 피마자 기름과 알코올의 혼합물로 구성되어 있으므로 알코올 냄새가 나고 색깔은 파란색이다. 구형 항공기에 사용되었던 것으로 부식성과 산화성이 크기 때문에 잘 사용하지 않는다. 천연고무 실이 사용되므로 알코올로 세척이 가능하며 고온에서는 사용할 수 없다.

❷ **광물성유** : 원유로 제조되며 색깔은 붉은색이다. 광물성유의 사용 온도 범위는 −54℃에서 71℃인데, 인화점이 낮아 과열되면 화재의 위험이 있다. 현재 항공기의 유압 계통에는 사용되지 않으나 착륙 장치의 완충기나 소형 항공기의 브레이크 계통에 사용되고 있으며, 합성 고무 실을 사용한다.

❸ **합성유** : 여러 종류가 있는데, 그중의 하나가 인산염과 에스테르의 혼합물로서 화학적으로 제조되며 색깔은 자주색이다. 인화점이 높아 내화성이 크므로 대부분의 항공기에 사용되고 사용 온도 범위는 −54℃에서 115℃이다. 합성유는 페인트나 고무 제품과 화학 작용을 하여 그것을 손상시킬 수 있다. 또 독성이 있기 때문에 눈에 들어가거나 피부에 접촉되지 않도록 주의해야 한다.

Q 280
hydraulic pressure를 사용하는 계통은 어떤 것들이 있는가?

해답▶ ① flight control(aileron, elevator, rudder)
② landing gear
③ flap, spoiler
④ brake
⑤ nose wheel steering
⑥ autopilot
⑦ thrust reverser

Q 281
hydraulic reservoir를 가압하는 이유는 무엇인가?

해답▶ hydraulic fluid가 pump까지 확실하게 공급되도록 하여 pump inlet에 cavitation을 방지하여 pump의 손상을 막아주고 고공에서 생기는 거품의 발생을 방지하기 위하여 reservoir 내부를 engine compressor bleed air나 APU bleed air를 이용하여 가압한다.

Q 282
대형 항공기의 hydraulic reservoir를 가압하는 source는 무엇인가?

해답▶ engine compressor bleed air, APU bleed air

Q 283
hydraulic system pressure를 3000psi로 하는 이유는 무엇인가?

해답▶ 3000psi에서 전달되는 유체가 압력 손실 및 마찰 손실이 가장 적어 효율적으로 사용할 수 있기 때문이다.

Q 284
hydraulic system 작업 시 가장 먼저 수행해야 하는 것은 무엇인가?

해답▶ ① 해당 hydraulic system pressure 제거한다.
② 해당 hydraulic reservoir pressure를 감압시킨다.

Q 285
hydraulic reservoir에 대하여 설명하시오.

해답 reservoir는 hydraulic fluid를 pump에 공급하고 system으로부터 return 되는 hydraulic fluid를 저장하는 동시에 공기 및 각종 불순물을 제거하는 장소의 역할도 한다. 또, system 내에서 열팽창에 의한 hydraulic fluid의 증가량을 축적하는 역할도 한다. reservoir는 landing gear, flap 및 그 밖의 모든 유압 작동 장치를 작동시키는 구성 부품에서 hydraulic system으로 되돌아오는 모든 hydraulic fluid를 저장할 수 있는 충분한 용량이어야 한다. reservoir의 용량은 온도가 38℃(100℉)에서 150% 이상이거나 accumulator를 포함한 모든 system이 필요로 하는 용량의 120% 이상이어야 한다.

Q 286
reservoir에서 stand pipe가 있는 이유는 무엇인가?

해답 main hydraulic system이 파손되어 hydraulic fluid가 누출되어 main hydraulic system에 공급할 수 있는 hydraulic fluid의 양이 없더라도 emergency hydraulic system을 작동시킬 수 있는 양을 저장하기 위하여 마련되어 있다.

Q 287
hydraulic pump의 종류는 무엇이 있는가?

해답 ① 기어형 펌프(gear pump) : 1500psi 이내의 압력에 사용한다.
② 지로터형 펌프(gerotor pump) : 1500psi 이내의 압력에 사용한다.
③ 베인형 펌프(vane pump) : 1500psi 이내의 압력에 사용한다.
④ 피스톤형 펌프(piston pump) : 3000psi 이내의 고압이 필요한 유압 계통에 사용한다.

Q 288
reservoir 내부의 baffle의 역할은 무엇인가?

해답 baffle과 fin은 reservoir 내에 있는 hydraulic fluid가 심하게 흔들리거나 return 되는 hydraulic fluid에 의하여 소용돌이치는 불규칙한 진동으로 hydraulic fluid에 거품이 발생하거나 pump 안에 공기가 유입되는 것을 방지한다.

Q 289

accumulator의 기능은 무엇인가?

해답 ① 가압된 작동유를 저장하는 저장소로 여러 개의 유압 기기가 동시에 사용될 때 압력 펌프를 돕는다.

② 동력 펌프가 고장났을 때 저장되었던 작동유를 유압 기기에 공급한다.

③ 유압 계통의 surge 현상을 방지한다.

④ 유압 계통의 충격적인 압력을 흡수한다.

⑤ 압력 조정기의 개폐 빈도를 줄여 펌프나 압력 조정기의 마멸을 적게 한다.

⑥ 비상시 최소한의 작동 실린더를 제한된 횟수만큼 작동시킬 수 있는 작동유를 저장한다.

Q 290

accumulator의 종류는 무엇이 있는가?

해답 ① diaphragm type : 계통의 압력이 1500psi 이하인 항공기에 사용한다.

② bladder type : 3000psi 이상의 계통에 사용한다.

③ piston type : 공간을 적게 차지하고 구조가 튼튼하기 때문에 오늘날의 항공기에 많이 사용한다.

Q 291

accumulator의 공기압을 측정하는 방법은 무엇인가?

해답 pressure gage를 확인한다.

Q 292

accumulator에 보급된 공기압은 어느 정도인가?

해답 유압 계통 최대 압력의 1/3 정도, 약 1000psi 정도의 질소로 채워져 있다.

Q 293

pressure regulator의 기능은 무엇인가?

해답 미리 결정된 범위 이내로 계통 작동 압력을 유지하기 위해 펌프의 출력을 관리하고, 유압 계통에 있는 압력이 정상 작동 범위 이내에 있을 때 펌프의 부하를 덜어주어 펌프가 저항 없이 돌아가게 해주는 데 있다.

Q 294
thermal relief valve의 기능은 무엇인가?

해답▶ 온도가 높아짐에 따라 hydraulic pressure가 증가하므로 system component 가 손상을 입는 것을 방지하는 밸브로 계통의 작동에 요구하는 압력보다 높게 조절 되어 있어서 정상적인 작동을 방해하지는 않는다. thermal relief valve는 system relief valve보다 높은 압력으로 작동하도록 되어 있다.

Q 295
relief valve의 기능은 무엇인가?

해답▶ 계통의 압력을 규정 값 이하로 제한하는 데 사용되는 것으로서, 과도한 압력으 로 인하여 계통 내의 tube, hose, component가 파손되는 것을 방지하는 장치로 다 른 압력 조절 장치의 고장을 대비한 안전 장치로 쓰인다.

Q 296
pressure reducing valve의 기능은 무엇인가?

해답▶ 계통의 압력보다 낮은 압력이 필요한 일부 계통을 위하여 설치하는 것으로 일부 계통의 압력을 요구 수준까지 낮추고 이 계통 내에 갇힌 작동유의 열팽창에 의한 압 력 증가를 막는다.

Q 297
debooster valve의 기능은 무엇인가?

해답▶ 브레이크의 작동을 신속하게 하기 위한 밸브로 브레이크를 작동시킬 때 일시적 으로 작동유의 공급량을 증가시켜 신속히 제동되도록 하며 브레이크를 풀 때도 작동 유의 귀환이 신속하게 이루어지도록 한다.

Q 298
priority valve의 기능은 무엇인가?

해답▶ 유압이 일정 압력 이하로 떨어지면 유로를 막아 작동 기구의 중요도에 따라 우 선 필요한 계통만을 작동시키는 기능을 가진 밸브이다.

Q299
shuttle valve의 기능은 무엇인가?

해답▶ alternate system 또는 emergency system으로부터 정상 유압 계통을 분리한다.

Q300
orifice check valve의 기능은 무엇인가?

해답▶ orifice와 check valve의 기능을 합한 것인데, 한 방향으로는 정상적으로 흐름을 허용하고 다른 방향으로는 흐름을 제한한다.

Q301
sequence valve의 기능은 무엇인가?

해답▶ 2개 이상의 actuator를 정해진 순서에 따라 작동되도록 유압을 공급하기 위한 밸브로서, timing valve라고도 한다. 한 actuator의 작동이 끝난 다음에 다른 actuator가 작동되도록 한다.

Q302
quick disconnect valve의 기능은 무엇인가?

해답▶ hydraulic pump 및 brake 등과 같이 hydraulic component를 장탈할 때 hydraulic fluid가 외부로 유출되는 것을 최소화하기 위하여 hydraulic component에 연결된 hydraulic line에 장착한다.

Q303
hydraulic fuse의 기능은 무엇인가?

해답▶ 유압 계통의 tube나 hose가 파손되거나 기기 내의 실(seal)에 손상이 생겼을 때 과도한 누설을 방지하기 위한 장치이다. 계통이 정상적일 때에는 작동유를 흐르게 하지만 누설로 인하여 규정보다 많은 작동유가 통과할 때(양단에 상당한 차압이 발생할 때)에는 hydraulic fuse가 작동되어 흐름을 차단하므로 작동유의 과도한 손실을 막는다.

Q 304
shutoff valve의 기능은 무엇인가?

해답 ▶ 특정한 system 또는 component로 가는 hydraulic fluid의 흐름을 차단하는 데 사용된다. 일반적으로 이 밸브는 전기로 작동한다.

Q 305
Ram Air Turbine(RAT)이란 무엇인가?

해답 ▶ 항공기 동력의 primary source가 상실되었을 때, electrical power와 hydraulic pressure를 제공한다. 항공기가 비행할 때 빠른 외부 공기를 이용하여 터빈의 blade를 돌려서 hydraulic pump와 generator를 작동시킨다. 조종실에 있는 작동 레버를 당기면 터빈의 날개가 항공기 외부로 돌출하여 ram air에 의해 빠른 속도로 회전한다. 일부 항공기에서, ram air turbine은 main hydraulic system이 고장 났을 때 또는 electrical system이 고장 났을 때 자동으로 펼쳐진다.

Q 306
case drain fluid의 냉각은 어떻게 이루어지는가?

해답 ▶ pump의 냉각에 사용된 case drain fluid를 fuel tank 내부에 설치된 heat exchanger를 통과시켜 fuel를 이용하여 냉각시킨다.

Q 307
hydraulic case drain fluid는 어디로 가는가?

해답 ▶ hydraulic system pump의 case drain module을 통과한 fluid는 모두 연료 탱크 내의 heat exchanger를 거쳐 return module을 통하여 reservoir로 돌아간다.

Q 308
engine driven pump에 shear shaft를 사용하는 이유는 무엇인가?

해답 ▶ shear shaft는 장비에 결함이 생길 때 절단되어 장비를 보호하는 데 쓰이는 shaft로, engine driven pump의 구동축으로 사용되는데, engine driven pump의 고장으로 pump가 회전하지 않을 때 shear shaft가 절단되어 engine을 보호시키고 pump의 손상을 방지하여 준다.

Q 309
hydraulic system heat exchanger의 작동 원리는 무엇인가?

해답 case drain fluid는 reservoir로 return되기 전 fuel tank 내부 heat exchanger를 통과하여 연료에 의해 cooling 된다.

Q 310
filter differential pressure indicator란 무엇인가?

해답 적정한 hydraulic fluid의 흐름 상태에서 filter를 지난 hydraulic pressure가 filter가 막혀 일정량 이상 떨어졌을 때, button 또는 pin이 튀어나와 지시해주며 수동으로 reset 할 때까지 그 상태를 유지한다.

Q 311
hydraulic fluid 보급 전에 확인할 사항은 무엇인가?

해답
① T/E flap, L/E flap은 up position
② spoiler와 landing gear는 down position
③ landing gear door는 close position
④ flight control은 neutral position
⑤ thrust reverser는 retract position
⑥ parking brake accumulator는 2500psi 이상 유지
⑦ hydraulic system power off

Q 312
O-ring의 장탈 및 장착 시 주의 사항은 무엇인가?

해답 ❶ O-ring을 제거하거나 장착할 때는 O-ring이 장착된 구성품의 표면에 긁힘이나 훼손 또는 O-ring에 손상을 줄 수 있는 뾰족하거나 예리한 공구는 사용하지 말아야 한다.

❷ O-ring이 장착되는 부위는 오염으로부터 깨끗한지 확인해야 한다.

❸ 새로운 O-ring은 밀봉된 패키지에 보관되어 있어야 한다. 장착하기 전에 O-ring은 적절한 조명과 함께 4배율 확대경을 사용하여 흠이 있는지 검사해야 한다.

❹ 장착 전에 깨끗한 유압유에 O-ring을 담근 후 장착한다. 장착 후에 O-ring의 뒤틀림을 바로잡기 위해 손가락으로 O-ring을 서서히 굴린다.

Q 313

hydraulic system 구성품 장탈착 작업 시 안전 주의 사항은 무엇인가?

해답▶ ❶ 모든 공구와 작업 영역, 즉 작업대와 시험 장비를 청결히 유지한다.

❷ 유압유를 취급할 때는 항상 적절한 보호 장갑과 보호 안경을 사용하고, 유압유 연무 또는 증기에 노출 가능성이 있을 때는 유기물 증기와 유기물 연무를 막을 수 있는 방독면을 착용해야 한다.

❸ 반드시 유압 계통의 압력을 작업 실시 전에 제거하고, 부주의한 작동을 방지하기 위하여 조종실 관련 스위치에 작동 금지 경고 태그를 부착한다.

❹ 구성품 장탈 및 분해 절차 중에 유출된 유압유를 받을 수 있도록 적당한 용기는 항상 구비되어 있어야 한다.

❺ hydraulic line 또는 fitting을 분리하기 이전에, dry cleaning solvent로 작업 부위를 깨끗이 청소한다.

❻ 모든 hydraulic line과 fitting은 분리한 후 즉시 위를 덮거나 또는 마개를 해야 한다.

❼ hydraulic system 구성품을 조립하기 전에 인가된 dry cleaning solvent로 모든 부품을 씻어낸다.

❽ dry cleaning solvent로 부품을 세척 후, 충분히 건조시키고 조립 전에 권고된 방부제 또는 유압유로 윤활해 준다. 깨끗하고 보푸라기가 없는 천을 사용하여 부품을 닦아 내고 건조시킨다.

❾ 모든 seal과 gasket은 재조립 절차 시에 교체되어야 한다. 반드시 제작사에서 권고한 seal과 gasket을 사용한다.

❿ 모든 hydraulic line과 fitting은 정비 매뉴얼에 따라 장착되어야 하고 규정된 토크를 가해야 한다.

⓫ 모든 유압 사용 장비는 청결하고 양호한 작동 상태로 유지되어야 한다.

Q 314

gasket과 packing의 차이점은 무엇인가?

해답▶ packing은 움직이는 부분의 sealing을 담당하고 gasket은 고정된 부분의 sealing을 담당한다.

Q 315
hydraulic hose의 저장 기한은 얼마인가?

해답▶ 4년

Q 316
hose 장착 시 주의 사항은 무엇인가?

해답▶ ❶ 교환하고자 하는 부분과 같은 형태, 크기, 길이의 호스 사용한다.

❷ 호스의 직선 띠(linear stripe)를 바르게 장착한다. 비틀린 호스에 압력이 가해지면 결함이 발생하거나 너트가 풀린다.

❸ 압력이 가해지면 외경이 커지고 호스가 수축하여 길이가 짧아지므로 호스 길이의 5~8% 정도의 여유를 두고 장착하여야 한다.

❹ 호스가 길 때는 60cm마다 clamp를 장착하여 고정한다.

Q 317
anti-icing/de-icing이란 무엇인가?

해답▶ anti-icing은 결빙 조건에 들어가기 전에 작동되어 얼음이 형성되는 것을 방지하는 것이고, de-icing은 이미 생성된 얼음을 제거하는 것을 말한다.

Q 318
현대 항공기에 사용되는 anti-icing 및 de-icing 방법은 무엇인가?

해답▶ ① 뜨거운 공기를 사용한 표면 가열
② 발열 소자(heating element)를 사용한 가열
③ 팽창식 부트(inflatable boot)를 활용한 제빙
④ 화학식 처리(chemical application)

Q 319
비행 중 결빙을 확인하는 방법은 무엇인가?

해답▶ ① 시각적 확인
② ice detector로 확인

Q 320
항공기에서 anti-icing을 하는 곳은 어디인가?

해답▶ ① wing leading edge
② engine inlet cowl
③ pitot static probe
④ windshield
⑤ TAT(Total Air Temperature) probe
⑥ drain mast

Q 321
windshield anti-icing 방법은 무엇인가?

해답▶ electric power로 windshield를 가열해서 결빙 및 김이 서리는 것을 방지한다.

Q 322
windshield wiper 작동 점검은 어떻게 하는가?

해답▶ wiper switch position에 따라 wiper blade가 정해진 속도로 작동되는지, windshield 가장자리와 겹치는지, 물기를 잘 제거하는지 확인한다. 작동 후에는 park position에 위치하는지 확인한다.

Q 323
pitot tube와 static port의 결빙 방지 방식은 무엇인가?

해답▶ pitot tube와 static port는 결빙이 발생하면 잘못된 air data를 제공할 수 있으므로 pitot tube는 heater를 가지고 있으며 조종실에 있는 스위치에 의해 115V AC를 이용하여 작동된다. 동체에 장착된 static port는 별도의 heater가 없으며 객실 공기로 결빙을 방지한다. 지상에서 결빙 방지 계통을 검사하기 위해 작동 시에는 과열을 방지하기 위해 장시간 작동시키지 않아야 하고, 절대로 맨손으로 만지지 않아야 한다. 주변의 열기로 히터의 작동 상태를 알 수 있다.

Q 324
pneumatic de-icing boots의 작동은 어떻게 하는가?

해답▶ 항공기 외부에 형성된 얼음을 제거하기 위하여 wing과 stabilizer의 leading edge에 부착된 de-icing boots는 결빙된 얼음을 깨뜨려 날려버린다. boots는 공기 압에 의해 약 6~8초간 팽창되었다가 진공 감압에 의해 공기가 빠지고 boots가 사용되지 않을 때는 형상 유지를 위해 진공을 유지한다.

Q 325
pneumatic de-icing boots의 작동 시기는 언제인가?

해답▶ de-icing boots는 얼음이 형성되기 전에는 작동하지 않고, 얼음이 형성된 후 팽창 및 수축을 반복함으로써 얼음을 깨뜨려 제거한다.

Q 326
pneumatic de-icing boots를 작동시키는 공기는 어디서 오는가?

해답▶ ❶ **왕복 엔진** : engine accessory drive gear box에 설치된 전용 engine driven air pump를 이용한다.

❷ **터빈 엔진** : 일반적으로 engine compressor bleed air를 이용한다.

Q 327
electric de-icing boots system의 장점은 무엇인가?

해답▶ engine bleed air를 사용하지 않아 엔진 효율을 높이고 작동 시에만 전원을 공급해 효율적이다.

Q 328
IDS란 무엇인가?

해답▶ 보잉사 항공기의 종합 계기 계통(IDS : Integrated Display System)으로 EFIS(Electronic Flight Instrument System)와 EICAS(Engine Indicating and Crew Alerting System)로 구성되어 있으며, B737 기종에서는 CDS(Common Display System), B777 기종에서는 PDS(Primary Display System)라고 부르기도 한다.

Q 329
항공기 위치별 결빙 제어 방식

해답 ▶

결빙 위치	제어 방법
날개 앞전	열 공압식, 열 전기식, 화학 약품식 방빙 / 공기식 제빙
수직 안정판 및 수평 안정판 앞전	열 공압식, 열 전기식 방빙/공기식 제빙
윈드 실드, 창	열 공압식, 열 전기식, 화학 약품식 방빙
가열기 및 엔진 공기 흡입구	열 공압식, 열 전기식 방빙
피토 정압관 및 공기자료 감지기	열 전기식 방빙
프로펠러 깃 앞전과 스피너	열 전기식, 화학 약품식 방빙
기화기	열 공압식, 화학 약품식 방빙
화장실 배출 및 이동용 물 배관	열 전기식 방빙

Q 330
EICAS란 무엇인가?

해답 ▶ EICAS(Engine Indicating and Crew Alerting System)는 엔진의 각 성능이나 상태를 지시하거나 항공기 각 계통을 감시하고 기능이나 계통에 이상이 발생하였을 경우에 조종사에게 경고 전달을 하는 장치이다.

Q 331
ECAM이란 무엇인가?

해답 ▶ ECAM(Electronic Centralized Aircraft Monitor)은 airbus 항공기에서 사용하는 용어이며, EICAS와 동일한 기능을 한다.

Q 332
EFIS란 무엇인가?

해답 ▶ EFIS(Electronic Flight Instrument System)는 PFD(Primary Flight Display)와 ND(Navigation Display)를 통해 비행 정보와 항법 정보를 제공한다.

Q 333
PFD의 기능은 무엇인가?

해답▶ PFD(Primary Flight Display)는 대기 속도계, 고도계, 승강계, 비행 자세계, 비행 방향계, 자동 조종 모드 상태들을 실시간으로 지시한다.

Q 334
ND의 기능은 무엇인가?

해답▶ ND(Navigation Display)는 위성 항법, 관성 항법, 무선 항법 관련 항법 자료를 approach mode, VOR mode, map mode 등으로 나타내어 항법에 관련된 방향이나 지도 등을 보여준다.

Q 335
CMC의 기능 2가지는 무엇인가?

해답▶ ① CMC(Central Maintenance Computer)는 항공기 운용 중에 발생한 결함을 저장하는 기능으로 present leg fault, exist fault, fault history가 있다.
② 계통을 시험하는 기능으로 confidence test, ground test가 있다.

Q 336
aural warning system이란 무엇인가?

해답▶ 각종 system에 결함이 발생하면 가청 소리로 조종사 주의를 끌기 위해 마스터 경고등(master warning light)과 함께 작동한다. 여러 system의 결함을 구분하여 결함 중요도나 긴급도에 따라 소리도 여러 가지 톤으로, 소리음도 다양하게 구분하여 조종사에게 울린다.

Q 337
anti-skid system이란 무엇인가?

해답▶ 항공기가 착륙, 접지하여 활주 중에 갑자기 브레이크를 밟으면 바퀴에 제동이 걸려 바퀴는 회전하지 않고 지면과 마찰을 일으키면서 타이어가 미끄러진다. 이 현상을 스키드라 하는데, 스키드가 일어나 각 바퀴마다 지상과의 마찰력이 다를 때 타이어는 부분적으로 닳아서 파열되며 타이어가 파열되지 않더라도 바퀴의 제동 효율이 떨어진다. 이 스키드 현상을 방지하기 위한 장치가 anti-skid system이다.

Q 338
anti-skid system의 구성품은 무엇이 있는가?

해답▶ ❶ wheel speed sensor : wheel의 회전수를 감지해서 control unit으로 보내준다.

❷ control unit : wheel speed sensor의 신호를 받아 제어가 필요한 바퀴의 anti-skid control valve로 신호를 보낸다.

❸ anti-skid control valve : control unit으로부터 신호를 받아 브레이크 유압을 조절한다.

Q 339
landing gear 위치/경고 시스템 기본 구성품

해답▶ (1) 구성품
① gear up lock sensor
② gear down lock sensor
③ gear door sensor
④ gear lever position switch
⑤ proximity switch electronics unit(PSEU)
⑥ landing gear position indicator

(2) landing gear position indicator

landing gear position indicator는 기어 핸들에 인접한 계기판에 위치된다. 이것은 기어 위치를 조종사에게 알려주기 위해 사용된다. 기어 위치 지시를 위한 수많은 배열은 보통 각각의 기어에 대해 전용등이 있다. 착륙 장치가 내려져서 잠겼을 때 가장 일반적인 표시는 조명이 켜진 녹색등이다. 3개의 녹색등은 착륙 장치가 안전하게 내림 잠금되었음을 의미한다. 전형적으로 모든 등이 꺼진 것은 기어가 올라갔고, 잠겼다는 것을 지시한다. 작동 중이거나 잠금되지 않은 상태일 때는 적색등이 켜진다.

Q 340
landing gear 위치별 지시등 색깔은 무엇인가?

해답▶ ① landing gear가 up & lock 되면 아무 등도 들어오지 않는다(no light).
② landing gear가 작동 중일 때는 붉은색 등(red light)이 들어온다.
③ landing gear가 down & lock 되면 초록색 등(green light)이 들어온다.

Q341
emergency light에 대하여 설명하시오.

해답 ▶ 비상사태 시에 항공기 승객의 탈출을 돕기 위해 항공기의 바닥, 외부, 비상구, 비상구 표지 등에 비상 조명 계통(emergency lighting system)을 갖추고 있다. 이 비상 조명 계통은 비행기에서 밖으로 빠져나가는 통로와 비상구(exit) 위치를 비추어 준다. 항공기 정상 전원에 문제가 있어도 자체 배터리에 의해서 15분 정도 계속 작동할 수 있는 비상 조명 계통이 준비되어 있다.

Q342
emergency light 작동은 언제 하는가?

해답 ▶ emergency light는 운항 승무원 및 객실 승무원에 의해 언제든지 수동으로 작동이 가능하고, 조종실 emergency light switch를 ARM 위치에 놓으면 항공기 정상 전원이 없을 때 자동으로 작동한다.

Q343
항공기에 장착된 exterior light의 종류는 무엇이 있는가?

해답 ▶ exteriror light는 항공기 식별, 방향 및 항공기의 안전한 운항을 돕기 위해 조명을 제공한다. wing illumination light, landing light, white anti-collision light, red anti-collision light, position light, taxi light, logo light 등으로 구성되어 있다.

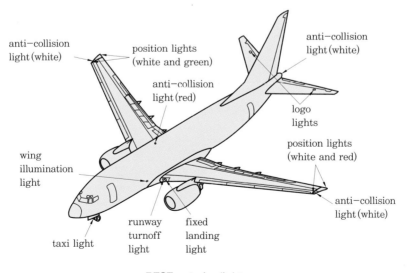

B737 exterior light

Q 344
항공기에 장착된 emergency light의 종류는 무엇이 있는가?

해답▶ ❶ **비상구 표지(exit sign)** : 비상구의 상부 또는 객실 통로 천장에 장착되어 비상구의 위치를 알려주는 비상등이다.

❷ **통로등(aisle light)** : 비상시 통로 부근에 조명을 제공하여 승무원과 승객의 시야 확보를 돕는다.

❸ **바닥 근접등(floor proximity light)** : 객실 통로 바닥에 위치하며 비상 조명을 제공하여 승무원, 승객의 비상구까지 이동을 돕는다. 일부 항공기에는 바닥 근접등 대신 전기 장치가 전혀 없는 photo luminescent strip이 객실 통로 바닥에 장착되어 객실 조명에 의해 충전되고 어두워지면 빛을 발산한다.

❹ **탈출 슬라이더등(slide light)** : 항공기 외부 동체에 장착되어 비상구 주변에 조명을 제공한다.

Q 345
항법의 정의는 무엇인가?

해답▶ 항법이란 이동체가 어느 한 지점에서 다른 지점으로 이동하는 경우 현재 위치, 방위, 이동 거리 등 그 이동체의 진로에 대한 정보를 제공하는 방법이다.

Q 346
항법의 종류는 무엇이 있는가?

해답▶ ❶ **지문 항법** : 초기에 조종사가 해안이나 철도 노선, 호수, 산 등을 참고하면서 목적지를 향해 비행하는 항법

❷ **추측 항법** : 이미 알고 있는 지점에서 방위와 거리를 계산하고 풍향, 풍속 등을 고려하여 목적지까지 추측 비행하는 방법

❸ **천체 항법** : 하늘의 별자리 등을 참조하여 비행하는 방법(항법사 탑승)

❹ **무선 항법** : 지상에 무선 설비(무지향 표지 시설, 전방향 표지 시설, 거리 측정 시설 등)를 설치, 무선 장치 도움으로 비행하는 항법

❺ **관성 항법** : 해상 장거리 비행 시 지상의 무선 설비 지원 없이 관성 항법 장치(INU)에 의해서 자체에서 위치 방향을 찾아 비행하는 방법

❻ **위성 항법** : 인공 위성을 이용한 항법

Q 347
진북(true north), 자북(magnetic north)이란 무엇인가?

해답▶ ❶ **진북(true north)** : 진북은 지구의 자전축 상에 있으며, 이 축의 연장선에는 북극성이 있는 지리적인 기준점이다.

❷ **자북(magnetic north)** : 지구 자기장에 의해 실제 나침반이 가리키는 북극을 말한다.

Q 348
ADF란 무엇인가?

해답▶ ADF(Automatic Direction Finder)는 지상에 설치된 무지향성 무선 표시국(NDB)에서 송신되는 전파를 항공기에 장착된 자동 방향 탐지기로 수신하여 전파 도래 방향을 계기에 지시하는 것이다. 방송국 방위 및 방송국 전파를 수신하여 기상 정보도 청취할 수 있다.

Q 349
navigation system의 종류는 무엇이 있는가?

해답▶ ① 무선 항법 계통 : DME, ADF, VOR, TACAN
② 자립 항법 계통 : IRS, INS
③ 항법 보조 계통 : GPWS, weather radar
④ 착륙 유도 계통 : ILS, MLS, TLS
⑤ 위성 항법 계통 : GPS
⑥ 지시 및 경고 계통 : EICAS, ECAM, EFIS
⑦ 비행 관리 계통 : FMCS

Q 350
DME란 무엇인가?

해답▶ DME(Distance Measuring Equipment)는 항행 중인 항공기에 VOR/DME 무선국까지의 거리에 대한 정보를 연속적으로 제공하는 항행 보조 방식으로 pulse 전파를 지상국에 송신하고 지상국에서는 항공기에 응답 pulse를 보낸다. 지상 전파를 송신한 후부터 수신하기까지의 시간을 계산해서 거리(slant distance)를 지시해준다.

Q 351
VOR이란 무엇인가?

해답 ▶ VOR(VHF omni-directional range)은 항공기에서 지상국까지 자북을 기준으로 한 절대 방위를 알 수 있게 해주는 system으로서, VOR 지상국에서 발사되는 기준 신호와 가변 신호의 위상차를 측정하여 지상국 방위를 알아내는 것이다.

Q 352
LRRA의 측정 범위는 얼마인가?

해답 ▶ 측정 범위는 0~2500피트 이내이다.

Q 353
LRRA란 무엇인가?

해답 ▶ LRRA(Low Range Radio Altimeter)는 항공기에서 전파를 대지를 향해 발사하고 이 전파가 대지에 반사되어 돌아오는 신호를 처리함으로써 항공기와 대지 사이의 절대 고도를 측정하는 장치이다. 측정 범위는 0~2500피트 이내이다.

Q 354
LRRA가 지시하는 고도는 무엇인가?

해답 ▶ 절대 고도

Q 355
GPWS란 무엇인가?

해답 ▶ GPWS(Ground Proximity Warning System)는 항공기가 산악 또는 지면에 이상 접근, 즉 강하율 과도, 착륙 지형이 아닌 상태에 착륙을 시도할 때 등 지표면에 접근하여 위험한 상태에 달할 때 조종사에게 알려주기 위한 경보 장치이다. 경고 방법은 aural message, light, message display로 조종사에게 경고한다.

Q 356
ATC transponder의 점검 주기는 얼마인가?

해답 ▶ 24개월마다 검사 및 시험한다.

Q 357
ILS란 무엇인가?

해답 ILS(Instrument Landing System)는 glide slope, localizer, maker beacon 으로 구성되어 있으며, 이러한 장비를 이용하여 항공기가 안전하게 착륙을 완료하는 시스템이다. guide slope은 활주로를 중심으로 상하의 각도가 얼마만큼 되는지를 알려주는 장치이며, localizer는 항공기가 착륙할 때 활주로에 대한 좌우의 각을 알려주는 장치이다. 그리고 marker beacon은 항공기가 착륙을 위해 활주로까지의 거리가 얼마만큼 남아있는지 거리를 소리와 light로 나타내주는 장치이다.

Q 358
공항의 ILS의 등급 기준

해답

성능/CAT	CAT-I	CAT-II	CAT-IIIa	CAT-IIIb	CAT-IIIc
RVR	550m 이상 (1800ft)	350m 이상 (1200ft)	200m 이상 (700ft)	50m 이상 (150ft)	none
DH	200ft (60m)	200~100ft (30~60m)	30m	15m	none

Q 359
항공기가 착륙 시 공항으로부터 제공받는 3가지의 source와 역할은 무엇인가?

해답
① localizer : 항공기 착륙 시 활주로 중심선 좌우 방향의 오차를 지시하는 장치

② glide slope : 항공기 착륙 시 touchdown 지점까지의 진입각을 지시하는 장치

③ maker beacon : 항공기가 활주로 끝단 지점까지 얼마나 남았는가를 3개의 표시 light와 3개의 tone으로 조종사에게 알려주는 장치

Q 360
INS란 무엇인가?

해답 INS(Inertial Navigation System)란 별도의 항법 계통의 도움 없이 항공기에 설치된 장비 스스로 항공기의 위치를 알아내고 항공기의 방위(heading)와 자세(attitude)를 알아내는 것이다.

Q 361
INS/IRS alignment 4가지 방법은 무엇인가?

해답 ① 마지막 위치(last present position)를 이용한 입력 방법
② reference airport 입력 방법
③ 현재 위치(present position) 입력 방법
④ GPS position을 이용한 입력 방법

Q 362
weather radar란 무엇인가?

해답 항공기 기상 레이더로, 비행 전방의 구름의 크기, 위치 등을 조종사에게 미리 알려줌으로써 기류가 불안정하거나 태풍권 등을 비행기가 우회할 수 있도록 도움을 준다.

Q 363
weather radar 주파수 밴드는 얼마인가?

해답 항공기용 weather radar는 구름이나 비에 반사되기 쉬운 주파수대인 9375MHz (X 밴드)를 이용한다.

Q 364
TCAS란 무엇인가?

해답 TCAS(Traffic Alert & Collision Avoidance System)는 ACAS(Airborne Collision Avoidance System)라고도 하며, 항공 교통량의 증가로 인한 항공기들 사이의 공중 충돌 가능성을 사전에 탐지하여 조종사에게 visual 및 aural warning을 제공한다. ATC transponder의 원리를 이용한 질문 신호를 받으면 항상 응답 신호를 송출하므로 응답 신호를 수신하기까지의 왕복 시간을 계산하여 항공기까지의 거리를 계산한다. 접근하는 항공기가 충돌 약 35~45초 전으로 진입하는 경우인 경계 영역에서는 접근 경보(TA)를, 충돌 약 20~30초 전인 경고 영역에 진입 시에는 침입 경보(RA)를 각각 발령하여 접근하는 항공기에 대한 표시(symbol), 색깔, 상대 고도, 방위, 하강률, 상승률 등을 계기에 표시해주고, 조종사에게 항공기 충돌 회피 정보(항공기 상승률, 하강률)를 제공해준다.

Q 365
FMCS란 무엇인가?

해답 ▶ FMCS(Flight Management Computer System)는 비행 계획을 수립하고 auto flight control system, auto throttle 등을 통해 항공기 자세 및 추력을 제어하여 조종사의 업무를 경감시켜 준다.

Q 366
FMS의 기능은 무엇인가?

해답 ▶ ❶ **항법(navigation)** : FMC 메모리에 항로의 모든 항법 데이터를 저장하고 있는 NDB(Navigation Data Base)가 있어 비행 계획을 설정할 때 이용한다. 이 데이터를 이용해서 비행 중 항공기 위치를 계산한다.

❷ **성능(performance)** : FMC 메모리에 비행 중 변수에 대비해 항공기 성능을 계산하는 PDB(Performance Data Base)가 있어서 비행 계획을 설정할 때 항공기 전체 무게, 순항 고도 및 cost index를 입력하면 FMC는 가장 경제적인 속도, 최적의 순항 고도 및 하강 지점을 계산한다. 이 컴퓨터가 계산한 최적의 결과치는 비행 계기에서 목표 속도 및 고도로 지시된다.

❸ **제어 안내(guidance)** : FMC는 항법 자료와 최적의 속도, 고도를 계산하여 AFCS 및 auto throttle system에 명령을 보내어 LNAV 및 VNAV에서 항공기를 자동으로 제어한다.

Q 367
GPS란 무엇인가?

해답 ▶ GPS(Global Positioning System)는 인공위성에서 발사한 전파를 수신하여 관측점까지 소요 시간을 측정하면 위성과 항공기의 수신기까지 거리를 구할 수 있고, 이때 송신된 신호에는 위성의 위치에 대한 정보가 들어있다. 최소한 3개의 위성과의 거리와 각 위성의 위치를 알게 되면 삼변 측량에서와 같은 방법을 이용하고 4번째 위성에서 시간 신호를 받아서 항공기 위치를 구하는 체계이다. 즉, 4개 이상의 위성을 이용하면 3차원적인 위치를 측정할 수 있다.

Q 368
항공기 산소는 어디에서 공급이 되는가?

해답 ▶ oxygen generator, oxygen cylinder

Q 369
항공용 산소와 일반 산소의 차이점은 무엇인가?

해답▶ 항공용 산소에는 aviation breathing oxygen이라고 표시되어 있고 수분의 함유량이 매우 낮다.

Q 370
항공기에 산소를 공급하는 3가지 형태는 무엇인가?

해답▶ ❶ 기체 산소(gaseous oxygen) : 민간 항공기에서는 일반적으로 사용된다.

❷ 액체 산소(LOX, liquid oxygen) : 민간 항공에서 거의 사용되지 않으며, 주로 군용 항공기에서 사용한다.

❸ 화학 또는 고체 산소(chemical or solid oxygen) : 유통 기한이 길어서 장기 저장이 가능하다.

Q 371
oxygen cylinder 압력이 50psi 이하로 떨어지면 어떻게 되는가?

해답▶ cylinder 압력이 50psi 이하로 떨어지면 공병으로 간주하는데, 이것은 수증기를 함유한 공기가 실린더에 들어가지 않았다는 것을 보증할 수 없다. 수증기는 cylinder 내부에 부식뿐만 아니라 얼음 생성으로 인한 cylinder valve 또는 oxygen system에 있는 좁은 통로 차단의 원인이 될 수 있다. 이 압력 이하로 떨어진 cylinder는 정화 작업을 수행해야 한다.

Q 372
oxygen generator는 어디에 장착되어 있는가?

해답▶ PSU(Passenger Service Unit) 내부에 장착되어 있으며 감압 발생 또는 운항 승무원이 스위치를 작동시킬 때 격실 문(compartment door)이 열리고 마스크와 호스가 승객의 앞쪽에 매달린 채 떨어진다. 마스크를 아래 방향으로 잡아당기면 전류 또는 점화 해머(ignition hammer)를 작동시켜 oxygen generator가 점화되고 산소의 흐름이 시작되어 일반적으로, 10~20분간 산소가 사용자에게 공급된다.

Q 373
oxygen mask는 객실 고도 몇 피트에서 작동하는가?

해답▶ 객실 고도가 14,000피트에 도달하면 자동으로 작동한다.

Q 374
chemical oxygen generator의 특징은 무엇인가?

해답▶ 사용하고자 하는 시점이 될 때까지 산소를 발생하지 않는 것이 장점이며 적은 정비 행위로 산소 공급을 보장한다. 기체 산소 장치에 비해 적은 공간과 작은 중량이 요구되고 구성품의 배관이 훨씬 짧다. 각각 승객들의 그룹별로 완전히 독립적인 chemical oxygen generator를 갖추고 있다.

Q 375
continuous flow system과 demand flow system의 차이점은 무엇인가?

해답▶ ❶ continuous flow system : 사용자가 숨을 내쉬거나 마스크를 사용하지 않을 때도 미리 설정된 산소 흐름이 계속된다. continuous flow system은 주로 승객용으로 사용된다.

❷ demand flow system : 사용자가 흡입할 때 산소를 공급하며 호흡이 멈추거나 숨을 내쉬는 동안 산소 공급이 중단되기 때문에 산소가 낭비되지 않고 지속 시간이 길어진다. demand flow system은 운송용 항공기 승무원이 주로 사용한다.

Q 376
oxygen system의 overpressure 여부를 확인하는 방법은 무엇인가?

해답▶ 온도 상승으로 인한 oxygen cylinder의 과도한 압력은 relief valve가 열려 파열 판(blowout disk)을 통해 기체 외부로 배출되는데, 파열 판은 동체 외피와 같이 눈에 쉽게 띄는 곳에 위치한다. 대부분 파열 판은 녹색이며, green disk가 손상되었거나 없을 때는 relief valve가 열렸다는 것을 의미한다.

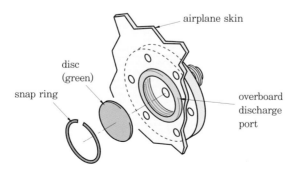

Q 377

산소 계통 작업을 할 때 주의할 점은 무엇인가?

해답 ❶ 산소 계통을 점검할 때는 안전을 위해 작업장 주위를 청결하게 유지해야 한다. 깨끗하고 그리스가 묻지 않은 손과 의복을 착용하고 작업을 수행하며 깨끗한 공구를 사용해야 한다.

❷ 작업 구역에서 최소 50피트 이내에는 절대로 금연하고 개방된 화염이 없어야 한다.

❸ 산소 실린더, 계통 구성품, 또는 배관을 작업할 때 항상 엔드 캡과 보호용 마개를 사용해야 하며, 접착 테이프를 사용해서는 안 된다.

❹ 산소 실린더는 석유 제품 또는 열원으로부터 이격된 거리에, 격납고 안에 정해진 구역에, 시원하고, 환기가 잘되는 구역에 저장하여야 한다.

❺ 산소 공급 실린더의 압력이 완전히 계통으로부터 배출될 때까지 정비 작업을 수행하여서는 안 되며, 피팅은 잔류 압력이 완전히 사라지도록 천천히 나사를 풀어야 한다.

❻ 모든 산소 계통 배관은 작동 부위, 전기 배선, 다른 유체 라인으로부터 적어도 2인치의 여유 공간이 있어야 하며, 산소를 가열할 수 있는 뜨거운 덕트(hot duct)와 열원으로부터 적당한 여유 공간이 있어야 한다.

❼ 정비를 위해 계통이 열렸을 때마다 압력 점검과 누설 점검이 수행되어야 하며, 산소계통을 위해 특별히 인가된 것이 아니라면 윤활제, 밀폐제, 세제 등을 사용하지 말아야 한다.

Q 378

pneumatic system의 특성은 무엇인가?

해답 ❶ pneumatic system은 압력 전달 매체로서 공기를 사용하므로 비압축성 작동유와 달리 어느 정도 계통의 누설을 허용하더라도 압력 전달에는 큰 영향을 주지 않는다.

❷ pneumatic system은 무게가 가볍다.

❸ 사용한 공기를 대기 중으로 배출시키므로 공기가 실린더로 되돌아오는 return line이 필요 없어 계통이 간단해질 수 있다.

Q 379
pneumatic system의 목적은 무엇인가?

해답 ▶ 비행 중 또는 지상에서 온도와 압력이 조절된 압축 공기를 제공하여 air-conditioning system, cabin pressurization system, wing leading edge anti-icing, engine inlet cowl anti-icing, turbine blade cooling, hydraulic reservoir pressurization, engine starting, water tank pressurization 등에 이용된다.

Q 380
water tank는 어디에 위치하며 어떻게 공급하는가?

해답 ▶ cargo 내에 위치하며 pneumatic pressure로 가압하여 필요한 곳에 공급한다.

Q 381
pneumatic system이 필요로 하는 압축 공기는 어디에서 공급이 되는가?

해답 ▶ ① engine compressor bleed air를 이용한다.
② engine으로 직접 구동되는 compressor를 이용한다.
③ engine bleed air로 turbine을 구동하고, 이것에 연결된 compressor에서 만들어진 압축 공기를 이용한다.
④ APU(Auxiliary Power Unit)와 GTC(Gas Turbine Compressor)를 이용한다.

Q 382
engine bleed air가 사용되는 곳은 어디인가?

해답 ▶ ① air-conditioning system
② cabin pressurization system
③ wing leading edge anti-icing
④ engine inlet cowl anti-icing
⑤ turbine blade cooling
⑥ hydraulic reservoir pressurization
⑦ engine starting
⑧ thrust reverser
⑨ water tank pressurization

Q 383

pneumatic system에서 downstream이란 무엇을 말하는가?

해답 ▶ 어떤 밸브를 중심으로 입구 쪽 흐름을 upstream이라 하고, 출구 쪽 흐름을 downstream이라 한다.

Q 384

PRSOV(Pressure Regulator and Shut Off Valve)의 기능은 무엇인가?

해답 ▶ ① pneumatic system on/off
② pressure control
③ backup temperature control
④ reverse flow 방지
⑤ 엔진 시동 시 reverse flow 허용

Q 385

APU(Auxiliary Power Unit)의 기능은 무엇인가?

해답 ▶ APU는 지상에서 항공기 엔진 또는 지상 장비의 작동을 하지 않고 항공기에서 필요로 하는 전력(electrical power), 공압(pneumatic power) 또는 유압(hydraulic power)을 전기나 공압을 이용하여 유압 펌프를 간접적으로 작동하여 항공기에 공급하는 역할을 한다. 비행 중 엔진 이상으로 충분한 동력을 얻지 못할 때 APU를 작동하여 항공기를 보조한다. 예들 들어, 엔진이 두 개인 쌍발기의 경우 비행 중에는 두 개의 엔진이 추력과 함께 기내에 필요한 전력과 공압 등을 공급하며, APU는 사용되지 않는다. 그러나 두 개의 엔진 중 하나에 문제가 생겨 그 기능이 정지되면, 남은 하나의 엔진이 발생시키는 동력은 모두 비행에 필요한 추력을 발생시키는 데에 사용되며, 전력과 공기를 공급하는 역할은 APU가 이어받게 된다. 시동 중에는 배기가스 온도는 감시되어야 한다. APU는 부하가 걸리지 않은 상태에서는 idle RPM이 100%로 유지된다. 일반적으로 엔진을 시동하기 위해 사용된다.

Q 386

최신 APU의 load compressor의 기능은 무엇인가?

해답 ▶ pneumatic power만 공급하는 별도의 compressor이다.

Q 387
지상에서 엔진 시동 시 필요한 power source는 무엇인가?

해답▶ ❶ electrical power : APU(Auxiliary Power Unit) 또는 GPU(Ground Power Unit)

❷ pneumatic power : APU 또는 GTC(Gas Turbine Compressor)

Q 388
APU의 idle RPM은 얼마인가?

해답▶ APU는 100% RPM으로 항상 작동되며, electric power나 pneumatic power 의 demand에 따라 공급되는 연료의 양을 조절한다.

Q 389
APU에 사용되는 starter의 종류는 무엇인가?

해답▶ electrical starter를 사용한다.

Q 390
APU는 어떻게 시동하는가?

해답▶ APU는 별도의 지상 장비 도움 없이 항공기 자체의 배터리를 사용하여 시동이 가능하며, 항공기 연료 계통으로부터 연료를 공급받아 작동한다.

Q 391
APU는 연료를 어떻게 공급받는가?

해답▶ 항공기에 AC power가 없을 때는 DC power를 받아 작동하는 APU DC pump 에 의해 연료를 공급받다가 AC power가 사용 가능할 때에는 main fuel tank boost pump에 의해서 연료를 공급받는다.

Q 392
APU에서 사용할 수 있는 동력은 무엇인가?

해답▶ electric power, pneumatic power

제5장

항공 법규

제5장 항공 법규

Q 1
상공의 자유에 대하여 설명하시오.

해답▶ ❶ **제1의 자유** : 체약국의 상공을 무착륙으로 횡단하는 특권

❷ **제2의 자유** : 체약국의 영역에 운송 이외의 목적으로 착륙하는 특권

❸ **제3의 자유** : 자국 내에서 적재한 여객 및 화물을 체약국인 타국에서 하기하는 자유

❹ **제4의 자유** : 다른 체약국의 영역에서 자국을 향해 여객 및 화물을 적재하는 자유

❺ **제5의 자유** : 제3국의 영역으로 향하는 여객, 화물을 다른 체약국의 영역 내에서 적재하는 자유 또는 제3국의 영역으로부터 여객, 화물을 다른 체약국의 영역 내에서 하기하는 자유

Q 2
국제 민간 항공 조약 부속서의 종류를 설명하시오.

해답▶ ① 부속서 1 : 항공종사자의 기능 증명 ② 부속서 2 : 항공 교통 규칙
③ 부속서 3 : 항공기상의 부호 ④ 부속서 4 : 항공 지도
⑤ 부속서 5 : 항공 단위 ⑥ 부속서 6 : 항공기의 운항
⑦ 부속서 7 : 항공기의 국적 기호 및 등록 기호 ⑧ 부속서 8 : 항공기의 감항성
⑨ 부속서 9 : 출입국의 간소화 ⑩ 부속서 10 : 항공 통신
⑪ 부속서 11 : 항공 교통 업무 ⑫ 부속서 12 : 수색 구조
⑬ 부속서 13 : 사고 조사 ⑭ 부속서 14 : 비행장
⑮ 부속서 15 : 항공 정보 업무 ⑯ 부속서 16 : 항공기 소음
⑰ 부속서 17 : 항공 보안 시설 ⑱ 부속서 18 : 위험물 수송
⑲ 부속서 19 : 안전 관리

Q 3
비행기의 감항 유별에 대하여 설명하시오.

해답▶ ① 곡기(acrobatics)는 최대 이륙 중량 5700kg 이하의 비행기로서 보통(N)에 적용되는 비행 및 곡기 비행에 적합하다.

② 실용(utility)은 최대 이륙 중량 5700kg 이하의 비행기로서 보통(N)에 적용되는 비행 및 60° 경사를 넘지 않는 선회, 스핀, 레디에이트, 샨델 등의 곡기 비행(급격한 운동 및 배면 비행은 제외)에 적합하다.

③ 보통(normal)은 최대 이륙 중량 5700kg 이하의 비행기로서, 보통의 비행(60° 경사를 넘지 않는 선회 및 실속을 포함)에 적합하다.

④ 수송(transportation)은 항공 운송 사업에 적합하다.

Q4
항공안전법의 목적은 무엇인가?

해답▶ 국제민간항공협약 및 같은 협약의 부속서에서 채택된 표준과 권고되는 방식에 따라 항공기, 경량 항공기 또는 초경량 비행 장치의 안전하고 효율적인 항행을 위한 방법과 국가, 항공사업자 및 항공종사자 등의 의무 등에 관한 사항을 규정함을 목적으로 한다. 항공안전법 시행령은 대통령령으로, 시행 규칙은 국토교통부령으로 제정되었다.

Q5
항공기의 정의는 무엇인가?

해답▶ 항공기란 공기의 반작용으로 뜰 수 있는 기기로서 최대 이륙 중량, 좌석 수 등 국토교통부령으로 정하는 기준에 해당하는 비행기, 헬리콥터, 비행선, 활공기와 그 밖에 대통령령으로 정하는 기기를 말한다.

Q6
항공 업무란 무엇인가?

해답▶ 항공 업무란 항공기의 운항 업무(무선 설비의 조작을 포함, 항공기 조종 연습은 제외), 항공 교통 관제 업무(무선 설비의 조작을 포함, 항공 교통 관제 연습은 제외), 항공기의 운항 관리 업무, 정비·수리·개조된 항공기·발동기·프로펠러, 장비품 또는 부품에 대하여 안전하게 운용할 수 있는 성능(감항성)이 있는지를 확인하는 업무 및 경량 항공기 또는 그 장비품·부품의 정비 사항을 확인하는 업무를 말한다.

Q7
항공종사자란 무엇인가?

해답▶ 항공안전법 제34조 제1항에 따라 항공종사자 자격 증명을 받은 자를 말한다.

Q 8
항공정비사란 무엇인가?

해답 ▶ 항공안전법 제32조 제1항에 따라 정비 등을 한 항공기에 대하여 감항성을 확인하는 행위를 하는 자를 말한다. 또한, 항공안전법 제108조 제4항에 따라 정비를 한 경량 항공기 또는 그 장비품·부품에 대하여 안전하게 운용할 수 있음을 확인하는 행위를 하는 자를 말한다.

Q 9
비행장이란 무엇인가?

해답 ▶ 비행장이란 항공기·경량 항공기·초경량 비행 장치의 이륙(이수를 포함), 착륙(착수를 포함)을 위하여 사용되는 육지 또는 수면의 일정한 구역으로서 대통령령으로 정하는 것을 말한다.

Q 10
활주로란 무엇인가?

해답 ▶ 활주로란 항공기 착륙과 이륙을 위하여 국토교통부령으로 정하는 크기로 이루어지는 공항 또는 비행장에 설정된 구역을 말한다.

Q 11
착륙대란 무엇인가?

해답 ▶ 착륙대란 활주로와 항공기가 활주로를 이탈하는 경우 항공기와 탑승자의 피해를 줄이기 위하여 활주로 주변에 설치하는 안전 지대로서 국토교통부령으로 정하는 크기로 이루어지는 활주로 중심선에 중심을 두는 직사각형의 지표면 또는 수면을 말한다.

Q 12
항공로란 무엇인가?

해답 ▶ 항공로란 국토교통부장관이 항공기, 경량 항공기 또는 초경량 비행 장치의 항행에 적합하다고 지정한 지구의 표면상에 표시한 공간의 길을 말한다.

Q 13
항공로의 지정은 누가 하는가?

해답▶ 국토교통부장관

Q 14
항공기 사고란 무엇인가?

해답▶ 항공기 사고란 사람이 비행을 목적으로 항공기에 탑승하였을 때부터 탑승한 모든 사람이 항공기에서 내릴 때까지 항공기의 운항과 관련하여 발생한 다음 어느 하나에 해당하는 것으로서 국토교통부령으로 정하는 것을 말한다.
① 사람의 사망, 중상 또는 행방불명
② 항공기의 파손 또는 구조적 손상
③ 항공기의 위치를 확인할 수 없거나 항공기에 접근이 불가능한 경우

Q 15
공항이란 무엇인가?

해답▶ 공항 시설을 갖춘 공공용 비행장으로서 국토교통부장관이 그 명칭·위치 및 구역을 지정·고시한 것을 말한다.

Q 16
공항 시설이란 무엇인가?

해답▶ 공항 구역에 있는 시설과 공항 구역 밖에 있는 시설 중 대통령령으로 정하는 시설로서 국토교통부장관이 지정한 다음 각 목의 시설을 말한다.
① 항공기의 이륙·착륙 및 항행을 위한 시설과 그 부대시설 및 지원시설
② 항공 여객 및 화물의 운송을 위한 시설과 그 부대시설 및 지원시설

Q 17
관제권이란 무엇인가?

해답▶ 관제권이란 비행장 또는 공항과 그 주변의 공역으로서 항공 교통의 안전을 위하여 국토교통부장관이 지정·공고한 공역을 말한다.

Q18
관제구란 무엇인가?

해답 ▶ 관제구란 지표면 또는 수면으로부터 200미터 이상 높이의 공역으로서 항공 교통의 안전을 위하여 국토교통부장관이 지정·공고한 공역을 말한다.

Q19
항공 운송 사업이란 무엇인가?

해답 ▶ 항공 운송 사업이란 국내 항공 운송 사업, 국제 항공 운송 사업 및 소형 항공 운송 사업을 말한다.

Q20
소형 항공 운송 사업이란 무엇인가?

해답 ▶ 소형 항공 운송 사업이란 타인의 수요에 맞추어 항공기를 사용하여 유상으로 여객이나 화물을 운송하는 사업으로서 국내 항공 운송 사업 및 국제 항공 운송 사업 외의 항공 운송 사업을 말한다.

Q21
항공기 사용 사업이란 무엇인가?

해답 ▶ 항공기 사용 사업이란 항공 운송 사업 외의 사업으로서 타인의 수요에 맞추어 항공기를 사용하여 유상으로 농약 살포, 건설 자재 등의 운반, 사진 촬영 또는 항공기를 이용한 비행 훈련 등 국토교통부령으로 정하는 업무를 하는 사업을 말한다.

Q22
항공기 취급업이란 무엇인가?

해답 ▶ 항공기 취급업이란 타인의 수요에 맞추어 항공기에 대한 급유, 항공 화물 또는 수하물의 하역과 그 밖에 국토교통부령으로 정하는 지상조업을 하는 사업을 말한다.

Q23
항공기 취급업의 종류는 무엇이 있는가?

해답▶ ① 항공기 급유업 : 항공기에 연료 및 윤활유를 주유하는 사업
② 항공기 하역업 : 화물이나 수하물을 항공기에 싣거나 항공기로부터 내려서 정리하는 사업
③ 지상 조업 사업 : 항공기 입항 및 출항에 필요한 유도, 항공기 탑재 관리 및 동력 지원, 항공기 운항 정보 지원, 승객 및 승무원의 탑승 또는 출입국 관련 업무, 장비 대여, 항공기의 청소 등을 하는 사업

Q 24
부정기편 운항의 종류는 무엇이 있는가?

해답▶ ① 지점 간 운항 : 한 지점과 다른 지점 사이에 노선을 정하여 운항하는 것
② 관광 비행 : 관광을 목적으로 한 지점을 이륙하여 중간에 착륙하지 아니하고 정해진 노선을 따라 출발지점에 착륙하기 위하여 운항하는 것
③ 전세 운송 : 노선을 정하지 아니하고 사업자와 항공기를 독점하여 이용하려는 이용자 간의 1개의 항공 운송 계약에 따라 운항하는 것

Q 25
항공종사자 자격 증명 응시 연령은 어떻게 되는가?

해답▶ ① 자가용 조종사 자격 : 17세(제37조에 따라 자가용 조종사의 자격 증명을 활공기에 한정하는 경우에는 16세)
② 사업용 조종사, 부조종사, 항공사, 항공기관사, 항공교통관제사 및 항공정비사 자격 : 18세
③ 운송용 조종사 및 운항관리사 자격 : 21세

Q 26
감항 증명이란 무엇인가?

해답▶ 항공기가 안전하게 비행할 수 있는 성능이 있다는 증명을 말하며 기술상의 기준에 적합한지를 검사한다.

Q 27
탑재용 항공 일지의 비치 장소는 어디인가?

해답▶ 항공기를 운항할 때에는 탑재용 항공 일지를 항공기 조종실 내에 항상 비치하여야 한다.

Q 28
항행 안전 시설이란 무엇인가?

해답▶ 항행 안전 시설이란 유선통신, 무선통신, 인공위성, 불빛, 색채 또는 전파를 이용하여 항공기의 항행을 돕기 위한 시설로서 국토교통부령으로 정하는 시설을 말한다.

Q 29
항행 안전 시설의 종류에는 무엇이 있는가?

해답▶ ① 항행 안전 무선 시설 : 전파를 이용하여 항공기의 항행을 돕기 위한 시설
② 항공 등화 : 불빛, 색채 또는 형상을 이용하여 항공기의 항행을 돕기 위한 항행 안전 시설로서 국토교통부령으로 정하는 시설
③ 항공 정보 통신 시설 : 전기 통신을 이용하여 항공 교통 업무에 필요한 정보를 제공, 교환하기 위한 시설

Q 30
대통령령이 정하는 등록을 요하지 않는 항공기는 무엇인가?

해답▶ ① 군 또는 세관에서 사용하거나 경찰 업무에 사용하는 항공기
② 외국에 임대할 목적으로 도입한 항공기로서 외국 국적을 취득할 항공기
③ 국내에서 제작한 항공기로서 제작자 외의 소유자가 결정되지 않는 비행기
④ 외국에 등록된 항공기를 임차하여 항공안전법 제5조의 규정에 따라 운영하는 경우의 당해 항공기
⑤ 항공기 제작자나 항공기 관련 연구 기관이 연구ㆍ개발 중인 항공기

Q 31
말소 등록을 해야 하는 경우는 언제인가?

해답▶ 소유자 등은 다음의 사유가 있는 날부터 15일 이내에 국토교통부장관에게 말소 등록을 신청하여야 한다.
① 항공기가 멸실되었거나 항공기를 해체(정비, 개조, 운송 또는 보관하기 위하여 행하는 해체를 제외)한 경우
② 항공기의 존재 여부를 1개월(항공기 사고인 경우에는 2개월) 이상 확인할 수 없는 경우
③ 등록 제한에 해당되는 자에게 항공기를 양도 또는 임대한 경우
④ 임차 기간의 만료 등으로 항공기를 사용할 수 있는 권리가 상실된 경우

Q 32

등록 기호표에는 무엇이 기록되어 있는가?

해답 ▶ 국적 기호 및 등록 기호와 소유자 등의 명칭이 기재되어야 한다.

Q 33

특별 감항 증명의 대상이 되는 경우는 언제인가?

해답 ▶ 1. 항공기 및 관련 기기의 개발과 관련된 다음 각 목의 어느 하나에 해당하는 경우

가. 항공기 제작자, 연구 기관 등에서 연구 및 개발 중인 경우

나. 판매 · 홍보 · 전시 · 시장 조사 등에 활용하는 경우

다. 조종사 양성을 위하여 조종 연습에 사용하는 경우

2. 항공기의 제작 · 정비 · 수리 · 개조 및 수입 · 수출 등과 관련한 다음 각 목의 어느 하나에 해당하는 경우

가. 제자 · 정비 · 수리 또는 개조 후 시험 비행을 하는 경우

나. 정비 · 수리 또는 개조를 위한 장소까지 승객 · 화물을 싣지 아니하고 비행하는 경우

다. 수입하거나 수출하기 위하여 승객 · 화물을 싣지 아니하고 비행하는 경우

라. 설계에 관한 형식 증명을 변경하기 위하여 운용 한계를 초과하는 시험 비행을 하는 경우

3. 무인 항공기를 운항하는 경우

4. 특정한 업무를 수행하기 위하여 사용되는 다음 각 목의 어느 하나에 해당하는 경우

가. 재난 · 재해 등으로 인한 수색 · 구조에 사용되는 경우

나. 산불의 진화 및 예방에 사용되는 경우

다. 응급 환자의 수송 등 구조 · 구급 활동에 사용되는 경우

라. 씨앗 파종, 농약 살포 또는 어군의 탐지 등 농수산업에 사용되는 경우

마. 기상 관측, 기상 조절 실험 등에 사용되는 경우

바. 건설 자재 등을 외부에 매달고 운반하는 데 사용되는 경우(헬리콥터만 해당)

사. 해양 오염 관측 및 해양 방제에 사용되는 경우

아. 산림, 관로, 전선 등의 순찰 또는 관측에 사용되는 경우

5. 제1호부터 제4호까지 외에 공공의 안녕과 질서 유지를 위한 업무를 수행하는 경우로서 국토교통부장관이 인정하는 경우

Q 34
감항 증명 검사 범위는 어떻게 되는가?

해답▶ 감항 증명을 위한 검사를 하는 경우에는 해당 항공기의 설계·제작 과정 및 완성 후의 상태와 비행 성능이 항공기 기술 기준에 적합하고 안전하게 운항할 수 있는지 여부를 검사하여야 한다.

Q 35
예외적으로 감항 증명을 받을 수 있는 항공기는 무엇인가?

해답▶ ① 항공안전법 제101조(외국의 국적을 가진 항공기는 대한민국 안의 각 지역 간의 항공에 사용하여서는 아니 된다. 다만, 국토교통부장관의 허가를 받은 경우는 그러하지 아니하다) 단서의 규정에 의하여 허가를 받은 항공기
② 국내에서 수리, 개조 또는 제작한 후 수출할 항공기
③ 국내에서 제작되거나 외국으로부터 수입하는 항공기로서 대한민국의 국적을 취득하기 전에 감항 증명을 위한 검사를 신청한 항공기

Q 36
항공기 종류 한정이 필요한 항공정비사 자격 증명 응시 자격은 무엇인가?

해답▶ ① 자격 증명을 받으려는 해당 항공기 종류에 대한 6개월 이상의 정비 업무 경력을 포함하여 4년 이상의 항공기 정비 업무 경력(자격 증명을 받으려는 항공기가 활공기인 경우에는 활공기의 정비와 개조에 대한 경력을 말한다)이 있는 사람
② 고등 교육법에 따른 대학·전문대학(다른 법령에서 이와 동등한 수준 이상의 학력이 있다고 인정되는 교육 기관을 포함한다) 또는 학점 인정 등에 관한 법률에 따라 학습하는 곳에서 별표 5 제1호에 따른 항공정비사 학과 시험의 범위를 포함하는 각 과목을 모두 이수하고, 자격 증명을 받으려는 항공기와 동등한 수준 이상의 것에 대하여 교육 과정 이수 후의 정비 실무 경력이 6개월 이상이거나 교육 과정 이수 전의 정비 실무 경력이 1년 이상인 사람
③ 국토교통부장관이 지정한 전문 교육 기관에서 해당 항공기 종류에 필요한 과정을 이수한 사람(외국의 전문 교육 기관으로서 그 외국 정부가 인정한 전문 교육 기관에서 해당 항공기 종류에 필요한 과정을 이수한 사람을 포함한다). 이 경우 항공기의 종류인 비행기 또는 헬리콥터 분야의 정비에 필요한 과정을 이수한 사람은 경량 항공기의 종류인 경량 비행기 또는 경량 헬리콥터 분야의 정비에 필요한 과정을 각각 이수한 것으로 본다.
④ 외국 정부가 발급한 해당 항공기 종류 한정 자격 증명을 받은 사람

Q 37

소음 기준 적합 증명을 필요로 하는 항공기는 무엇인가?

해답▶ 항공기의 소유자 등은 감항 증명을 받는 경우와 수리 · 개조 등으로 항공기의 소음치가 변동된 경우에는 국토교통부령으로 정하는 바에 따라 그 항공기에 대하여 소음 기준 적합 증명을 받아야 한다. 소음 기준 적합 증명을 받아야 하는 항공기는 터빈 발동기를 장착한 항공기 또는 국제선을 운항하는 항공기이다.

Q 38

국외 정비 확인자의 자격은 무엇인가?

해답▶ 국외 정비 확인자는 다음의 어느 하나에 해당하는 사람으로서 국토교통부장관의 인정을 받은 사람을 말한다.
① 외국 정부가 발급한 항공정비사 자격 증명을 받은 사람
② 외국 정부가 인정한 항공기정비사업자에 소속된 사람으로서 항공정비사 자격 증명을 받은 사람과 동등하거나 그 이상의 능력이 있는 사람

Q 39

국외 정비 확인자의 인정 유효 기간은 얼마인가?

해답▶ 국토교통부장관은 국외 정비 확인자가 항공기의 안전성을 확인할 수 있는 항공기 등 또는 부품 등의 종류 · 등급 또는 형식을 정하여야 한다. 국외 정비 확인자 인정의 유효 기간은 1년으로 한다.

Q 40

항공기의 종류와 등급을 구분하시오.

해답▶ 항공기의 종류는 비행기, 비행선, 활공기, 헬리콥터 및 항공 우주선으로 한다. 항공기의 등급은 육상기의 경우에는 육상단발 및 육상다발로 수상기의 경우에는 수상단발 및 수상다발로 구분한다. 다만 활공기의 경우에는 상급(활공기가 특수 또는 상급 활공기인 경우) 및 중급(활공기가 중급 또는 초급 활공기인 경우)으로 구분한다.

Q 41

사고 예방 및 사고 조사를 위하여 항공기에 갖추어야 할 장치는 무엇이 있는가?

해답 ① 공중 충돌 경고 장치
② 지상 접근 경고 장치
③ 비행 자료 기록 장치
④ 전방 돌풍 경고 장치

Q 42

항공기에 설치해야 하는 의무 무선 설비는 무엇인가?

해답 항공기를 항공에 사용하기 위해 설치, 운용하여야 하는 무선 설비는 다음 각 호와 같다. 다만, 항공 운송 사업에 사용되는 항공기 외의 항공기가 계기 비행 방식 외의 방식(시계 비행 방식)에 의한 비행을 하는 경우에는 제3호부터 제6호까지의 무선 설비를 설치, 운용하지 아니할 수 있다.

1. 비행 중 항공교통관제기관과 교신할 수 있는 초단파(VHF) 또는 극초단파(UHF) 무선 전화 송수신기 각 2대. 이 경우 비행기(국토교통부장관이 정하여 고시하는 기압 고도계의 수정을 위한 고도 미만의 고도에서 교신하려는 경우만 해당한다)와 헬리콥터의 운항 승무원은 붐 마이크로폰 또는 스롯 마이크로폰을 사용하여 교신하여야 한다.
2. 기압 고도에 관한 정보를 제공하는 2차 감시 항공교통관제 레이더용 트랜스폰더 1대
3. 자동 방향 탐지기(ADF) 1대(무지향 표지 시설 신호로만 계기 접근 절차가 구성되어 있는 공항에 운항하는 경우만 해당)
4. 계기 착륙 시설(ILS) 수신기 1대(최대 이륙 중량 5700kg 미만의 항공기와 헬리콥터 및 무인 항공기는 제외)
5. 전방향 표지 시설(VOR) 수신기 1대(무인 항공기는 제외)
6. 거리 측정 시설(DME) 수신기 1대(무인 항공기는 제외)
7. 다음 각 목의 구분에 따라 비행 중 뇌우 또는 잠재적인 위험 기상 조건을 탐지할 수 있는 기상 레이더 또는 악기상 탐지 장비
   가. 국제선 항공 운송 사업에 사용되는 비행기로서 여압 장치가 장착된 비행기의 경우 : 기상 레이더 1대
   나. 국제선 항공 운송 사업에 사용되는 헬리콥터의 경우 : 기상 레이더 또는 악기상 탐지 장비 1대
   다. 가목 외에 국외를 운항하는 비행기로서 여압 장치가 장착된 비행기의 경우 : 기상 레이더 또는 악기상 탐지 장비 1대
8. 비상 위치 지시용 무선 표지 설비(ELT)

Q 43

긴급하게 운항하는 항공기는 무엇인가?

해답▶ ① 재난 · 재해 등으로 인한 수색 · 구조
② 응급 환자의 수송 등 구조 · 구급 활동
③ 화재의 진화
④ 화재의 예방을 위한 감시 활동
⑤ 응급 환자를 위한 장기(臟器) 이송
⑥ 그 밖에 자연재해 발생 시의 긴급 복구

Q 44

항공기 정박 시 야간 계류는 언제부터 적용되는가?

해답▶ 일몰부터 일출까지의 사이를 말한다.

Q 45

정비 규정의 제정 및 인가는 누가 하는가?

해답▶ ① 정비 규정 제정 : 항공 운송 사업자
② 정비 규정 인가 : 국토교통부장관

Q 46

국토교통부령이 정하는 경미한 정비는 무엇인가?

해답▶ ① 간단한 보수를 하는 예방 작업으로서 리깅 또는 간극의 조정 작업 등 복잡한
결합 작용을 필요로 하지 아니하는 규격 장비품 또는 부품의 교환 작업
② 감항성에 미치는 영향이 경미한 범위의 수리 작업으로서 그 작업의 완료 상태를 확
인하는 데 동력 장치의 작동 점검 및 그 외의 복잡한 점검을 필요로 하지 아니하는
작업
③ 그 밖에 윤활유 보충 등 비행 전후에 실시하는 단순하고 간단한 점검 작업

Q 47

항공안전법 시행규칙 제81조(자격 증명의 한정)

해답▶ ① 국토교통부장관이 법 제37조 제1항 제2호에 따라 한정하는 항공정비사 자격
증명의 항공기 · 경량 항공기의 종류는 다음과 같다.

1. 항공기의 종류
  가. 비행기 분야. 다만, 비행기에 대한 정비 업무 경력이 4년(국토교통부장관이
     지정한 전문 교육 기관에서 비행기 정비에 필요한 과정을 이수한 사람은 2년)
     미만인 사람은 최대 이륙 중량 5,700kg 이하의 비행기로 제한한다.
  나. 헬리콥터 분야. 다만, 헬리콥터 정비 업무 경력이 4년(국토교통부장관이 지
     정한 전문 교육 기관에서 헬리콥터 정비에 필요한 과정을 이수한 사람은 2년)
     미만인 사람은 최대 이륙 중량 3,175kg 이하의 헬리콥터로 제한한다.
2. 경량 항공기의 종류
  가. 경량 비행기 분야 : 조종형 비행기, 체중 이동형 비행기 또는 동력 패러슈트
  나. 경량 헬리콥터 분야 : 경량 헬리콥터 또는 자이로플레인
② 국토교통부장관이 법 제37조 제1항 제2호에 따라 한정하는 항공정비사의 자격
증명의 정비 분야는 전자 · 전기 · 계기 관련 분야로 한다.

Q 48
항공안전법 제23조(감항 증명 및 감항성 유지)

해답 ① 항공기가 감항성이 있다는 증명(이하 "감항 증명"이라 한다)을 받으려는 자
는 국토교통부령으로 정하는 바에 따라 국토교통부장관에게 감항 증명을 신청하
여야 한다.
② 감항 증명은 대한민국 국적을 가진 항공기가 아니면 받을 수 없다. 다만, 국토교
통부령으로 정하는 항공기의 경우에는 그러하지 아니하다.
③ 누구든지 다음 각 호의 어느 하나에 해당하는 감항 증명을 받지 아니한 항공기를
운항하여서는 아니 된다.
  1. 표준 감항 증명 : 해당 항공기가 형식 증명 또는 형식 증명 승인에 따라 인가된
     설계에 일치하게 제작되고 안전하게 운항할 수 있다고 판단되는 경우에 발급하
     는 증명
  2. 특별 감항 증명 : 해당 항공기가 제한 형식 증명을 받았거나 항공기의 연구, 개
     발 등 국토교통부령으로 정하는 경우로서 항공기 제작자 또는 소유자 등이 제시
     한 운용 범위를 검토하여 안전하게 운항할 수 있다고 판단되는 경우에 발급하는
     증명
④ 국토교통부장관은 제3항 각 호의 어느 하나에 해당하는 감항 증명을 하는 경우
국토교통부령으로 정하는 바에 따라 해당 항공기의 설계, 제작 과정, 완성 후의 상
태와 비행 성능에 대하여 검사하고 해당 항공기의 운용 한계(運用限界)를 지정하여
야 한다. 다만, 다음 각 호의 어느 하나에 해당하는 항공기의 경우에는 국토교통부
령으로 정하는 바에 따라 검사의 일부를 생략할 수 있다.
1. 형식 증명, 제한 형식 증명 또는 형식 증명 승인을 받은 항공기

2. 제작 증명을 받은 자가 제작한 항공기

3. 항공기를 수출하는 외국 정부로부터 감항성이 있다는 승인을 받아 수입하는 항공기

⑤ 감항 증명의 유효 기간은 1년으로 한다. 다만, 항공기의 형식 및 소유자 등(제32조 제2항에 따른 위탁을 받은 자를 포함한다)의 감항성 유지 능력 등을 고려하여 국토교통부령으로 정하는 바에 따라 유효 기간을 연장할 수 있다.

⑥ 국토교통부장관은 제4항에 따른 검사 결과 항공기가 감항성이 있다고 판단되는 경우 국토교통부령으로 정하는 바에 따라 감항 증명서를 발급하여야 한다.

⑦ 국토교통부장관은 다음 각 호의 어느 하나에 해당하는 경우에는 해당 항공기에 대한 감항 증명을 취소하거나 6개월 이내의 기간을 정하여 그 효력의 정지를 명할 수 있다. 다만, 제1호에 해당하는 경우에는 감항 증명을 취소하여야 한다.

1. 거짓이나 그 밖의 부정한 방법으로 감항 증명을 받은 경우

2. 항공기가 감항 증명 당시의 항공기 기술 기준에 적합하지 아니하게 된 경우

⑧ 항공기를 운항하려는 소유자 등은 국토교통부령으로 정하는 바에 따라 그 항공기의 감항성을 유지하여야 한다.

⑨ 국토교통부장관은 제8항에 따라 소유자 등이 해당 항공기의 감항성을 유지하는지를 수시로 검사하여야 하며, 항공기의 감항성 유지를 위하여 소유자 등에게 항공기 등, 장비품 또는 부품에 대한 정비 등에 관한 감항성 개선 또는 그 밖의 검사 · 정비 등을 명할 수 있다.

Q 49
항공안전법 제24조(감항 승인)

해답 ▶ ① 우리나라에서 제작, 운항 또는 정비 등을 한 항공기 등, 장비품 또는 부품을 타인에게 제공하려는 자는 국토교통부령으로 정하는 바에 따라 국토교통부장관의 감항 승인을 받을 수 있다.

② 국토교통부장관은 제1항에 따른 감항 승인을 할 때에는 해당 항공기등, 장비품 또는 부품이 항공기 기술 기준 또는 제27조 제1항에 따른 기술 표준품의 형식 승인 기준에 적합하고, 안전하게 운용할 수 있다고 판단하는 경우에는 감항 승인을 하여야 한다.

③ 국토교통부장관은 다음 각 호의 어느 하나에 해당하는 경우에는 제2항에 따른 감항 승인을 취소하거나 6개월 이내의 기간을 정하여 그 효력의 정지를 명할 수 있다. 다만, 제1호에 해당하는 경우에는 그 감항 승인을 취소하여야 한다.

1. 거짓이나 그 밖의 부정한 방법으로 감항 승인을 받은 경우

2. 항공기 등, 장비품 또는 부품이 감항 승인 당시의 항공기 기술 기준 또는 제27조 제1항에 따른 기술 표준품의 형식 승인 기준에 적합하지 아니하게 된 경우

Q 50
항공안전법 제32조(항공기등의 정비 등의 확인)

해답 ▶ ① 소유자 등은 항공기 등, 장비품 또는 부품에 대하여 정비 등(국토교통부령으로 정하는 경미한 정비 및 제30조 제1항에 따른 수리 · 개조는 제외)을 한 경우에는 제35조 제8호의 항공정비사 자격 증명을 받은 사람으로서 국토교통부령으로 정하는 자격 요건을 갖춘 사람으로부터 그 항공기 등, 장비품 또는 부품에 대하여 국토교통부령으로 정하는 방법에 따라 감항성을 확인받지 아니하면 이를 운항 또는 항공기 등에 사용해서는 아니 된다. 다만, 감항성을 확인받기 곤란한 대한민국 외의 지역에서 항공기 등, 장비품 또는 부품에 대하여 정비 등을 하는 경우로서 국토교통부령으로 정하는 자격 요건을 갖춘 자로부터 그 항공기 등, 장비품 또는 부품에 대하여 감항성을 확인받은 경우에는 이를 운항 또는 항공기 등에 사용할 수 있다.
② 소유자 등은 항공기 등, 장비품 또는 부품에 대한 정비 등을 위탁하려는 경우에는 제97조 제1항에 따른 정비 조직 인증을 받은 자 또는 그 항공기 등, 장비품 또는 부품을 제작한 자에게 위탁하여야 한다.

Q 51
항공안전법 제33조(항공기 등에 발생한 고장, 결함 또는 기능 장애 보고 의무)

해답 ▶ ① 형식 증명, 부가 형식 증명, 제작 증명, 기술표준품 형식승인 또는 부품 등 제작자 증명을 받은 자는 그가 제작하거나 인증을 받은 항공기 등, 장비품 또는 부품이 설계 또는 제작의 결함으로 인하여 국토교통부령으로 정하는 고장, 결함 또는 기능 장애가 발생한 것을 알게 된 경우에는 국토교통부령으로 정하는 바에 따라 국토교통부장관에게 그 사실을 보고하여야 한다.
② 항공 운송 사업자, 항공기 사용 사업자 등 대통령령으로 정하는 소유자 등 또는 제97조 제1항에 따른 정비 조직 인증을 받은 자는 항공기를 운영하거나 정비하는 중에 국토교통부령으로 정하는 고장, 결함 또는 기능 장애가 발생한 것을 알게 된 경우에는 국토교통부령으로 정하는 바에 따라 국토교통부장관에게 그 사실을 보고하여야 한다.

Q 52
항공안전법 제30조(수리 · 개조 승인)

해답 ▶ ① 감항 증명을 받은 항공기의 소유자 등은 해당 항공기 등, 장비품 또는 부품을 국토교통부령으로 정하는 범위에서 수리하거나 개조하려면 국토교통부령으로 정하는 바에 따라 그 수리 · 개조가 항공기 기술 기준에 적합한지에 대하여 국토교통부장관의 승인(이하 "수리 · 개조 승인"이라 한다)을 받아야 한다.

② 소유자 등은 수리 · 개조 승인을 받지 아니한 항공기 등, 장비품 또는 부품을 운항 또는 항공기 등에 사용해서는 아니 된다.

③ 제1항에도 불구하고 다음 각 호의 어느 하나에 해당하는 경우로서 항공기 기술 기준에 적합한 경우에는 수리 · 개조 승인을 받은 것으로 본다.

　1. 기술표준품 형식승인을 받은 자가 제작한 기술표준품을 그가 수리 · 개조하는 경우

　2. 부품 등 제작자 증명을 받은 자가 제작한 장비품 또는 부품을 그가 수리 · 개조 하는 경우

　3. 제97조 제1항에 따른 정비 조직 인증을 받은 자가 항공기 등, 장비품 또는 부품을 수리 · 개조하는 경우

Q 53
항공사업법 제2조 제17호(항공기 정비업)

해답 ▶ 항공기 정비업이란 타인의 수요에 맞추어 다음 각 목의 어느 하나에 해당하는 업무를 하는 사업을 말한다.

① 항공기, 발동기, 프로펠러, 장비품 또는 부품을 정비 · 수리 또는 개조하는 업무

② ①항의 업무에 대한 기술 관리 및 품질 관리 등을 지원하는 업무

Q 54
항공안전법 시행규칙 제66조(수리 · 개조 승인의 신청)

해답 ▶ 법 제30조 제1항에 따라 항공기 등 또는 부품 등의 수리 · 개조 승인을 받으려는 자는 별지 제31호 서식의 수리 · 개조 승인 신청서에 다음 각 호의 내용을 포함한 수리 계획서 또는 개조 계획서를 첨부하여 작업을 시작하기 10일 전까지 지방항공청장에게 제출하여야 한다. 다만, 항공기 사고 등으로 인하여 긴급한 수리 · 개조를 하여야 하는 경우에는 작업을 시작하기 전까지 신청서를 제출할 수 있다.

① 수리 · 개조 신청 사유 및 작업 일정

② 작업을 수행하려는 인증된 정비 조직의 업무 범위

③ 수리 · 개조에 필요한 인력, 장비, 시설 및 자재 목록

④ 해당 항공기 등 또는 부품 등의 도면과 도면 목록

⑤ 수리 · 개조 작업 지시서

Q 55
항공안전법 시행규칙 제67조(항공기 등 또는 부품 등의 수리·개조 승인)

해답 ▶ ① 지방항공청장은 제66조에 따른 수리·개조 승인의 신청을 받은 경우에는 수리 계획서 또는 개조 계획서를 통하여 수리·개조가 항공기 기술 기준에 적합한지 여부를 확인한 후 승인하여야 한다. 다만, 신청인이 제출한 수리 계획서 또는 개조 계획서만으로 확인이 곤란한 경우에는 수리·개조가 시행되는 현장에서 확인한 후 승인할 수 있다.

② 지방항공청장은 제1항에 따라 수리·개조 승인을 하는 때에는 별지 제32호 서식의 수리·개조 결과서에 작업 지시서 수행본 1부를 첨부하여 제출하는 것을 조건으로 신청자에게 승인하여야 한다.

Q 56
항공안전법 제31조(항공기등의 검사)

해답 ▶ ① 국토교통부장관은 제20조부터 제25조까지, 제27조, 제28조, 제30조 및 제97조에 따른 증명·승인 또는 정비 조직 인증을 할 때에는 국토교통부장관이 정하는 바에 따라 미리 해당 항공기 등 및 장비품을 검사하거나 이를 제작 또는 정비하려는 조직, 시설 및 인력 등을 검사하여야 한다.

② 국토교통부장관은 제1항에 따른 검사를 하기 위하여 다음 각 호의 어느 하나에 해당하는 사람 중에서 항공기 등 및 장비품을 검사할 사람(이하 "검사관"이라 한다)을 임명 또는 위촉한다.

1. 제35조 제8호의 항공정비사 자격 증명을 받은 사람
2. 「국가기술자격법」에 따른 항공 분야의 기사 이상의 자격을 취득한 사람
3. 항공 기술 관련 분야에서 학사 이상의 학위를 취득한 후 3년 이상 항공기의 설계, 제작, 정비 또는 품질 보증 업무에 종사한 경력이 있는 사람
4. 국가 기관 등 항공기의 설계, 제작, 정비 또는 품질 보증 업무에 5년 이상 종사한 경력이 있는 사람

③ 국토교통부장관은 국토교통부 소속 공무원이 아닌 검사관이 제1항에 따른 검사를 한 경우에는 예산의 범위에서 수당을 지급할 수 있다.

Q 57
항공사업법 제42조(항공기 정비업의 등록)

해답 ▶ ① 항공기 정비업을 경영하려는 자는 국토교통부령으로 정하는 바에 따라 국토교통부장관에게 등록하여야 한다. 등록한 사항 중 국토교통부령으로 정하는 사항

을 변경하려는 경우에는 국토교통부장관에게 신고하여야 한다.

② 제1항에 따른 항공기 정비업을 등록하려는 자는 다음 각 호의 요건을 갖추어야 한다.

1. 자본금 또는 자산 평가액이 3억원 이상으로서 대통령령으로 정하는 금액 이상일 것

2. 정비사 1명 이상 등 대통령령으로 정하는 기준에 적합할 것

3. 그 밖에 사업 수행에 필요한 요건으로서 국토교통부령으로 정하는 요건을 갖출 것

③ 다음 각 호의 어느 하나에 해당하는 자는 항공기 정비업의 등록을 할 수 없다.

1. 제9조 제2호부터 제6호(법인으로서 임원 중에 대한민국 국민이 아닌 사람이 있는 경우는 제외한다)까지의 어느 하나에 해당하는 자

2. 항공기 정비업 등록의 취소 처분을 받은 후 2년이 지나지 아니한 자. 다만, 제9조 제2호에 해당하여 제43조 제7항에 따라 항공기 정비업 등록이 취소된 경우는 제외한다.

Q 58
항공사업법 제2조 제19호(항공기 취급업)

해답▶ 항공기 취급업이란 타인의 수요에 맞추어 항공기에 대한 급유, 항공화물 또는 수하물의 하역과 그 밖에 국토교통부령으로 정하는 지상조업(地上操業)을 하는 사업을 말한다.

Q 59
항공사업법 제44조(항공기 취급업의 등록)

해답▶ ① 항공기 취급업을 경영하려는 자는 국토교통부령으로 정하는 바에 따라 신청서에 사업 계획서와 그 밖에 국토교통부령으로 정하는 서류를 첨부하여 국토교통부장관에게 등록하여야 한다. 등록한 사항 중 국토교통부령으로 정하는 사항을 변경하려는 경우에는 국토교통부장관에게 신고하여야 한다.

② 제1항에 따른 항공기 취급업을 등록하려는 자는 다음 각 호의 요건을 갖추어야 한다.

1. 자본금 또는 자산 평가액이 3억원 이상으로서 대통령령으로 정하는 금액 이상일 것

2. 항공기 급유, 하역, 지상조업을 위한 장비 등이 대통령령으로 정하는 기준에 적합할 것

3. 그 밖에 사업 수행에 필요한 요건으로서 국토교통부령으로 정하는 요건을 갖출 것

③ 다음 각 호의 어느 하나에 해당하는 자는 항공기 취급업의 등록을 할 수 없다.

1. 제9조 제2호부터 제6호(법인으로서 임원 중에 대한민국 국민이 아닌 사람이 있는 경우는 제외한다)까지의 어느 하나에 해당하는 자
2. 항공기 취급업 등록의 취소 처분을 받은 후 2년이 지나지 아니한 자. 다만, 제9조 제2호에 해당하여 제45조 제7항에 따라 항공기 취급업 등록이 취소된 경우는 제외한다.

Q 60
항공안전법 제52조(항공 계기 등의 설치 · 탑재 및 운용)

해답 ▶ ① 항공기를 운항하려는 자 또는 소유자 등은 해당 항공기에 항공기 안전 운항을 위하여 필요한 항공 계기(航空計器), 장비, 서류, 구급 용구 등(이하 "항공 계기 등"이라 한다)을 설치하거나 탑재하여 운용하여야 한다. 이 경우 최대 이륙 중량이 600킬로그램 초과 5천700킬로그램 이하인 비행기에는 사고 예방 및 안전 운항에 필요한 장비를 추가로 설치할 수 있다.
② 제1항에 따라 항공 계기등을 설치하거나 탑재하여야 할 항공기, 항공 계기 등의 종류, 설치 · 탑재 기준 및 그 운용방법 등에 필요한 사항은 국토교통부령으로 정한다.

Q 61
항공안전법 시행규칙 제113조(항공기에 탑재하는 서류)

해답 ▶ 법 제52조 제2항에 따라 항공기(활공기 및 법 제23조 제3항 제2호에 따른 특별 감항 증명을 받은 항공기는 제외한다)에는 다음 각 호의 서류를 탑재하여야 한다.
1. 항공기 등록 증명서
2. 감항 증명서
3. 탑재용 항공 일지
4. 운용 한계 지정서 및 비행 교범
5. 운항 규정(별표 32에 따른 교범 중 훈련 교범, 위험물 교범, 사고 절차 교범, 보안 업무 교범, 항공기 탑재 및 처리 교범은 제외한다)
6. 항공 운송 사업의 운항 증명서 사본(항공 당국의 확인을 받은 것을 말한다) 및 운영 기준 사본(국제 운송 사업에 사용되는 항공기의 경우에는 영문으로 된 것을 포함한다)
7. 소음 기준 적합 증명서
8. 각 운항 승무원의 유효한 자격 증명서(법 제34조에 따라 자격 증명을 받은 사람이 국내에서 항공 업무를 수행하는 경우에는 전자 문서로 된 자격 증명서를 포함한다) 및 조종사의 비행 기록에 관한 자료

9. 무선국 허가증명서

10. 탑승한 여객의 성명, 탑승지 및 목적지가 표시된 명부(항공 운송 사업용 항공기만 해당한다)

11. 해당 항공 운송 사업자가 발행하는 수송 화물의 화물 목록과 화물 운송장에 명시되어 있는 세부 화물 신고 서류(항공 운송 사업용 항공기만 해당한다)

12. 해당 국가의 항공당국 간에 체결한 항공기 등의 감독 의무에 관한 이전 협정서 사본(법 제5조에 따른 임대차 항공기의 경우만 해당한다)

13. 비행 전 및 각 비행 단계에서 운항 승무원이 사용해야 할 점검표

14. 그 밖에 국토교통부장관이 정하여 고시하는 서류

Q 62
항공안전법 시행규칙 제108조(항공 일지)

해답▶ ① 법 제52조 제2항에 따라 항공기를 운항하려는 자 또는 소유자 등은 탑재용 항공 일지, 지상 비치용 발동기 항공 일지 및 지상 비치용 프로펠러 항공 일지를 갖추어 두어야 한다. 다만, 활공기의 소유자 등은 활공기용 항공 일지를, 법 제102조 각 호의 어느 하나에 해당하는 항공기의 소유자 등은 탑재용 항공 일지를 갖춰 두어야 한다.

② 항공기의 소유자 등은 항공기를 항공에 사용하거나 개조 또는 정비한 경우에는 지체 없이 다음 각 호의 구분에 따라 항공 일지에 적어야 한다.

1. 탑재용 항공 일지
   가. 항공기의 등록 부호 및 등록 연월일
   나. 항공기의 종류 · 형식 및 형식 증명 번호
   다. 감항 분류 및 감항 증명 번호
   라. 항공기의 제작자 · 제작 번호 및 제작 연월일
   마. 발동기 및 프로펠러의 형식
   바. 비행에 관한 다음의 기록
      1) 비행 연월일
      2) 승무원의 성명 및 업무
      3) 비행 목적 또는 편명
      4) 출발지 및 출발 시각
      5) 도착지 및 도착 시각
      6) 비행 시간
      7) 항공기의 비행 안전에 영향을 미치는 사항
      8) 기장의 서명
   사. 제작 후의 총 비행 시간과 오버홀을 한 항공기의 경우 최근의 오버홀 후의

　　　총 비행 시간

　　아. 발동기 및 프로펠러의 장비 교환에 관한 다음의 기록

　　　1) 장비 교환의 연월일 및 장소

　　　2) 발동기 및 프로펠러의 부품 번호 및 제작 일련 번호

　　　3) 장비가 교환된 위치 및 이유

　　자. 수리·개조 또는 정비의 실시에 관한 다음의 기록

　　　1) 실시 연월일 및 장소

　　　2) 실시 이유, 수리·개조 또는 정비의 위치 및 교환 부품명

　　　3) 확인 연월일 및 확인자의 서명 또는 날인

2. 지상 비치용 발동기 항공 일지 및 지상 비치용 프로펠러 항공 일지

　　가. 발동기 또는 프로펠러의 형식

　　나. 발동기 또는 프로펠러의 제작자·제작 번호 및 제작 연월일

　　다. 발동기 또는 프로펠러의 장비 교환에 관한 다음의 기록

　　　1) 장비 교환의 연월일 및 장소

　　　2) 장비가 교환된 항공기의 형식·등록 부호 및 등록증 번호

　　　3) 장비 교환 이유

　　라. 발동기 또는 프로펠러의 수리·개조 또는 정비의 실시에 관한 다음의 기록

　　　1) 실시 연월일 및 장소

　　　2) 실시 이유, 수리·개조 또는 정비의 위치 및 교환 부품명

　　　3) 확인 연월일 및 확인자의 서명 또는 날인

　　마. 발동기 또는 프로펠러의 사용에 관한 다음의 기록

　　　1) 사용 연월일 및 시간

　　　2) 제작 후의 총 사용 시간 및 최근의 오버홀 후의 총 사용 시간

3. 활공기용 항공 일지

　　가. 활공기의 등록 부호·등록증 번호 및 등록 연월일

　　나. 활공기의 형식 및 형식 증명 번호

　　다. 감항 분류 및 감항 증명 번호

　　라. 활공기의 제작자·제작 번호 및 제작 연월일

　　마. 비행에 관한 다음의 기록

　　　1) 비행 연월일

　　　2) 승무원의 성명

　　　3) 비행 목적

　　　4) 비행 구간 또는 장소

　　　5) 비행시간 또는 이착륙 횟수

　　　6) 활공기의 비행 안전에 영향을 미치는 사항

　　　7) 기장의 서명

바. 수리 · 개조 또는 정비의 실시에 관한 다음의 기록

　　1) 실시 연월일 및 장소

　　2) 실시 이유, 수리 · 개조 또는 정비의 위치 및 교환 부품명

　　3) 확인 연월일 및 확인자의 서명 또는 날인

Q 63
항공안전법 제93조(항공 운송 사업자의 운항 규정 및 정비 규정)

해답▶ ① 항공 운송 사업자는 운항을 시작하기 전까지 국토교통부령으로 정하는 바에 따라 항공기의 운항에 관한 운항 규정 및 정비에 관한 정비 규정을 마련하여 국토교통부장관의 인가를 받아야 한다. 다만, 운항 규정 및 정비 규정을 운항 증명에 포함하여 운항 증명을 받은 경우에는 그러하지 아니하다.

② 항공 운송 사업자는 제1항 본문에 따라 인가를 받은 운항 규정 또는 정비 규정을 변경하려는 경우에는 국토교통부령으로 정하는 바에 따라 국토교통부장관에게 신고하여야 한다. 다만, 최소 장비 목록, 승무원 훈련 프로그램 등 국토교통부령으로 정하는 중요 사항을 변경하려는 경우에는 국토교통부장관의 인가를 받아야 한다.

Q 64
항공안전법 시행규칙 제266조(운항 규정과 정비 규정의 인가)

해답▶ ① 항공 운송 사업자는 법 제93조 제1항 본문에 따라 운항 규정 또는 정비 규정을 마련하거나 법 제93조 제2항 단서에 따라 인가받은 운항 규정 또는 정비 규정 중 제3항에 따른 중요 사항을 변경하려는 경우에는 별지 제96호 서식의 운항 규정 또는 정비규정(변경)인가 신청서에 운항 규정 또는 정비 규정(변경의 경우에는 변경할 운항 규정과 정비 규정의 신 · 구내용 대비표)을 첨부하여 국토교통부장관 또는 지방항공청장에게 제출하여야 한다.

② 법 제93조 제1항에 따른 운항 규정 빛 정비 규정에 포함되어야 할 사항은 다음 각 호와 같다.

　1. 운항 규정에 포함되어야 할 사항

　　가. 일반 사항

　　나. 항공기 운항 정보

　　다. 지역, 노선 및 비행장

　　라. 훈련

　2. 정비 규정에 포함되어야 할 사항

　　가. 일반 사항

　　나. 직무 및 정비 조직

다. 항공기의 감항성을 유지하기 위한 정비 프로그램

라. 항공기 검사 프로그램

마. 품질 관리

바. 기술 관리

사. 항공기, 장비품 및 부품의 정비 방법 및 절차

아. 계약 정비

자. 장비 및 공구 관리

차. 정비 시설

카. 정비 매뉴얼, 기술 도서 및 정비 기록물의 관리 방법

타. 정비 훈련 프로그램

파. 자재 관리

하. 안전 및 보안에 관한 사항

거. 그 밖에 항공 운송 사업자 또는 항공기 사용사업자가 필요하다고 판단하는 사항

③ 국토교통부장관 또는 지방항공청장은 제1항에 따른 운항 규정 또는 정비 규정(변경) 인가 신청서를 접수받은 경우 법 제77조 제1항에 따른 운항 기술 기준에 적합한지의 여부를 확인한 후 적합하다고 인정되면 그 규정을 인가하여야 한다.

Q 65
항공안전법 시행규칙 제267조(운항 규정과 정비 규정의 신고)

해답▶ 법 제93조 제2항 본문에 따라 인가 받은 운항 규정 또는 정비 규정 중 제3항에 따른 중요 사항 외의 사항을 변경하려는 경우에는 별지 제97호 서식의 운항 규정 또는 정비 규정 변경 신고서에 변경된 운항 규정 또는 정비 규정과 신·구 내용 대비표를 첨부하여 국토교통부장관 또는 지방항공청장에게 신고하여야 한다.

Q 66
항공안전법 제19조(항공기 기술 기준)

해답▶ 국토교통부장관은 항공기 등, 장비품 또는 부품의 안전을 확보하기 위하여 다음 각 호의 사항을 포함한 기술상의 기준(이하 "항공기 기술 기준"이라 한다)을 정하여 고시하여야 한다.

① 항공기 등의 감항 기준

② 항공기 등의 환경 기준(배출가스 배출기준 및 소음 기준을 포함한다)

③ 항공기 등이 감항성을 유지하기 위한 기준

④ 항공기 등, 장비품 또는 부품의 식별 표시 방법

⑤ 항공기 등, 장비품 또는 부품의 인증 절차

Q 67
항공안전법 제20조(형식 증명)

해답 ▶ ① 항공기 등의 설계에 관하여 국토교통부장관의 증명을 받으려는 자는 국토교통부령으로 정하는 바에 따라 국토교통부장관에게 제2항 각 호의 어느 하나에 따른 증명을 신청하여야 한다. 증명받은 사항을 변경할 때에도 또한 같다.

② 국토교통부장관은 제1항에 따른 신청을 받은 경우 해당 항공기 등이 항공기 기술 기준 등에 적합한지를 검사한 후 다음 각 호의 구분에 따른 증명을 하여야 한다.

  1. 해당 항공기 등의 설계가 항공기 기술 기준에 적합한 경우 : 형식 증명

  2. 신청인이 다음 각 목의 어느 하나에 해당하는 항공기의 설계가 해당 항공기의 업무와 관련된 항공기 기술 기준에 적합하고 신청인이 제시한 운용 범위에서 안전하게 운항할 수 있음을 입증한 경우 : 제한 형식 증명

    가. 산불 진화, 수색 구조 등 국토교통부령으로 정하는 특정한 업무에 사용되는 항공기(나목의 항공기를 제외한다)

    나. 「군용 항공기 비행 안전성 인증에 관한 법률」 제4조 제5항 제1호에 따른 형식인승을 받아 제작된 항공기로서 산불 진화, 수색 구조 등 국토교통부령으로 정하는 특정한 업무를 수행하도록 개조된 항공기

③ 국토교통부장관은 제2항 제1호의 형식 증명(이하 "형식 증명"이라 한다) 또는 같은 항 제2호의 제한 형식 증명(이하 "제한 형식 증명"이라 한다)을 하는 경우 국토교통부령으로 정하는 바에 따라 형식 증명서 또는 제한 형식 증명서를 발급하여야 한다.

④ 형식 증명서 또는 제한 형식 증명서를 양도·양수하려는 자는 국토교통부령으로 정하는 바에 따라 국토교통부장관에게 양도 사실을 보고하고 해당 증명서의 재발급을 신청하여야 한다.

⑤ 형식 증명, 제한 형식 증명 또는 제21조에 따른 형식 증명 승인을 받은 항공기 등의 설계를 변경하기 위하여 부가적인 증명(이하 "부가 형식 증명"이라 한다)을 받으려는 자는 국토교통부령으로 정하는 바에 따라 국토교통부장관에게 부가 형식 증명을 신청하여야 한다.

⑥ 국토교통부장관은 부가 형식 증명을 하는 경우 국토교통부령으로 정하는 바에 따라 부가 형식 증명서를 발급하여야 한다.

⑦ 국토교통부장관은 다음 각 호의 어느 하나에 해당하는 경우 해당 항공기 등에 대한 형식 증명, 제한 형식 증명 또는 부가 형식 증명을 취소하거나 6개월 이내의 기간을 정하여 그 효력의 정지를 명할 수 있다. 다만, 제1호에 해당하는 경우에는 형식 증명, 제한 형식 증명 또는 부가 형식 증명을 취소하여야 한다.

  1. 거짓이나 그 밖의 부정한 방법으로 형식 증명, 제한 형식 증명 또는 부가 형식 증명을 받은 경우

  2. 항공기 등이 형식 증명, 제한 형식 증명 또는 부가 형식 증명 당시의 항공기 기술 기준 등에 적합하지 아니하게 된 경우

항공정비사 실기
구술시험

2022년 5월 10일 인쇄
2022년 5월 15일 발행

저자 : 박재홍
펴낸이 : 이정일

펴낸곳 : 도서출판 **일진사**
www.iljinsa.com
04317 서울시 용산구 효창원로 64길 6
대표전화 : 704-1616, 팩스 : 715-3536
등록번호 : 제1979-000009호(1979.4.2)

값 36,000원

ISBN : 978-89-429-1700-6